EDUCAÇÃO AMBIENTAL, CONSERVAÇÃO E DISPUTAS DE HEGEMONIA

Editora Appris Ltda.
1.ª Edição - Copyright© 2023 do autor
Direitos de Edição Reservados à Editora Appris Ltda.

Nenhuma parte desta obra poderá ser utilizada indevidamente, sem estar de acordo com a Lei nº 9.610/98. Se incorreções forem encontradas, serão de exclusiva responsabilidade de seus organizadores. Foi realizado o Depósito Legal na Fundação Biblioteca Nacional, de acordo com as Leis nos 10.994, de 14/12/2004, e 12.192, de 14/01/2010.

Catalogação na Fonte
Elaborado por: Josefina A. S. Guedes
Bibliotecária CRB 9/870

M149e 2023	Machado, Rodrigo
	    Educação ambiental, conservação e disputas de hegemonia / Rodrigo Machado. – 1. ed. – Curitiba : Appris, 2023.
	    279 p. ; 23 cm. – (Educação ambiental).
	
	    Inclui referências.
	    ISBN 978-65-250-4996-0
	
	    1. Educação ambiental. 2. Meio ambiente - Conservação. 3. Hegemonia. I. Título. II. Série.
	
	                                                    CDD – 363.7

Livro de acordo com a normalização técnica da ABNT

Appris
editora

Editora e Livraria Appris Ltda.
Av. Manoel Ribas, 2265 – Mercês
Curitiba/PR – CEP: 80810-002
Tel. (41) 3156 - 4731
www.editoraappris.com.br

Printed in Brazil
Impresso no Brasil

Rodrigo Machado

EDUCAÇÃO AMBIENTAL, CONSERVAÇÃO E DISPUTAS DE HEGEMONIA

FICHA TÉCNICA

EDITORIAL	Augusto V. de A. Coelho
	Sara C. de Andrade Coelho
COMITÊ EDITORIAL	Marli Caetano
	Andréa Barbosa Gouveia - UFPR
	Edmeire C. Pereira - UFPR
	Iraneide da Silva - UFC
	Jacques de Lima Ferreira - UP
SUPERVISOR DA PRODUÇÃO	Renata Cristina Lopes Miccelli
ASSESSORIA EDITORIAL	Bruna Holmen
REVISÃO	Mateus Soares de Almeida
PRODUÇÃO EDITORIAL	Bruna Holmen
DIAGRAMAÇÃO	Jhonny Alves dos Reis
CAPA	Sheila Alves
REVISÃO DE PROVA	William Rodrigues

COMITÊ CIENTÍFICO DA COLEÇÃO EDUCAÇÃO AMBIENTAL: FUNDAMENTOS, POLÍTICAS, PESQUISAS E PRÁTICAS

DIREÇÃO CIENTÍFICA Marília Andrade Torales Campos (UFPR)

CONSULTORES		
	Adriana Massaê Kataoka (Unicentro)	Jorge Sobral da Silva Maia (UENP)
	Ana Tereza Reis da Silva (UnB)	Josmaria Lopes Morais (UTFPR)
	Angelica Góis Morales (Unesp)	Maria Arlete Rosa (UTP)
	Carlos Frederico Bernardo Loureiro (UFRJ)	Maria Conceição Colaço (CEABN)
	Cristina Teixeira (UFPR)	Marília Freitas de Campos Tozoni Reis (Unesp)
	Daniele Saheb (PUCPR)	Mauro Guimarães (UFRRJ)
	Gustavo Ferreira da Costa Lima (UFPB)	Michèle Sato (UFMT)
	Irene Carniatto (Unioeste)	Valéria Ghisloti Iared (UFPR)
	Isabel Cristina de Moura Carvalho (UFRGS)	Vanessa Marion Andreoli (UFPR)
	Ivo Dickmann (Unochapecó)	Vilmar Alves Pereira (FURG)

INTERNACIONAIS		
	Adolfo Angudez Rodriguez (UQAM) - CAN	Laurence Brière (UQAM) - CAN
	Edgar Gonzáles Gaudiano (UV) - MEX	Lucie Sauvé (UQAM) - CAN
	Germán Vargas Callejas (USC) - ESP	Miguel Ángel Arias Ortega (UACM) - MEX
	Isabel Orellana (UQAM) - CAN	Pablo Angel Meira Cartea (USC) - ESP

PREFÁCIO

*As ideias da classe dominante são, em cada época, as ideias dominantes, isto é, a classe
que é a força material dominante da sociedade é, ao mesmo tempo, sua força espiritual
dominante.*
(Marx; Engels)

Ideias contra-hegemônicas e sua potência na prática

Seria possível pensar a emancipação de territórios da conservação
por meio da Educação Ambiental? Seria possível desenvolver o pensamento
crítico a partir das categorias de Antônio Gramsci para uma educação
ambiental emancipatória?

Com esta epígrafe do texto de Marx e Engels na abertura de sua tese
de doutorado, que deu origem a este livro, Rodrigo Machado nos oferece
um texto de fôlego acadêmico sobre as disputas de discurso e paradigmas
da Educação Ambiental e das Unidades de Conservação (UCs), campos
políticos e sociais com projetos antagônicos de sociedade. Campos esses
em que o autor identifica de um lado a educação ambiental crítica por seu
propósito emancipatório, democrático e inclusivo, e do outro a lógica da
racionalidade de mercado essencialmente excludente.

O livro é produto de uma trajetória teórica e empírica de fundamental
importância na contemporaneidade. Sua reflexão acadêmica dialoga com
Antonio Gramsci de forma corajosa, inovadora e desafiadora para as práticas
de Educação Ambiental, entendendo-a como um processo de intervenção
social e governança. Sua prática empírica envolve a atuação do autor na
formação dos conselhos de Unidades de Conservação do Estado de São Paulo
e a apreensão crítica da realidade por seus membros em um processo de
aprendizagem com atribuição de sentidos. Seu grande propósito reflexivo foi
aproximar as ideias clássicas de Gramsci para pensar disputas hegemônicas
no campo formativo da educação popular junto aos Conselhos de UCs. A
discussão da Educação Ambiental juntamente das categorias conceituais de
Gramsci — Estado integral (sociedade civil x sociedade política); hegemonia; intelectuais orgânicos; senso comum e bom senso; catarse e guerras de
posição e de movimento — são expostas em alinhamento com o raciocínio
dialético. Destaca-se o conceito de hegemonia como a "[...] predominância

de uma forma de compreender o mundo, de produzir e de expressar tal modo de produção nos campos ético e moral, político e ideológico e, enfim, jurídico" (MACHADO, 2020, p. 54). Hegemonia são ideias que alimentam o discurso único do capitalismo como se a sociedade só pudesse ser a do mercado e do tudo à venda. O autor analisa as possibilidades para outras sociedades possíveis onde grupos subalternos possam construir suas próprias leituras de mundo.

O texto que nos apresenta Rodrigo Machado é para inspirar e acreditar na transformação de perto e por dentro do processo social. Este é o sentido do educar: formar sujeitos ativos da transformação em um processo contra-hegemônico. Entre utopia e realidade, a obra nos oferece um retrato de sua experiência em práticas concretas de ação como educador popular.

Podemos compreender o campo da Educação Ambiental crítica e emancipatória no conjunto e nas particularidades dos movimentos da sociedade e desvelar as possibilidades contra-hegemônicas do anticapitalismo. Diria que se pretende neste estudo tensionar a fronteira entre o compreender as temáticas socioambientais e agir para se contrapor às posturas que dominam o Estado neoliberal. A discussão sobre as disputas hegemônicas, que Rodrigo Machado tão bem textualiza, enfatiza a complexidade inerente à Educação, Ciência Ambiental e práticas de Conservação da sociobiodiversidade a partir de uma visão inclusiva, equitativa e democrática.

Tempos atrás poderíamos dizer que estamos diante de uma proposta de transformação revolucionária na ativação social. Hoje podemos afirmar que é absolutamente necessário refletir sobre práticas transformadoras concretas e construir outros caminhos para a sociedade.

Prof.ª Dr.ª Sueli Ângelo Furlan
Chefe do Departamento de Geografia
Faculdade de Filosofia, Letras e Ciências Humanas
Universidade de São Paulo
Coordenadora do Núcleo de Estudos de Populações Humanas e
Áreas Úmidas (Nupaub/USP)

APRESENTAÇÃO

Este livro apoia-se em minha tese de doutorado em Ciência Ambiental do programa de mesmo nome na Universidade de São Paulo, o Procam/USP. A tese, por seu turno, deriva de pesquisa sobre as categorias gramscianas e suas contribuições tanto à reflexão sobre as disputas de hegemonia — que devem ser associadas a uma disputa de hegemonia mais estrutural, em termos de projeto de sociedade — materializadas em campos sociais como o da EA e da conservação, assim como à análise de uma experiência concreta de EA ocorrida na gestão de UC no estado de São Paulo, da qual tive a oportunidade de participar e acompanhar visando a analisá-la ao longo da pós-graduação.

O estudo se desenvolve em torno de aproximações entre o pensamento de Antonio Gramsci com a Educação Ambiental (EA), em um recorte que se concentrou em observar e analisar essa EA em unidades de conservação (UC), um dos esforços de conservação ambiental como política pública. Gramsci foi um importante pensador do início do século XX sobre o Estado e a transformação radical da sociedade, cujo pensamento se mantém atual. A pesquisa parte de como subsidiar a EA para que se compreenda a UC como espaço formativo em perspectiva crítica e de forma a incidir na regulação de territórios; de como dialogar com o pensamento revolucionário gramsciano para agregar sentidos políticos amplos, estruturais, por meio da realidade socioambiental vivida; de como compreender e atuar — dialeticamente a partir do instituído e da normatividade vigente — visando a contribuir ao acúmulo de forças tendo a EA como estratégica política. A EA, com esse sentido público e político, contribuiria para as UC serem vértices de incidência em dinâmicas territoriais, abrigando processos formativos orientados a transformações tomadas como estruturais às pessoas e coletivos envolvidos. Essa EA, em diálogo com categorias gramscianas, visaria a qualificar a participação política a partir de uma perspectiva de classe social em Conselhos Gestores (CG), e buscaria apreensões contra-hegemônicas da realidade socioambiental. Ainda que o próprio Gramsci nunca tenha usado a expressão "contra-hegemonia" (DORE; SOUZA, 2018), quando a utilizarmos nesta obra é como forma de resistência àquilo que hoje é hegemônico, para problematizá-lo, negá-lo em sentido dialético, desconstruí-lo e cindir com ele, apontando e dando base para a construção de outra hegemonia. Com base nessa apreensão qualificada, os Conselhos se voltariam à incidência em políticas públicas que regulam a vida social.

A pesquisa analisa uma experiência concreta com EA em UC a partir de seus CG. Ela serviu como "lastro" material e histórico para mobilizar as revisões de literatura sobre a obra de Gramsci e para observar a dialética entre diferentes campos que compõem o objeto de pesquisa, como o da conservação, das políticas públicas, da EA e da participação social. Como procedimento, o estudo conta com revisões de literatura e levantamentos documentais no esforço de apreensão das categorias gramscianas em destaque e de expor as contradições e movimentos dialéticos no interior de cada campo social relativo à EA e à conservação, permitindo sua análise a partir das chaves advindas das categorias conceituais e teóricas gramscianas. Em sua dimensão empírica, recorre-se a um grupo focal, assim como à observação participante ao longo da ação de EA observada. Assim, os resultados são destacados em contribuições teóricas à conservação e à EA a partir das categorias gramscianas e de análises sobre os campos estudados, bem como em demonstrações da potência da EA ao assumir determinadas estratégias pedagógicas, espaços de ensino-aprendizagem e sentido político.

Identificamos contribuições da EA influenciada pelo pensamento gramsciano para o desenvolvimento de práxis de disputa por hegemonia que aponte e compreenda causas estruturais das crises que se manifestam cotidianamente na realidade socioambiental de territórios. Essa EA trabalha a organização política orientada por compreensões críticas e dirige-se a transformações sociais, começando pela incidência em políticas públicas, tendo em um horizonte mais largo mudanças radicais na sociedade. Ressaltamos, assim, o sentido que devem assumir as UC: de antítese ao modelo de desenvolvimento e modo de produção hegemônicos.

Diante dessa relação dialética, emergem sujeitos políticos capazes de produzir sínteses para incidências estruturais, mirando inicial e taticamente as políticas públicas: os conselhos. A EA como mediação para a qualificação dessas sínteses apresenta-se como outro realce da tese decorrente da mencionada pesquisa e que dá origem a este livro. Destacamos ainda a disputa por posições no momento sociedade política do Estado integral gramsciano. Diante de um Estado — em sentido estrito — mais poroso, com contradições características do capitalismo, observamos posições disputadas em seu interior, nesses campos da conservação, da gestão de UC, de EA e de como a participação social é situada: tomada como ornamento obrigatório e, por vezes, inócuo e de pouco alcance ou, disputando hegemonia, como estratégia política de transformação do próprio Estado.

SUMÁRIO

INTRODUÇÃO 11

1
ANTONIO GRAMSCI:
contribuições para um campo ambiental em disputa por hegemonia 21

2
BLOCO HISTÓRICO, ESTADO INTEGRAL E HEGEMONIA:
subsídios a uma análise sobre o campo ambiental, o debate
sobre conservação e as políticas decorrentes 43

2.1 O campo ambiental: sociedade civil, sociedade política,
intelectuais orgânicos e guerra de posição nas disputas de hegemonia 44

2.2 O debate sobre conservação ambiental
e a necessária reflexão acerca da superação do capitalismo 51

3
EDUCAÇÃO AMBIENTAL:
hegemonia como sentido, participação social na gestão pública
como estratégia pedagógica e incidência política como horizonte 97

3.1 Educação Ambiental como campo em formação 97

3.2 A gestão ambiental pública a contextualizar a Educação Ambiental 115

3.3 Conselhos Gestores, participação social e incidência política:
estratégias e horizonte de intervenção socioambiental
da Educação Ambiental em perspectiva crítica 121

3.3.1 Conselhos Gestores como espaços de ensino-aprendizagem 122

3.3.2 Participação social como estratégia pedagógica 144

3.3.3 Incidência política como horizonte imediato
da prática pedagógica da Educação Ambiental 151

3.4 Antonio Gramsci, disputa de hegemonia e contribuições
para uma Educação Ambiental em perspectiva crítica e transformadora 164

4 POTENCIAL DA EDUCAÇÃO AMBIENTAL NA GESTÃO DE UNIDADES DE CONSERVAÇÃO NA DISPUTA DE HEGEMONIA 179

4.1 A construção de situações educadoras no contexto
da fiscalização ambiental em unidades de conservação 180

4.2 Evidências empíricas: contribuições educadoras, socioambientais
e potencialmente colaboradoras na disputa de hegemonia 212

ALGUNS APRENDIZADOS, CONCLUSÕES E OUTRAS CONSIDERAÇÕES... 235

REFERÊNCIAS 253

INTRODUÇÃO

Os relatos de experiências e a produção teórica sobre Educação Ambiental (EA) oferecem elementos que permitem identificá-la como um campo social emergente, composto por grupos sociais que nele disputam simbólica e materialmente hegemonia. Observam-se macrotendências à direita e à esquerda de um espectro ideológico marcado, respectivamente, por orientações culturalmente conservadoras e economicamente liberais, naturalizadas em discursos e práticas de EA conservacionistas e pragmáticas (LIMA; LAYRARGUES, 2016); e por perspectivas críticas, emancipatórias e transformadoras. A macrotendência da EA à esquerda caracteriza-se, assim, por enfatizar uma "[...] revisão crítica dos fundamentos que proporcionam a dominação do ser humano e dos mecanismos de acumulação do capital, buscando o enfrentamento político das desigualdades e da injustiça socioambiental" (LIMA; LAYRARGUES, 2016, p. 33).

Os mesmos autores também associam essa macrotendência crítica às orientações conceituais e epistemológicas históricas observadas por Tozoni-Reis (2004) no campo da EA, assim como ao ecologismo popular (MARTINEZ-ALIER, 2012) no campo da gestão ambiental e respectivas correntes ecológicas reconhecidas por esse economista catalão: Sacralização da Natureza e Ecoeficiência, ajustados à reprodução do capital, e o Ecologismo Popular. Assim, diferentes campos, áreas, contextos e realidades servem como espaços de disputas simbólica, material e política.

Um dos espaços dessa disputa é o da conservação ambiental. Aqui destacaremos mais especificamente a estratégia de criação e gestão de Unidades de Conservação (UC) e seus Conselhos Gestores (CG). Como a EA contribui ou poderia contribuir para a compreensão sobre os papéis e finalidades das UC e CG? E, principalmente, como lida ou pode lidar com a práxis de disputa de hegemonia decorrente dessa compreensão? Para dar suporte à identificação de respostas, buscamos no pensamento de Antonio Gramsci subsídios a tais contribuições da EA. Gramsci pode ser considerado um dos principais pensadores italianos no século XX, tendo sido fundador do Partido Comunista da Itália

Tal entendimento a ser trabalhado por intervenções de EA em Conselhos de UC parte do reconhecimento de que o atual modelo hegemônico de desenvolvimento torna insuficiente a criação de áreas protegidas como estratégia de conservação ambiental apoiada na reserva estrita de espaços naturais. No debate sobre conservação ambiental há o reconhecimento dessa insuficiência (ABRAMOVAY, 2019), oscilando entre vertentes tradicionais da Biologia da Conservação (SOULÉ, 1985), advogando pela maior criação possível de UC, e a autodenominada "Nova Conservação" (MARVIER, 2013), apoiada em uma leitura que naturaliza o capitalismo e supõe o mercado como "aliado" da proteção da biodiversidade.

A primeira vertente sugere o reconhecimento do potencial destrutivo e praticamente inevitável do desenvolvimento capitalista, embora não desenvolva nem politize essa discussão. Ainda assim, subsidia a compreensão das áreas protegidas como antítese do modo capitalista de apropriação e transformação da natureza, mesmo que não aponte ou se comprometa com qualquer síntese que supere o capitalismo. Já a nova conservação demonstraria resignação em relação ao capital, naturalizando-o e subordinando-se à sua lógica. Sandbrook e coautores (2019) investigam esse campo da conservação observando que, ainda que o debate emergente se concentre nessas duas correntes (conservação tradicional e nova conservação), ele tem sido criticado por diferentes razões por aqueles e aquelas que pensam e atuam no campo.

Primeiramente, segundo esses autores, porque tal debate restrito a duas linhas promove radicalizações nos desacordos entre as perspectivas ecocêntrica e antropocêntrica. Ao pretensiosamente apresentar a relação entre conservação e desenvolvimento como "nova", expressaria uma falsa divisão no movimento conservacionista ao submeter a uma lógica essencialmente econômica a premissa básica que é a conservação ambiental.

Segundamente, porque sugere falsamente que o debate realmente se restringe a duas correntes, ocultando linhas alternativas e que disputam hegemonia, como a denominada pelos pesquisadores como "ciência social crítica", que advogaria pela conservação em benefício das pessoas, sem, no entanto, recorrer ao capitalismo.

Também porque tal concentração limita a participação no debate, havendo espaço privilegiado a um grupo não representativo de conservacionistas: homens, brancos e de países centrais, notadamente estadunidenses. Outra razão se apoia em uma característica atribuída a esse debate restrito: seu tom agressivo e insultuoso e a hostilidade a alternativas às duas linhas hegemônicas (SANDBROOK *et al.* 2019).

Este livro expõe argumentos e evidências que demandam e apontam para a premência e possibilidade da busca por meios de superação de sentidos atribuídos às UC relacionados a preservar atributos naturais dentro da ordem econômica hegemônica. As UC podem agregar elementos à crítica radical a respeito das relações sociais concretas, na medida em que reivindicam a urgência de se conhecer as dinâmicas ecossistêmicas, de modo a desenvolver uma compreensão de totalidade mais complexa, associando dinâmicas sociais aos processos naturais.

Por outro lado, buscamos sustentar a negação da noção segundo a qual um modelo autofágico (quanto às bases sociais e naturais de sua reprodução) como o capitalismo — e sua lógica intrínseca — seja capaz de incorporar a necessidade de transformar o atual padrão de relações sociedade/natureza, pois é dependente desse padrão de relações. Assim, o entendimento de que é preciso "mudar o sistema" e desnaturalizar um modelo de desenvolvimento predatório e injusto para conservar a biodiversidade precisa ser construído e compartilhado tanto no âmbito da sociedade civil, como no do Estado (em sentido estrito), podendo obter contribuições significativas para as UC e respectivos CG por meio de processos educadores de uma EA comprometida com transformações sociais subsidiadas por consciência crítica.

A partir daqui, entende-se "modelo de desenvolvimento hegemônico" como aquele associado ao que se reconhece por "neoextrativismo" que, por seu turno, se associa a uma compreensão, *lato sensu*, identificada com o produtivismo e o consumismo, conforme explica Abramovay (2019). A socióloga argentina Maristella Svampa (2019), que resume a expansão do neoextrativismo no subcontinente, define-o como uma categoria de análise latino-americana com grande capacidade de descrever e explicar — além de denunciar e mobilizar.

Gudynas (2017) apresenta o debate em torno do "neoextrativismo" na América Latina como expressão, seja em governos à direita, seja naqueles aparentemente à esquerda, da depredação de recursos naturais e modos de vida em nome de uma noção de desenvolvimento alinhada a um inviável crescimento infinito e à reprodução do capital. Ambos os governos não apontariam para a superação do modelo injusto e insustentável de desenvolvimento sobre uma base finita de recursos naturais.

Na mesma esteira de problematização da atual fase do capitalismo financeiro (ou improdutivo) em nível global, Dowbor (2018) conclui que tal modelo consome irracionalmente recursos naturais em benefício de apenas 1% da população mundial. Para Gudynas (2019a) é estratégico o desenvolvimento de compreensões e discursos que enfrentem o senso comum forjado em torno de um modelo de desenvolvimento insustentável. Da mesma forma, autores como Mézáros (2001), Layrargues (1997), dentre outros, explicitamente definem o modelo de desenvolvimento hegemônico como associado intrinsecamente ao modo de produção capitalista. Esse, por seu turno, é inexoravelmente insustentável e origem da crise que se convencionou denominar ecológica ou ambiental.

É preciso buscar outras concepções e sentidos ao termo *desenvolvimento*. Porto-Gonçalves (2004) problematiza, inclusive, o próprio termo "desenvolver" nas sociedades "moderno-coloniais", associando-o a um processo de alienação entre as pessoas, delas com sua cultura e com seu meio. Dowbor (2018) nos apresenta a necessidade de associarmos a concepção de desenvolvimento a modelos de governança apoiados em outras bases políticas (DOWBOR, 2018). Para Boaventura de Santos (2002, 2016), tratando-se de desenvolvimento, é o caso de "democratizar a democracia". Para alcançarmos isso, segundo Archon Fung e Eric Olin Wright (2003), Wright (2010, 2019), é preciso "aprofundar a democracia" e "erodir o capitalismo" como modelo dominante, hegemônico.

Nesse contexto, observamos a centralidade de se construírem perspectivas contra-hegemônicas e que disputem hegemonia. Essa construção, invariavelmente, tem em sua dimensão cultural a disputa mais complexa. Não porque é exclusivamente abstrata e subjetiva, mas sim porque é apoiada na dialética entre material e simbólico, subjetivo e objetivo, concreto e abstrato, essência e aparência, estrutura e superestrutura. É nessas relações que se encontram elementos que subsidiam a formulação e aplicação de sentidos à EA, para que essa, por seu turno, contribua política e efetivamente à gestão de UC e de CG.

Especialmente no caso da EA em UC, Sorrentino (2019, p. 156) faz a seguinte provocação: "Todo o patrimônio natural e cultural pode e deve cumprir um papel educador para formar humanos comprometidos com outro tipo de sociedade". Antes disso, o autor sinaliza uma contribuição de relevo da EA para trabalhar e desenvolver uma potência que estaria latente nas UC. Segundo Sorrentino (2019), as UC podem, por meio da EA, contribuir para uma melhor percepção sobre a importância de mudanças de ordem cultural que sejam capazes de problematizar nossos modos de vida e o que tomamos por "felicidade".

Inspirado por aportes com origem na obra do filósofo político Antonio Gramsci, o tema deste estudo remete às contribuições da EA para (i) reforçar as UC como negação consciente do modelo hegemônico de desenvolvimento e (ii) fortalecer a capacidade de resistência político-democrática dos Conselhos Gestores na gestão ambiental pública, Conselhos esses que são como espaços de ensino-aprendizagem e de elaboração de sínteses que subsidiem o engajamento político para a construção de sociedades sustentáveis e, portanto, mais democráticas e justas.

Para tanto, a pesquisa parte da pergunta sobre quais contribuições teria a EA para fortalecer (i) a gestão de UC como espaço de ensino-aprendizagem em perspectiva crítica e (ii) a participação social na regulação de territórios via CG como forma de resistência político-democrática e construção de disputa de hegemonia (seja no campo da conservação, seja na acepção de desenvolvimento e mesmo de gestão pública). Em outras palavras, como trabalhar com as UC para que se efetive seu papel educador? Como conceber e trabalhar a EA para que subsidie a construção do bem comum? Como realizar isso também política e institucionalmente?

Outras questões, amplas e com orientação política similar à deste livro, também contribuíram para orientar a pesquisa que o precedeu. Essas questões têm sido desenvolvidas no âmbito da discussão sobre políticas públicas para a construção de sociedades sustentáveis (que aqui tomamos como esforço tático de ação política concreta, de formação de massa crítica e de acumulação de forças). Seria possível, partindo de espaços de gestão participativa da sociobiodiversidade, forjar e fortalecer comunidades educadoras na sociedade comprometidas com a transição às sociedades sustentáveis? Poderia o Estado com isso comprometer-se? Na condição de agentes sociais sem hegemonia em distintos setores do Estado e na sociedade civil, como contribuir para o acúmulo de forças que propiciará transformações socioambientais em cada município, região, país e planeta? (RAYMUNDO; BRIANEZI; SORRENTINO, 2015).

Além de agregar questionamentos à própria pesquisa, sobretudo à construção de uma concepção que contribua para disputa de hegemonia também a partir da gestão pública, essas perguntas impõem o reconhecimento da política pública em três dimensões afirmadas por Frey (2000): *polity* (dimensão institucional), *policy* (conteúdos e formatos das políticas públicas) e *politcs* (dimensão processual de formulação e desenvolvimento das políticas). Considerando as políticas de EA, a essas é acrescida uma quarta dimensão por Biasoli (2015), a da *política do cotidiano*. Segundo a autora, a política do cotidiano advém de motivações subjetivas para o engajamento e organização política das chamadas "forças ou movimentos instituintes" (que aqui associamos ao "momento" gramsciano da sociedade civil, não para emitir sinais ao Estado, mas para ser Estado) para o diálogo/debate/embate com os "poderes instituídos" (que aqui aproximamos da sociedade política gramsciana).

A EA pode contribuir para as UC se tornarem vértices de transformações socioambientais nos territórios no sentido de fortalecer (i) a compreensão crítica da realidade socioambiental; (ii) a elaboração de compreensões e agendas políticas de disputa de hegemonia; e (iii) o engajamento político para incidir em políticas públicas que regulam a vida coletiva nos territórios de influência delas. Essa hipótese, por sua vez, parte de uma premissa. Para essa contribuição a EA deve ser subsidiada por categorias conceituais desenvolvidas pelo pensador marxista italiano Antonio Gramsci para poder aportar elementos fundamentais à qualificação da participação social nos Conselhos Gestores de UC com o objetivo da construção cotidiana de outros projetos societários a partir de outras hegemonias.

A EA contribuiria, portanto, atribuindo sentidos que disputam hegemonia quanto às próprias UC, reforçando-as como materialização da negação, no campo da conservação ambiental, de um modelo de desenvolvimento hegemônico, injusto e insustentável. Em sendo as UC potenciais antíteses de tal modelo, outra contribuição da EA se dirige aos seus Conselhos, tomando-os como vetores de engajamento consciente e incidência política, que subsidiem a disputa de hegemonia. Nesse reforço, a EA se apoiaria em fundamentos filosóficos, epistemológicos e metodológicos já consolidados no campo da Educação, a partir de pensadores de referência no Brasil e no mundo como Dermeval Saviani e Paulo Freire.

Saviani, com sua pedagogia histórico-crítica de inspiração nitidamente gramsciana, expõe o percurso do "senso comum à consciência filosófica" (SAVIANI, 1996), em que o cotidiano concreto das pessoas em situações educadoras é compreendido com base em um consenso constituído de forma desarticulada — uma "colcha de retalhos" composta por noções de diferentes origens e formulada de maneira desorganizada, difusa, sincrética. O processo educador, em perspectiva crítica, seria o responsável pela transformação desse conhecimento sincrético do concreto, do empírico, em conhecimento sintético, organizado e coerente; de concreto empírico em "concreto pensado" — uma concepção de mundo elaborada (SAVIANI, 1980).

Freire é referência por sua pedagogia libertadora, emancipatória, como prática da liberdade, em que o aprendizado é um modo de tomar consciência da realidade, na qual também é possível observar o diálogo com Gramsci e uma concepção de educação crítica para consolidar outra hegemonia. Trata-se de uma educação que, segundo Francisco Weffort (FREIRE, 1967), prefaciando a obra do pedagogo pernambucano, contribui inclusive a uma política popular. Justamente por ser uma Pedagogia (não sendo, portanto, político-partidária), promove uma conscientização que promove a compreensão das estruturas sociais como modo de dominação e de violência. Ou seja, é uma Educação que torna homens e mulheres politicamente ativos e preparados para a participação social: "Não há educação fora das sociedades humanas e não há homem no vazio" (FREIRE, 1967, p. 35).

As categorias em Antonio Gramsci

Conforme apontam Freitas e coautoras (2012), são diversos os autores contemporâneos dedicados às relações entre natureza, marxismo e desenvolvimento, problematizando, sob uma perspectiva crítica, o modelo de desenvolvimento hegemônico como cerne do que se denomina *crise ambiental* ou *crise ecológica*. Segundo as autoras, esses são estudiosos de tendências e abordagens diferentes entre si. Os meios convencionais pelos quais se expressam são revistas acadêmicas como *Capitalism, Nature and Socialism*, *Ecologia Política*, *Montly Review* e *Crítica Marxista*.

Importante ressaltar que, embora Marx não tenha amadurecido reflexões acerca das implicações de um suposto desenvolvimento eterno das forças produtivas para a natureza — influenciado pelas condições materiais de seu próprio tempo —, ele apontou aspectos que tomam como "fraturas no metabolismo" esse desequilíbrio que, contemporaneamente, se faz muito claro. Na esteira desses aspectos, mas, sobretudo, do diálogo metodologicamente fundamental do pensador alemão com o conhecimento acumulado em diferentes campos na segunda metade do século XIX, é preciso reconhecer a urgência de seu legado filosófico, econômico e político ser posto em diálogo também profícuo com o acúmulo de conhecimento acerca de nossos desafios hodiernos relativos a crises que têm se manifestado ecológica e ambientalmente — caso do debate sobre Antropoceno e Capitaloceno (MOORE, 2022), por exemplo.

Uma das razões para essa urgência é a de que há um risco sempre presente de se promover reformas parciais no capitalismo, dados os limites da democracia burguesa. Reconhecer isso é passo fundamental para se manter no horizonte a transformação do Estado em sua integralidade gramsciana, almejando sua superação como forma de organização das sociedades e da própria natureza. Parte daí, portanto, a necessidade de inspiração em uma referência tida como revolucionária como Antonio Gramsci, no sentido de se construir um projeto próprio de hegemonia (brasileiro, latino-americano, socioambientalista).

No que pode ser compreendido como uma espécie de "trincheira" em termos gramscianos, no campo da conservação, as UC guardam o potencial de representar dialeticamente, na gestão ambiental pública, a negação de tal modelo, protegendo a biodiversidade e se projetando politicamente para territórios além de suas demarcações formais, apontando para a premência de outros projetos de sociedade e de relação com a natureza. Já os Conselhos, por serem atrelados às UC, podem assumir-se como espaços de participação social ampliada (portanto não restritos exclusivamente àqueles que possuem cadeiras formalmente) na elaboração de discursos e agendas de disputa de hegemonia que tenham no horizonte outros projetos societários, justos e sustentáveis socioambientalmente. Conselhos são aqui tomados como espaços públicos, abertos à participação política na gestão ambiental pública. São espaços a serem disputados, reivindicados tanto para mediar visões de mundo, interesses e conflitos, como para tomar posição sobre a regulação dos territórios de influência das UC.

A construção de contra-hegemonia e de outra hegemonia tem na Educação sua mais fecunda estratégia, tomando-a como promotora de deslocamentos de compreensão sobre a realidade — do senso comum a uma consciência crítica e emancipadora (de ingênua para problemática e dessa para transformadora ou revolucionária, conforme a perspectiva freireana de Educação). Diante da crise que se expressa em problemas de natureza socioambiental, a Educação Ambiental guarda em si a potência de promover deslocamentos de compreensão sobre as raízes dessa problemática contemporânea, alçando o que se entende por crise ambiental à condição de crise civilizatória. Também detém, em seu campo social, repertório capaz de subsidiar, como processo formativo, a elaboração de discursos e engajamento político para a disputa de hegemonia.

A busca de subsídios a possíveis contribuições na obra de Antonio Gramsci se justifica pela capacidade de essa sustentar a compreensão de que as políticas ambiental e de conservação não podem se limitar a negar ou conter o capital, ainda que isso represente um passo significativo. Essas políticas precisam ser compreendidas como expressões do bloco histórico burguês e apontar, portanto, para sua superação.

Justifica-se a escolha por Gramsci, inicialmente, pela valorização dos conceitos de sociedade civil e de cultura que compõem a própria noção de Estado do autor. Com isso, amplia-se o potencial de compreender esses conceitos como chaves para a construção, o desenvolvimento e a consolidação de transformações sociais sob o prisma da justiça ambiental. Outro aspecto valorizado do repertório gramsciano é a magnitude atribuída ao caráter formativo e emancipatório da relação entre Filosofia e política (o qual se buscou, na pesquisa, pôr em diálogo com as concepções e sentidos atribuídos à EA).

A opção por Gramsci como referencial filosófico, conceitual, teórico e político justifica-se também pela consideração significativa do pensador marxista (não dogmático) e militante político italiano da importância da luta por hegemonia, material e simbólica, na totalidade de sua concepção de Estado, na direção de superar o modo de produção e o modelo de desenvolvimento vigentes sob uma perspectiva — atualizada historicamente — socioambientalista.

1

ANTONIO GRAMSCI: contribuições para um campo ambiental em disputa por hegemonia

Este capítulo é dedicado a tecer ponderações sobre categorias desenvolvidas por Gramsci, tais como: bloco histórico, Estado integral (sociedade civil + sociedade política), hegemonia, intelectuais orgânicos, senso comum e bom senso, catarse, guerra de posição e de movimento, partido e vontade coletiva. Essas categorias são úteis para uma compreensão em perspectiva do campo ambiental e da gestão pública do meio ambiente, refletindo também no campo da EA. Trata-se de uma aproximação que adquiriu contornos mais definidos e consistentes ao longo do estudo. Com base em interpretações de autores dedicados à obra de Antonio Gramsci e também a partir dos textos do pensador sardo, essas categorias oferecem pistas sobre o percurso metodológico de investigação sobre a obra de Gramsci e seus aportes e subsídios ao objeto de pesquisa.

***

Para um dos principais intérpretes da obra de Antonio Gramsci, o francês Hughes Portelli (1977), a mais importante e central categoria desenvolvida pelo pensador italiano é a que dispõe sobre bloco histórico. Segundo Gramsci (1999, p. 245), no bloco histórico, "[...] as forças materiais são o conteúdo e as ideologias são a forma". Essa distinção é apenas didática, já que ambas formam uma totalidade e estão intrínseca e dialeticamente relacionadas.

Trata-se da unidade dialética das forças produtivas, das relações sociais de produção e da superestrutura. Para Alvaro Bianchi (2008), originalmente o conceito de bloco histórico teria sido pensado como uma ferramenta visando à interpretação das relações históricas. Essas, por serem concretas e moventes, existiriam entre estrutura e superestrutura[1], entre condições objetivas e condições subjetivas, entre forças materiais de produção e

---

[1] Entende-se por *estrutura* a produção e o modo de produção de uma sociedade, e por *superestrutura* suas formas de compreensão, justificação e organização.

ideologias. Mais adiante em sua obra, o autor afirma que a noção de bloco histórico permite a análise crítica e histórica dos processos de reprodução social, tanto das relações políticas como do padrão de relações sociais. A noção de bloco histórico se relaciona com a "grande política", isto é, com a busca por se construir uma nova hegemonia.

O bloco histórico expressa o padrão de relações entre a estrutura e a superestrutura, no qual o conteúdo econômico-social e a forma ético-política se identificam e se reforçam mutuamente. Na medida em que há uma forte relação de reciprocidade entre as forças produtivas e as condições superestruturais para sua reprodução, percebe-se o bloco histórico: "A estrutura e as superestruturas formam um 'bloco histórico', isto é, o conjunto complexo e contraditório das superestruturas é o reflexo do conjunto das relações sociais de produção" (GRAMSCI, 1999, p. 250). Portanto, as contradições existentes nas relações econômicas da estrutura também podem estar refletidas na superestrutura, isto é, no Estado. Liguori e Voza (2017), no *Dicionário gramsciano*, apontam a inspiração soreliana do conceito (do anarcossindicalista francês Georges Sorel) e a apropriação gramsciana para o desenvolvimento da categoria de bloco histórico.

De acordo com Portelli (1977, p. 19):

> As superestruturas do bloco histórico formam um conjunto complexo, em cujo seio Gramsci distingue duas esferas essenciais: a sociedade política, que agrupa o aparelho de Estado, e a sociedade civil, isto é, a maior parte da superestrutura.

Nesse sentido, a sociedade civil talvez seja a dimensão mais valorizada na obra de Gramsci em sua inovadora concepção de Estado. Afinal, se em Marx observa-se a relação dialética entre estrutura e superestrutura erguida a partir da primeira, estando a sociedade civil na base das relações econômicas e, assim, na esfera estrutural (BOBBIO, 1982), percebe-se que Gramsci amadurece a teoria destacando o "lugar" à sociedade civil, localizando-a na superestrutura.

Portanto, a superestrutura, em Gramsci, compõe-se de duas esferas, momentos ou dimensões: a sociedade política e a sociedade civil (GRUPPI, 1978; BUCI-GLUKSMANN, 1980; COUTINHO, 1999; COUTINHO; NOGUEIRA, 1993; PORTELLI, 1977; BIANCHI, 2008; LIGUORI, 2007).

À medida que se desenvolve a denominada "socialização da política" em sociedades tidas como "ocidentalizadas" (COUTINHO, 1999) e mais complexas, amplia-se a capacidade de formação de grupos e movimentos sociais —

práticos (aparelhos "privados" de hegemonia) — com relativa autonomia em relação à sociedade política no que diz respeito à construção e afirmação de valores, ideias, concepções de mundo e ideologias, além de autonomia em relação à organização política — partidos em sentido ampliado.

Infere-se que quanto mais efetiva a existência da socialização da política, mais se consolida a sociedade civil, corroborando a noção de "Estado ampliado" de Gramsci (BUCI-GLUCKSMANN, 1980). Para tanto, parte-se da relação entre essa dimensão e outra, da sociedade política. Essa, por seu turno, é descrita como constituída pelos mecanismos a partir dos quais uma classe é dominante porque detém o monopólio legal da repressão e da violência para garantir o funcionamento do Estado (*lato sensu*) com base na compreensão hegemônica acerca do modo de produção e do modelo de desenvolvimento.

A sociedade política se manifesta a partir da atuação da burocracia e dos aparelhos coercitivos e repressivos de Estado (COUTINHO; NOGUEIRA, 1993). Já a sociedade civil é constituída por organizações privadas capazes de dirigir o Estado integral produzindo discursos, ações e práticas, difundindo visões de mundo (ideologias), tais como espaços religiosos, associações, partidos, escolas, meios de comunicação. Esses aparelhos buscam conquistar e exercer hegemonia, por meio da direção política e produção de consensos (GRUPPI, 1978).

Considera-se pertinente oferecer alguma definição à expressão "modo de produção", a fim de tornar mais clara sua dimensão e seu alcance. Os professores Eduardo Pinto e Paulo Balanco, apoiando-se no filósofo e sociólogo grego Nicos Poulantzas, apresentam uma definição que se coaduna com a discussão proposta aqui. Segundo eles, o modo de produção representa uma "[...] combinação de diversas estruturas e práticas que compreende diversos níveis, tais como o econômico, o político e o ideológico, com dominância, em última instância, do econômico" (PINTO; BALANCO, 2014, p. 40).

Gramsci não desenvolve uma concepção de estrutura com a mesma profundidade, complexidade e inovação dedicadas à superestrutura e ao Estado integral. É importante situar a reflexão que o político sardo elabora a respeito da estrutura. Segundo Bianchi (2008), Gramsci buscou desenvolver os conceitos de estrutura e superestrutura, além de avançar quanto à análise da relação entre ambos. Fez isso baseando-se tanto no prefácio de 1859 para a Contribuição à Crítica da Economia Política (MARX, 2008), como também na afirmação de Marx de que adquirimos consciência de nossa própria posição social no terreno das superestruturas.

Galastri (2014) contribui à compreensão sobre a estrutura em Gramsci. Segundo o autor, a alteração das estruturas, de uma perspectiva histórica, é possibilitada pelo próprio ato de conhecê-la. Assim, esse ato de conhecimento configura-se em intervenção, viabilizando alterações na compreensão e mesmo na própria escrita da história, uma vez que a intervenção política não é exclusividade do presente: "Não é apenas o passado que interfere no presente. Pode-se interferir, a partir do presente, no passado" (GALASTRI, 2014, p. 7).

Observa-se, a partir da contribuição do autor citado, a possibilidade de "desnaturalizar" as relações sociais do modo de produção capitalista, dando-lhes historicidade em perspectiva crítica. O trecho citado também ajuda a perceber a relação implícita entre a estrutura com a superestrutura, especialmente com o campo das ideias, fundamental para se desenvolver uma compreensão sobre as estruturas que fundamentam tanto o entendimento de que essas são injustas e insustentáveis sob o capitalismo, como subsidiam interferências de ordem filosófica e política. Ou seja, a explicação sobre a estrutura implica, e demanda, a revelação de sua relação de reciprocidade com a superestrutura que a justifica, a organiza e a reproduz; ou seja, a estrutura a condiciona e por ela é condicionada.

Esse movimento de problematização da realidade, de desnaturalização do padrão de relações sociais de produção e de elaboração e organização de formas de compreender e de se relacionar com a realidade — essa também construída e reconstruída —, depara-se, desde seu início, com a noção de hegemonia. Para Gramsci (1999) devemos estar atentos ao que o conceito de hegemonia representa. Além da questão política prática, representa um grande avanço no campo da filosofia, pois implica "[...] uma unidade inte-lectual e uma ética adequada a uma concepção do real que superou o senso comum e tornou-se crítica, mesmo que dentro de limites ainda restritos" (GRAMSCI, 1999, p. 104).

Segundo outro conhecido intérprete de Gramsci, o italiano Guido Liguori (2017), o sentido mais condizente com a ideia de hegemonia oscila entre um significado mais objetivo de "direção" (pelo consenso) em oposição a "domínio" (pela força), e outra significação mais ampla e compreensiva de ambos (subsidiando o entendimento de "direção" mais "domínio").

Liguori argumenta que Gramsci afirma uma classe como dominante também no sentido de ser dirigente, em termos culturais, de como compreender o mundo: ela dirige as classes — e frações de classe — aliadas; domina as classes adversárias. Gramsci (2001b, p. 247-248) afirma o seguinte: "A hegemonia nasce da fábrica e necessita apenas, para ser exercida, de uma quantidade mínima de intermediários profissionais da política e da ideologia", ou seja, a adesão ideológica surge nas relações de trabalho concretas, mediadas por intelectuais orgânicos. Portanto, "[...] uma classe desde antes de chegar ao poder pode ser 'dirigente' (e deve sê-lo): quando está no poder torna-se dominante, mas continua sendo também 'dirigente'" (LIGUORI, 2017, p. 365-366).

Ainda sobre o conceito de hegemonia, Gruppi (1978, p. 78) argumenta:

> Com o termo hegemonia, Gramsci quer sobretudo sublinhar o momento da "ditadura do proletariado", a capacidade de guiar um sistema de alianças. Para Gramsci, a hegemonia compreende, em geral, o sentido de direção e de domínio ao mesmo tempo.

Um dos aspectos mais relevantes aqui tem dimensões estratégicas, ou seja, anuncia e sustenta que tomar de assalto o Estado não é suficiente para superar o capitalismo sem antes conquistar posições de direção ética e moral, dirigindo culturalmente a sociedade, consolidando a predominância de um modo de pensar e se relacionar com o mundo. O sujeito, seja da tomada do Estado, seja da direção cultural, não pode se restringir a um grupo, mas deve se estender a uma classe fundamental, a classe trabalhadora e real produtora de riqueza.

Para Bianchi (2008), no que se relaciona à "alta política", está em jogo a construção de uma nova hegemonia (uma concepção de mundo, nova filosofia, nova mentalidade etc., mas também uma nova maneira de produzir, de distribuir, de consumir, de viver). A construção processual e histórica da hegemonia não pode prescindir de sua dimensão econômica. Se deve haver uma reforma intelectual e moral que se traduz como uma "elevação civil dos estratos deprimidos da sociedade", ela deve ser iniciada nas lutas travadas pelo partido que pretende representar e organizar a massa de explorados pelo capital. Para desenvolver-se plenamente, fundamenta-se em uma nova forma estatal e após "[...] uma precedente reforma econômica e uma transformação nas posições sociais e no mundo econômico" (BIANCHI, 2008, p. 169).

Hegemonia pressupõe, portanto, a predominância de uma forma de compreender o mundo, de produzir e de expressar tal modo de produção nos campos ético e moral, político e ideológico e, enfim, jurídico. Não se restringe ao consenso — ao convencimento de outros grupos sociais por um determinado grupo, ou apenas ao desenvolvimento efetivo da possibilidade de grupos subalternos construírem uma leitura própria do mundo a partir da crítica à economia política. Nem se atém exclusivamente à coerção — submissão relativamente forçada de grupos dissonantes. Essa coerção não se reduz ao uso da violência ou aparato repressivo, mas sim a instrumentos que definem opções políticas que beneficiam uns em detrimento de outros grupos, influenciando em diferentes gradações as dinâmicas sociais (ABREU, 2017). Nesse sentido, a coerção demarca um posicionamento político de governo não deliberado sem conflito e sugere a disputa por hegemonia do Estado em perspectiva gramsciana. Segundo Abreu (2017), é preciso considerar que as formas de organização da administração pública definem as escolhas dos instrumentos — instituições, normas, procedimentos institucionalizados, espaços de governança — de maneira isolada ou em diálogo com outros órgãos. É necessário lembrar que existe, ainda, todo um rol de interesses da própria burocracia.

Portanto, a hegemonia não substitui o enfrentamento. Ela deve ser compreendida como condição substancial de preparo para o enfrentamento, que certamente surge na medida em que a classe fundamental não mais hegemônica tende a buscar reorganizar-se. É, portanto, uma combinação de consenso e coerção, sendo o primeiro mais relacionado à esfera da sociedade civil (sobretudo pela função dos intelectuais orgânicos e dos aparelhos "privados" de hegemonia), e o segundo à da sociedade política (pela via dos aparelhos coercitivos do Estado em sentido estrito: polícia, órgãos de controle, judiciário).

Liguori (2004, p. 217) afirma que "[...] o 'princípio teórico-prático da hegemonia' deve ser entendido como 'síntese de desenvolvimento econômico e de consciência crítica', numa perspectiva em que a economia não é mais um objeto reificado [...]". Para Giuseppe Vacca (1991, *apud* LIGUORI, 2007), hegemonia implica, inclusive, uma nova concepção da própria política. Na esfera da sociedade civil e, assim, na superestrutura gramsciana, a disputa por hegemonia é marcada por uma complexidade de atores e de "aparelhos 'privados' de hegemonia", em que o termo *privado* é registrado entre aspas devido à capacidade de interferência, de desenvolvimento e, principalmente, de publicização de concepções de mundo que tais aparelhos, não estatais ou não governamentais, carregam. Esses aparelhos contribuiriam tanto para transformações no âmbito das estruturas como na esfera das superestruturas, ocasionando alterações inclusive no próprio aparato estatal (jurídico, coercitivo). Essas conquistas no aparato estatal visariam a garantir condições subjetivas que expressam gestos, posturas, políticas etc. que mantenham o *status quo* (no caso de classes dominantes e dirigentes) ou visem à sua superação.

Os aparelhos 'privados' de hegemonia são, na análise gramsciana a partir da sociedade de seu tempo, órgãos, instituições, organizações, enfim, espaços sociais de alcance público. Produzem e reproduzem concepções de mundo alinhadas aos interesses da classe fundamental com a qual se identificam — ou, ao menos, os valores nos quais se reconhecem.

Conforme Bianchi (2008), a contraposição de hegemonias não se restringe a concepções de mundo antagônicas, também se configura como luta dos aparelhos que têm seu funcionamento marcado pelo suporte à organização e disseminação dessas ideologias. Além disso, observa-se uma lista significativa de aparelhos de hegemonia, como espaços religiosos, educativos, associações privadas, sindicatos, partidos, imprensa, abrindo margem a atualizações no tempo histórico presente. Tomando-se a crise civilizatória que se apresenta como concreta e inevitável, atualizações possíveis se remetem à percepção de contribuições significativas geradas por diferentes movimentos que, conscientes e articulados, identificam-se como lutas anticapitalistas. São os casos dos movimentos socioambientalistas alinhados àqueles que lutam contra qualquer forma de opressão (binário generificada, racializada, pela concentração da terra, que ameaçam a conservação de modos de vida e territorialidades, que negam habitação e trabalho dignos dentre tantos outros modos de opressão que caracterizam as sociedades contemporâneas).

Esses aparelhos têm como função articular o consenso de grandes parcelas da sociedade, independentemente de classes sociais, promovendo e propagando valores, concepções, de acordo com orientações de grupos dominantes ou com aspirações de disputar hegemonia, visando a dirigir culturalmente a sociedade. Advém daí a noção de disputa de hegemonia — disputa de discursos, de concepções de mundo, expressando-se politicamente.

São presentes no repertório gramsciano passagens que afirmam a adesão cultural a compreensões naturalizadas sobre o mundo, o trabalho, as relações entre indivíduos, grupos e classes, mesmo que sequer possam corresponder — pelo contrário, serem inclusive antagônicas — a interesses de trabalhadores, assalariados, funcionários e toda sorte de não proprietários de meios de produção. Ainda assim, "[...] os cortes classistas e as lutas entre os diferentes grupos sociais atravessam os aparelhos hegemônicos e contrapõem-se uns aos outros" (BIANCHI, 2008, p. 179).

Torna-se evidente a possibilidade da desnaturalização dessas compreensões ideologizadas (em termos marxianos) no debate público, a partir de maneiras de conceber os problemas em perspectiva crítica e também complexa, suas causas e efeitos e, consequentemente, as maneiras de enfrentá-los.

Bianchi (2008, p. 298) ressalta que "[...] o senso comum 'gramsciano' encontra seu habitat em aparelhos de hegemonia: centros de pesquisa, universidades, organizações não-governamentais e partidos políticos". Assim, torna-se importante reconhecer, no âmbito da sociedade civil e também da sociedade política, aqueles espaços sociais e respectivos aparelhos de hegemonia que são estratégicos para serem disputados — no caso de já existirem — e aqueles a serem desenvolvidos. O motivo também é estratégico à construção e consolidação da hegemonia: a partir desses espaços se desenvolve a reforma filosófica, novas concepções de mundo, novas mentalidades. Aqui, a filosofia da práxis é fundamental, uma vez que não dissocia a filosofia da política, a teoria da prática, o ser pensante do ser produtor.

Antonio Gramsci afirma todos os homens como intelectuais, estendendo o que se pode definir como intelectual para além daquele personagem com formação erudita, enciclopédica, capaz de se resolver descolado de qualquer classe ou grupo social, pairando acima da sociedade e, assim, desvinculando-se de qualquer ideologia: "Todos os homens são filósofos" (GRAMSCI, 1978, p. 11). Em outra passagem, que parece ser determinante à reflexão desenvolvida posteriormente, Gramsci questiona:

> [...] é preferível "pensar" sem disto ter consciência crítica, de uma maneira desagregada e ocasional, isto é, "participar" de uma concepção de mundo "imposta" mecanicamente pelo ambiente exterior, ou seja, por um dos vários grupos sociais nos quais todos estão automaticamente envolvidos desde sua entrada no mundo consciente [...] ou é preferível elaborar sua própria concepção de mundo de uma maneira crítica e consciente e, portanto, em ligação com este trabalho próprio do cérebro, escolher a própria esfera de atividade, participar ativamente na produção da história do mundo, ser o guia de si mesmo e não aceitar do exterior, passiva e servilmente, a marca da própria personalidade? (GRAMSCI, 1978, p. 12).

Não haveria, segundo o pensador sardo, nenhuma prática ou mesmo discurso desvinculados de uma concepção de mundo alinhada a interesses de uma classe fundamental: "Qual será, então, a verdadeira concepção do mundo: a que é logicamente afirmada como fato intelectual, ou a que resulta da atividade real de cada um, que está implícita na sua ação?" (GRAMSCI, 1978, p. 14).

Dada a impossibilidade de compreender o ser humano apenas como produtor ou somente como pensador, todos são capazes de refletir, mesmo quando são submetidos à mais alienante atividade. Contudo, não são todos que exercem o papel de intelectual na sociedade. Ou seja, Gramsci reconhece a necessidade de haver pessoas mais dedicadas ao exercício de produção intelectual, profissionalmente.

Esses intelectuais teriam uma função estratégica, que é a de estarem na sociedade civil e na sociedade política (portanto, atuando em ambas as esferas da superestrutura), elaborando/legitimando a ideologia da classe dominante, tornando-a uma concepção de mundo que lhe fornece sua consciência de classe. Teriam, ainda, a função não menos estratégica de fazer permear em todo o corpo social tal ideologia e concepção de mundo (inclusive àquelas classes contrariadas, não dominantes nem dirigentes), pela via do consenso, fazendo com que classes não dominantes aceitem e reproduzam a ideologia dominante.

Martins (2011a, 2013) busca sintetizar em três as tarefas dos intelectuais orgânicos. A primeira, científico-filosófica, é desenvolver sua capacidade de compreender a dinâmica da sociedade e da economia, assim como da cultura e da política, e desenvolver a partir desse substrato uma concepção de mundo alinhada aos interesses da classe à qual estariam vinculados tais intelectuais. A segunda tarefa é educativa-cultural e se refere à capacidade de disseminar e consolidar tais concepções de mundo, em diálogo com os repertórios, por vezes sincréticos, de interlocutores dessa mesma classe. A terceira tarefa ético-política se refere à ampliação da capacidade de mobilização, articulação e auto-organização em torno da concepção de mundo formulada e compartilhada, adequando subjetividades às funções práticas.

Os intelectuais não constituem uma classe autônoma e desvinculada das demais classes sociais. São grupos originados e identificados com uma classe fundamental, mesmo que não tenham consciência disso ou não o desejem. Assim posto, todas as classes sociais "produzem" intelectuais, seja para manter o *status quo*, seja para enfrentá-lo visando à sua transformação e superação. Para Gramsci, toda classe tida como fundamental (detentores e não detentores dos meios de produção) desenvolve, em seu próprio âmbito, camadas de intelectuais identificados com seus valores, concepções de mundo, filosofia, ideologia, enfim, com uma mentalidade, um discurso e prática políticos.

> Todo grupo social, nascendo no terreno originário de uma função essencial no mundo da produção econômica, cria para si, ao mesmo tempo e organicamente, uma ou mais camadas de intelectuais que lhe dão homogeneidade e consciência da própria função, não apenas no campo econômico, mas também no social e político: o empresário capitalista cria consigo o técnico da indústria, o cientista da economia política, o organizador de uma nova cultura, de um novo direito, etc. (GRAMSCI, 2001a, p. 15).

Daí a compreensão do uso do termo *orgânico*. Os intelectuais são organicamente ligados a um modo de pensar e, portanto, compreender e reproduzir/problematizar o mundo. Ao passo que contribuem fundamentalmente para o desenvolvimento de tal filosofia (forma de entender o mundo), reciprocamente são demandados a desenvolver valores que reforçam seu vínculo a determinada classe fundamental. A atuação dos intelectuais orgânicos se dá nas relações recíprocas na superestrutura (sociedade civil mais sociedade política) e entre essa e a estrutura (relações sociais de produção).

Na esfera da sociedade civil, os intelectuais atuam elaborando uma nova concepção de mundo (no caso de intelectuais orgânicos ligados à classe não detentora dos meios de produção) ou mantendo e reforçando a hegemonia da ideologia burguesa vigente nas relações sociais de produção capitalistas (no caso de intelectuais orgânicos identificados com a classe dominante que, então, se caracteriza também como dirigente por sua capacidade de dirigir ética e moralmente o Estado em sentido ampliado). Na esfera da sociedade política, a atuação dos intelectuais orgânicos é mais perceptível pelo papel desempenhado pelas camadas intelectuais vinculadas à classe dominante e dirigente no campo jurídico (legal), na burocracia e engendramento de normas, na produção de discursos oficiais que servem de base para interpretações de fenômenos de diferentes naturezas e que orientam a ação de diferentes aparelhos do Estado, desde aqueles voltados à formação dos sujeitos até aqueles essencialmente coercitivos. Importa destacar que a produção de normas, ocorrendo também nos parlamentos, propiciam a incidência de aspectos ligados a outras hegemonias, outras concepções de mundo ou ideologias na esfera da sociedade política. Trata-se de uma arena em que ambas as esferas da superestrutura se relacionam diretamente, embora em um formato burguês alinhado à ideia de representação política e, portanto, com limitações.

Como já mencionado, todas as classes tomadas como fundamentais "produzem" seus intelectuais, o que não significa, necessariamente, que intelectuais ligados às classes subalternas tenham sua origem nas camadas operárias ou camponesas exclusivamente. É sua função — e não sua origem — que define sua orientação. A origem social é secundária, principalmente para as camadas médias e inferiores, e o vínculo orgânico depende da estreiteza da relação entre o intelectual e a classe que representa (PORTELLI, 1977).

O papel dos intelectuais é exercer a função de desenvolver processos formativos direcionados a "[...] uma nova consciência, de uma nova forma de pensar e agir na vida social por parte das classes subalternas" (DURIGUETTO, 2014, p. 273). Há um vínculo estreito e orgânico quando o intelectual se origina da classe que traduz. Suas funções seriam, basicamente, diretiva, organizativa e educativa. Assim como as classes burguesas não exclusivamente "produzem" intelectuais voltados a reproduzir e garantir a hegemonia de seus valores, mentalidade, ideologia, é comum as classes trabalhadoras produzirem intelectuais que são absorvidos pelas classes dirigentes (PORTELLI, 1977). É também corrente que intelectuais nascidos e "formados" no âmbito das classes dominantes se identifiquem e se solidarizem com anseios, necessidades e interesses de classes populares e, com isso, dediquem-se a cerrar fileiras ao lado dessas. Nesse caso, especialmente, há uma passagem sobre essa atuação organicamente vinculada entre intelectuais e classes subalternas. Segundo Gramsci (2001a, p. 221), "o elemento popular 'sente', mas nem sempre compreende; o elemento intelectual 'sabe', mas nem sempre compreende e, muito menos, sente". Daí surge a necessidade do vínculo orgânico.

A camada de intelectuais, embora não seja absolutamente autônoma, possui relativa autonomia em relação à classe fundamental que representa. Essa relativa autonomia ocorre na medida em que essa camada tem o papel de elaborar a ideologia, desenvolver a concepção de mundo em relação recíproca com a estrutura e com a classe com que se identifica, sempre elevando o desenvolvimento da consciência de classe desses grupos (no caso de intelectuais orgânicos da classe trabalhadora), nunca se descolando totalmente dessa classe e sua realidade material. Há um nível de elaboração mais elevado, mas que não se desprende das demais camadas da classe fundamental. Quando há esse descolamento, tem-se uma crise que frequentemente na história se manifesta pela coerção com tons mais fortes de repressão e violência como sustentáculo da dominação que perdeu a capacidade de liderar, de dirigir.

Como se dá a relação entre a camada de intelectuais orgânicos e a estrutura? Como seria a "relação mediata" a que se refere Hugues Portelli

(1977)? Duriguetto (2014) contribui para uma resposta ao afirmar, apoiando-se em Gramsci, que a elaboração intelectual não é meramente abstrata, mas sim construída de modo concreto, com base no real e na experiência efetiva dos trabalhadores. Outra característica da concepção de intelectual de Gramsci é que essa função, de elaborar, produzir e organizar ideias, não se restringiria a escritores, artistas ou professores. Estende-se a qualquer atividade profissional que demande racionalização do pensamento e da ação. Assim, envolve engenheiros, médicos, advogados, jornalistas, agentes públicos e quaisquer profissionais que atuam na construção, reprodução, consolidação de uma maneira hegemônica de organizar as sociedades, produzindo informações e mentalidades que as naturalizam.

Em divergência com os intelectuais orgânicos, os intelectuais tradicionais, vinculados a um modo de produção anterior ou em vias de superação, podem exercer a função de retardar o processo de conquista da hegemonia na superestrutura dos intelectuais orgânicos vinculados à classe em ascensão. O modo de exercer tal função é suspender ou impedir a elaboração e disseminação de uma nova concepção de mundo. A diferença entre intelectuais tradicionais e orgânicos fica mais evidente quando há uma espécie de sedimentação da hegemonia dos últimos. Assim, seriam hoje considerados tradicionais aqueles intelectuais que, antes vinculados à ideologia hegemônica, começam a se "descolar" da classe que já representaram, considerando-se autônomos, no caso de haver uma nova hegemonia sendo forjada.

Existiriam, para Gramsci, marcas ou modalidades qualitativas (quantidade de tempo dedicado às atividades intelectuais). Em um nível de funções e responsabilidades, estariam os intelectuais responsáveis pela elaboração da concepção de mundo, da ideologia em diferentes campos: nas ciências, nas artes, na Filosofia, no Direito, na cultura, na Educação. Em outro nível, haveria aqueles que têm a função de absorver e disseminar essa ideologia: funções criadora, organizadora e educadora. Portelli (1977) demonstra que Gramsci recorre a comparações com a organização e graduações militares para explicar as diferenças qualitativas entre os intelectuais: estado-maior, oficiais superiores e oficiais subalternos. Comparando também com o partido, distingue a massa dos militantes e um elemento intermediário responsável por organizar a massa militante e disseminar a ideologia formulada e desenvolvida por um núcleo de dirigentes.

Prevê-se uma "mobilidade" ou trânsito entre as camadas, uma vez que, por exemplo, na camada de organizadores intermediários da massa militante se encontraria algo como um "reservatório" de futuros dirigentes. Duriguetto (2014, p. 288) afirma: "O partido é o próprio modo de elaborar sua categoria de intelectuais orgânicos". Uma das principais funções da noção de partido seria, com a atuação estratégica dos intelectuais, contribuir para elevar o patamar de consciência dos trabalhadores, daquele mais econômico e corporativo àquele de classe, ético-político, em função da necessidade de superação de movimentos espontâneos, mirando o patamar de direção política consciente.

Quanto aos intelectuais do partido — esse como "intelectual coletivo" com uma função histórica —, Gramsci adverte que a filosofia da práxis deve servir "[...] para forjar um bloco intelectual-moral que torne politicamente possível um progresso intelectual de massa e não apenas de pequenos grupos intelectuais" (GRAMSCI, 1978, p. 20).

Daí uma diferença significativa entre intelectuais da burguesia e aqueles de classes subalternas: enquanto uma das funções dos primeiros é controlar as massas disseminando sua ideologia e impedindo ou limitando as possibilidades de camadas populares construírem uma perspectiva própria de leitura do mundo, a principal função do segundo é desenvolver outra hegemonia a partir da elaboração de outra concepção de mundo desenvolvida pela filosofia da práxis com as massas das classes subalternas, elevando-as em termos do nível de consciência de classe e de capacidade de participar da elaboração dessa nova concepção de mundo e hegemonia. Observa-se nesse ponto o compromisso emancipatório na função de intelectuais orgânicos associados a estratos sociais explorados e "subalternizados". No campo da Educação, há Paulo Freire e sua fundamental contribuição de Educação para a Liberdade como tributários desse pensamento. Sua sintonia com Marx especialmente aqui ocorre em relação à XI Tese sobre Feuerbach, segundo a qual é papel urgente dos filósofos, e de todos e todas, transformar o mundo, para além de interpretá-lo.

Nesse desafio aos intelectuais orgânicos das classes subalternas, a questão de método para tal elevação de consciências e concepções de mundo e da vida tem como um dos pontos de partida principais a capacidade de observar, identificar e trabalhar o que é filosofia, o que é senso comum e, nesse, o que vem a ser o que Gramsci trata como bom senso. Nesse sentido, Liguori (2007) destaca dois modos de compreender senso comum em Gramsci. Um se refere à concepção de mundo de determinado grupo, disseminada conscientemente ou mesmo implícita ao grupo e território. Outra remete à oposição a uma concepção de mundo organizada e coerente. Sobre o bom senso, há passagens na obra de Gramsci que apontam a uma conotação positiva e tratam o bom senso como um "núcleo sadio" do senso comum, ou seja, seriam compreensões sobre algum fenômeno da realidade vivida que guardam algum esforço de afastamento de concepções naturalizadas e previamente aceitas. Tais núcleos de bom senso demandam desenvolvimento e transformação em algo unitário e coerente, em perspectiva crítica: "O senso comum não é algo rígido e imóvel, mas se transforma continuamente, enriquecendo-se com noções científicas e com opiniões filosóficas que penetraram no costume" (GRAMSCI, 2001a, p. 209).

Para o autor, sendo a Filosofia fundamental para a crítica e superação da religião e do senso comum, coincide com o bom senso. Percebe-se, assim, que o senso comum constitui algo como uma "colcha de retalhos", fragmentos que mesclam conhecimentos científicos, de economia, valores, opiniões de caráter filosófico, posturas e posicionamentos perante o mundo com grande diversidade de origens, desde a religião até a convivência com o grupo social de que se faz parte. O senso comum seria algo similar à ideologia, entendida por Gramsci como concepção do mundo — concepção de um estrato social, frequentemente marcada como momento de recepção passiva em comparação a alguma elaboração ativa do grupo dirigente-intelectual desse mesmo estrato.

Por sua passividade, esse senso comum traz à tona atrasos, assim como momentos elementares de elaboração. Ainda assim, o fato de que "todo senso comum [tenha] o seu senso comum" afasta a possibilidade de que seja definido apenas como um nível qualitativamente mínimo de determinada concepção do mundo: "Em geral, trata-se da ideologia mais difundida e com frequência implícita de um grupo social, de nível mínimo" (LIGUORI; VOZA, 2017, p. 723).

Segundo Liguori (2007), o senso comum não configura um "inimigo a ser vencido"; é preciso estabelecer com esse senso comum uma "[...] relação dialética e maiêutica para que seja transformado e, ao mesmo tempo, se transforme, até a conquista de um novo 'senso comum', a que é necessário chegar no âmbito da luta pela hegemonia" (LIGUORI, 2007, p. 102). Observa-se aqui que o senso comum ou a compreensão distorcida, incoerente, desorganizada que se tem sobre determinado fenômeno é ponto de partida para o processo verdadeiramente emancipatório (intelectual e politicamente), organizador, intelectual, cultural, enfim, educador da filosofia da práxis ao qual intelectuais orgânicos se entregam. É desse senso comum e aproveitando seus "núcleos sadios de bom senso" que se extraem elementos a serem problematizados e questionados à luz da crítica à economia política, do materialismo histórico, pela filosofia da práxis. Esses núcleos de bom senso no senso comum são algo que se aproxima da palavra geradora de Paulo Freire, em função de seu vínculo com a realidade vivida das pessoas.

Nesse processo, os intelectuais orgânicos personificariam o que Gramsci compreende como catarse, outra categoria conceitual aqui tomada como essencial e inspiradora à própria EA para compor alternativas que disputam hegemonia no interior do próprio campo ambiental, assim como na relação desse com outros campos sociais, na busca por outro projeto societário hegemônico. Catarse é a manifestação de um percurso marcado por deslocamento expressivo de compreensão sobre a realidade complexa:

> Pode-se empregar a expressão "catarse" para indicar a passagem do momento meramente econômico (ou egoístico-passional) ao momento ético-político, isto é, a elaboração superior da estrutura em superestrutura na consciência dos homens. (GRAMSCI, 1999, p. 315).

Catarse é como o movimento de transformação do ser em si ao ser para si, do espontâneo para o intencional, que advém da tese hegeliana — em que o psicólogo socialista Lev Vygotsky fundamentou parte de sua psicologia histórico-social (DUARTE, 2013) — segundo a qual há uma conversão de um ser/grupo social/classe/sociedade em si a um ser/grupo/classe/sociedade livre, racional, emancipado. Para Cardoso (2014), catarse configura uma categoria central de Gramsci, especialmente no campo da Educação e, mais especificamente, da Pedagogia. Seguindo Coutinho (2011) em sua interpretação sobre a definição de *khatarsis* dada por Aristóteles, Cardoso associa catarse à ideia de "superação" e de "elevação".

Martins (2011b) assinala outra característica marcante da catarse: um processo mediado pela razão e voltado a atingir a felicidade. Para o autor, a felicidade não se confundiria, a partir de Aristóteles, "[...] com gozo físico resultante dos prazeres do corpo, mas constitui-se como aperfeiçoamento racional do homem, que se materializa na ação como justo meio entre os excessos e as faltas (vícios da ação humana)" (MARTINS, 2011b, p. 542). A natureza coletiva desse percurso catártico também deve ser posta em relevo na concepção gramsciana. Para Semeraro (2007, p. 99, grifo nosso), o caminho em direção à catarse é "[...] a transformação do indivíduo passivo e dominado pelas estruturas econômicas em sujeito ativo e *socializado* capaz de tomar iniciativa e se impor com um projeto próprio de sociedade".

Nota-se, ainda, o movimento catártico como uma passagem do objetivo ao subjetivo; da vivência das condições materiais e concretas à compreensão em perspectiva crítica sobre elas. Movimento, portanto, eminentemente educador, cultural e político, sobre a relação dialética entre estrutura e superestrutura na consciência de mulheres e homens. Coutinho (2017a, p. 94) registra o movimento catártico, a partir de Gramsci, como: "[...] passagem do saber ao compreender, ao sentir, e vice-versa, do sentir ao compreender, ao saber".

Desse modo, a transformação da sociedade passa a ser compreendida como um processo histórico/cultural, objetivo/subjetivo, econômico/ideológico. A construção de hegemonia demanda desenvolvimento constante e "em escala" de capacidade analítica e organizativa, principalmente em sociedades que, mesmo com toda desigualdade, injustiça e formas diversas de opressão, têm como mentalidade predominante sua naturalização, aceitação e busca permanente de adequação à realidade tida como inexorável. Segundo Coutinho (1999), a teoria ampliada do Estado é fundamental para permitir a Gramsci responder de maneira inovadora a questão sobre as razões dos fracassos das revoluções socialistas no Ocidente na segunda metade do século XIX e no início do século XX.

Gramsci propõe outras questões essenciais à compreensão de seu pensamento, tais como "Ocidente/Oriente", "sociedade civil primitiva e gelatinosa" e Estado como uma "trincheira avançada" cercado por uma "cadeia de fortalezas e casamatas". "Oriente" e "Ocidente" não têm aqui conotação exclusivamente geográfica, mas sim econômica, social, política, histórica podendo haver territórios que se localizam em longitudes negativas, mas contam com sociedades "primitivas e gelatinosas", nas quais o Estado "é tudo", ou seja, em que a sociedade civil é ainda imatura, desorganizada e altamente dependente do Estado, em decorrência de um grau de desenvolvimento das forças produtivas ainda incipiente. Portanto, a noção de "Oriente/Ocidente" serve ao fim de análise da relação entre sociedade, Estado e estrutura econômica.

Segundo Bianchi (2008), tal noção de "Ocidente" utilizada nos *Cadernos do cárcere* não sugere qualquer modelo, programa ou mesmo ideal. A noção se direcionaria tão somente a expressar uma situação histórico-política marcada pela existência de uma sociedade civil mais adensada, organizada e ativa por um lado e, contraditoriamente, de obstáculos mais substantivos a qualquer ideia de revolução socialista por configurar-se como um grande complexo portador e reprodutor de uma compreensão de mundo legitimadora de desigualdades e injustiças, operando suas relações sociais de produção e, inclusive, naturalizando-as.

Assim como as noções de guerra de movimento e guerra de posição (abordadas adiante), os conceitos de "Oriente" e "Ocidente" ganham significado mais complexo: "Somente nessa articulação torna-se possível à pesquisa reconhecer a distinção necessária entre o tempo das formas estatais e o tempo da luta de classes" (BIANCHI, 2008, p. 216). Em sociedades tidas como ocidentais, observa-se um patamar superior de desenvolvimento do próprio capitalismo, uma maior "socialização da política" (COUTINHO, 1999) e, em decorrência disso, uma sociedade civil mais robusta em termos de autonomia relativa e organização. Daí o uso da expressão "Estado como trincheira avançada cercado por uma cadeia de fortalezas e casamatas". Aqui, as tais "fortalezas e casamatas" podem ser lidas como os conjuntos de aparelhos de hegemonia, produtores e disseminadores de ideologia no âmbito da superestrutura, mais precisamente em sua esfera de sociedade civil.

A existência dessa sociedade civil mais amadurecida, complexa e significativamente organizada e politicamente ativa, faz com que as sociedades ocidentais expressem um diferencial em relação às estratégias revolucionárias com orientação socialista. Se nas tais sociedades orientais a tomada do Estado significaria a tomada do poder para transformar a estrutura, a superestrutura e, assim, construir uma nova sociedade, naquelas tidas como ocidentais a estratégia deveria ser outra: uma combinação de guerra de movimento (ou de manobra) e guerra de posição.

De acordo com Liguori e Voza (2017, p. 355),

> A guerra de movimento, ou guerra manobrada — metáfora de uma luta revolucionária do século XIX e não adaptada às sociedades desenvolvidas do Ocidente — é considerada por Gramsci uma forma inadequada do moderno conflito político.

Seria mais aplicável àquelas sociedades cujo Estado é absolutista ou despótico ("de tipo oriental") e Estados liberais elitistas característicos do século XIX (COUTINHO, 1999). Citando o próprio Gramsci, Ciccarelli (2017, p. 356-357) expõe que haveria uma inadequação do conceito de guerra de movimento, e tal incorreção "[...] se manifesta somente para os Estados modernos e 'não para os países atrasados e as colônias, onde ainda vigoram as formas que, em outros lugares, já foram superadas e se tornaram anacrônicas'".

Ciccarelli (2017, p. 358) afirma o seguinte: "Em comparação com a guerra de movimento, a guerra de posição é preparada minuciosamente pelos Estados e pelas classes sociais em tempo de paz". À natureza do conflito social no âmbito da sociedade civil de tipo ocidental não cabe o combate aberto de uma guerra manobrada, em um enfrentamento direto do Estado-coerção. Esse tipo de conflito demanda, pelo contrário, movimentações táticas visando à conquista de posições, de "casamatas" e "fortalezas" avançando por diferentes trincheiras, até se criarem condições mais objetivas — e subjetivas — de se conquistar o Estado (em sentido ampliado). Portanto, a guerra de posição é válida para os Estados democráticos modernos (COUTINHO, 1999). Para Ciccarelli (2017) são prerrogativas da política moderna acumular condições econômicas, sociais e políticas visando a promover a conquista, pelas classes populares, das tais fortalezas ideológicas criadas pelas classes tomadas como dominantes, assim como a destruição da "frente" criada pelas trincheiras do exército inimigo.

Gramsci observa que, nas sociedades ocidentais, a tomada do poder pelo assalto ao Estado tende a não se sustentar politicamente, dada a hegemonia consolidada pela classe dominante/dirigente no âmbito da super-restrutura e da estrutura. É preciso, antes, conquistar espaços e posições estratégicas, construir outra hegemonia. Na guerra de posição, as batalhas são, sobretudo, políticas e fortemente ideológicas, embora não se reduzam a isso e mantenham a dimensão econômica e material.

Bianchi ressalta a importância de não confundirmos ou simplificarmos como opções a guerra de movimento e a guerra de posição. O autor busca tornar clara a intenção de Gramsci em não propiciar a leitura dessas noções "Oriente/Ocidente e guerra de movimento/guerra de posição" como opostas, diacrônicas ou excludentes:

> Os conceitos de Oriente e Ocidente, guerra de movimento e guerra de posição tinham para Gramsci um valor metodológico, na medida em que por meio deles procurava distinguir diferentes realidades nacionais, bem como diferentes etapas da luta de classes. (BIANCHI, 2008, p. 213).

Uma categoria gramsciana a servir de chave analítica para buscar contribuições da EA à gestão de UC e funções dos seus Conselhos é a de partido. Há significativa relação entre essa categoria e Educação. Afirma Gramsci (2001a) que o partido, independentemente de sua qualidade intelectual, exerce uma função que é diretiva, organizativa, educadora. Em suma, intelectual. Para Gramsci o que importa é a função intelectual, a função educadora, a função organizadora e dirigente.

Depreende-se uma função importante de condução de processos formadores que se somam à elaboração de novas concepções de mundo a disputarem hegemonia. Se os "aparelhos 'privados' de hegemonia" fornecem apoio substancial à disseminação e consolidação de uma nova ética, de uma nova mentalidade nas relações entre humanos — em sociedade —, e dessa com o que se entende por natureza — ou não humano —, a noção de partido cumpriria a função de elaboração intelectual e de formação. Uma função, em última instância, educadora e formadora de novas culturas.

Mas o que viria a ser um partido? Segundo Filippini (2017), a reflexão de Gramsci sobre os partidos ocorre em muitas vertentes: "Na política moderna, nota Gramsci, a função diretiva passa dos indivíduos aos organismos coletivos" (FILIPPINI, 2017, p. 604). Ao passo que os partidos desenvolvem seus intelectuais, esses se responsabilizam pela organização dos partidos, criando situações de formação de mais indivíduos e grupos como também dirigentes. Essa estrutura partidária se engajará pelo desenvolvimento orgânico de uma sociedade integral, civil e política, condizente com as necessidades históricas da classe social a que está vinculada.

Segundo Gramsci, as classes expressam os partidos e esses formam pessoas de Estado e de governo, que dirigem a sociedade civil e a política. Para o autor, não deve "[...] haver elaboração de dirigentes onde falta a atividade teórica, doutrinária dos partidos, onde não são investigadas e estudadas sistematicamente as razões de ser e de desenvolvimento da classe representada" (GRAMSCI, 2007, p. 201-202).

Dessa citação direta dos *Cadernos do cárcere*, é possível interpretar que podem ser consideradas partidos organizações ou entidades nas quais existe um empenho de elaboração intelectual que subsidia e potencializa funções organizativas, dirigentes (do ponto de vista cultural) e, por consequência, educadoras tendo em vista a formação de dirigentes em ambos os momentos do Estado integral (sociedade política + sociedade civil).

E é nessa interpretação que reside a potência dos Conselhos compreenderem-se e serem compreendidos e trabalhados de forma a assumirem funções semelhantes. Esses Conselhos devem atuar inspirados por essa noção de articular diferentes lutas, organizar uma frente, um bloco, tornando-se estratégicos à gestão de UC compreendida como antítese do desenvolvimento capitalista, consumidor sequioso de recursos, espaços, territórios. Os partidos, portanto, não necessariamente são como partidos políticos em sentido estrito (embora esses sejam essenciais como estrutura organizacional estratégica e capaz, ainda hoje, de levar adiante um projeto de sociedade). No entanto, podem configurarem-se como espaços — e entidades — que atuam politicamente em dado território na elaboração, intelectual e ancorada na realidade, de disputa de hegemonia a partir de processos educadores socioambientalistas.

Uma categoria que pode ser associada àquela de partido é a de vontade coletiva. Gramsci escreveu em sua juventude, precisamente no ano revolucionário de 1917, um artigo chamado "A revolução contra o capital". Refere-se tanto à revolução bolchevique, como também à força que a vontade coletiva de trabalhadores organizados exerceu sobre a História, em um país predominantemente agrário. Ou, como associa Turgatto (2018), trata-se da educação da vontade coletiva como tomada de consciência de classe e como força organizada. Essa leitura de Gramsci se contrapõe àquelas mais dogmáticas sobre a obra mais madura de Marx, segundo as quais somente nas sociedades de capitalismo mais avançado e com a agudização das contradições intrínsecas ao modo de produção é que poderiam emergir as condições para a revolução socialista.

Citando diretamente Gramsci, Coutinho (2009) lembra que o pensador sardo afirmava em 1917 que não seriam os fatores econômicos brutos que definiriam, por si — ou da primeira à última instância —, o surgimento ou não das condições revolucionárias. Seriam, também e talvez, sobretudo, os homens e mulheres; a vontade coletiva. Seria a capacidade de compreender criticamente a realidade, interpretar a conjuntura e — ainda que em condições históricas já dadas ou herdadas — organizar-se e incidir politicamente na realidade visando a transformá-la.

Coutinho (2009, 2011) aponta que essa sobrevalorização da vontade humana em contraposição às condições objetivas pode ser tachada de idealismo juvenil de Gramsci certamente inspirado por Rousseau e sua vontade geral, bem como pelo neoidealismo do proeminente filósofo italiano Benedetto Croce. Há mais do que idealismo aparente nessa posição voluntarista de Gramsci. Ele estaria, para Coutinho, reagindo a "incrustações positivistas" no pensamento de Marx. Esse positivismo estaria destacado como fator diferenciador do marxismo da Segunda Internacional, e não na obra marxiana.

Com essa "conquista teórica", Gramsci teria, segundo Coutinho (2009, 2011), associado o momento teleológico humano àquele "causal-genético". Ou seja, a vontade coletiva manteria sua importância na construção da ordem social, mas articulada com as condições objetivas e determinações da realidade.

Na maturidade refletida nos *Cadernos*, Gramsci ressalta uma "dupla determinação da vontade", partindo da seguinte pergunta: "[...] quando é possível dizer que existem condições para que se possa criar e desenvolver uma vontade coletiva nacional-popular?" (GRAMSCI, 2007, p. 57).

Como decorrência dessa questão, a reflexão aponta a uma vontade não apenas advinda da ética, deontologicamente daquilo que "deve ser", mas também da concretude da realidade, objetivamente compreendida, originando ações também concretas e objetivas, ou ontologicamente daquilo "que é" ou daquilo "que está sendo" como diria Paulo Freire (1967) sobre a realidade. Trata-se de uma articulação dialética entre teleologia e causalidade, conforme registra Carlos Nelson Coutinho: "Gramsci adverte que as metas da vontade devem ser 'concretas' e 'racionais', ou seja, devem ser teleologicamente planejadas a partir de, e tendo em conta as condições causais postas objetivamente pela realidade histórica" (COUTINHO, 2009, p. 35). Ou então, trata-se da "[...] vontade como consciência operosa da necessidade histórica, como protagonista de um drama histórico real e efetivo" (GRAMSCI, 2007, p. 57).

Sob o modo de produção capitalista, a democracia burguesa é uma idealização, ou "[...] o Estado concebido como algo abstraído da coletividade dos cidadãos, como um pai eterno que tinha pensado em tudo, providenciado tudo etc." (GRAMSCI, 2001a, p. 232). Sendo assim, não se trata de uma "democracia real", à qual Gramsci associa a noção de vontade coletiva. Ou seja, a coletividade deve ser compreendida como resultante de "[...] uma elaboração de vontade e pensamento coletivos, obtidos através do esforço individual concreto, e não como resultado de um processo fatal estranho aos indivíduos singulares [...]" (GRAMSCI, 2001a, p. 232).

2

BLOCO HISTÓRICO, ESTADO INTEGRAL E HEGEMONIA: subsídios a uma análise sobre o campo ambiental, o debate sobre conservação e as políticas decorrentes

O propósito deste segundo capítulo é apresentar uma revisão geral sobre cada um dos campos sociais abordados e alinhavar elementos entre eles, cotejando em perspectiva analítica o referencial gramsciano. Iniciamos com apontamentos sobre os campos ambiental e da conservação em especial, de forma a tecer um panorama sobre o seu surgimento, sua consolidação e suas características. Esse panorama aponta para sua compreensão como "trincheiras" a serem disputadas em termos de hegemonia não somente com relação à problemática socioambiental, mas, sobretudo, à necessária construção de alternativas anticapitalistas.

As políticas ambientais tornam-se objeto de análise na evolução deste capítulo dois. A intenção é apontar e problematizar uma tendência de alinhamento ao capital, na medida em que as políticas ambientais se concentram sobremaneira em agendas negativas de neutralização de impactos negativos, mais do que na busca por transformações efetivas nas bases infra e superestrutural do modo de produção e do respectivo modelo de desenvolvimento hegemônico. Esses sim são tomados como os principais vetores de uma crise que, para além de ser ecológica ou mesmo ambiental, deve ser considerada civilizatória.

O mesmo movimento ocorre em relação à discussão que encerra o capítulo, sobre as áreas protegidas ou, no caso brasileiro, especificamente Unidades de Conservação. Na respectiva seção, busca-se expor quais e como têm ocorrido deslocamentos significativos naquilo que pode se compreender como sentido, ou finalidade, dessa estratégia mundial de conservação ambiental. Na esteira desses deslocamentos de sentidos está a identificação do potencial das UC serem tidas como vértices de negação do modelo de desenvolvimento hegemônico. Elas seriam antíteses que contam com espaços que também podem ser aproveitados como sujeitos políticos produtores de sínteses: os Conselhos Gestores.

***

43

2.1 O campo ambiental: sociedade civil, sociedade política, intelectuais orgânicos e guerra de posição nas disputas de hegemonia

O campo ambiental no Brasil começa a se formar ainda no período da Ditadura Militar, na década de 1970, na esteira de grandes eventos internacionais sobre as percepções — então emergentes — sobre a crise ambiental planetária. Mas é nas décadas seguintes, 1980 e 1990, que o campo ambiental brasileiro tem maior desenvolvimento, incidindo na criação de agências governamentais, políticas públicas, cobertura midiática e, principalmente, na proliferação de organizações na sociedade civil, expressando o movimento que culminou em capítulo especial de meio ambiente na Constituição de 1988 (LOUREIRO; PACHECO,1995).

De acordo com Viola e Leis (1995), o campo ambiental no Brasil recebe condicionamentos do contexto histórico nacional e mundial, expressando-se em organizações localizadas tanto no âmbito da sociedade tomada aqui como política, quanto daquela já consagrada como civil. A "bissetorialidade" atestada pelos autores é aqui tomada como uma totalidade do Estado integral. Segundo Viole e Leis, o ambientalismo brasileiro se cristaliza na "[...] definição da problemática recortada pelo controle da poluição urbano-industrial e agrária e pela conservação dos ecossistemas naturais" (VIOLA; LEIS, 1995, p. 82).

É possível depreender que os órgãos ambientais governamentais têm lastro em movimentos civis e cristalizam-se, ao longo do tempo, em agendas de controle, de proteção e preservação de remanescentes naturais; de busca por controle da lógica incontrolável do capitalismo, não necessariamente projetando alternativas societárias, embora as tenham em suas origens histórico-culturais. Ainda que os mesmos autores, na obra citada, afirmem que essa bissetorialidade teria evoluído a uma multissetorialidade orientada por uma agenda positiva que tivesse em seu horizonte o desenvolvimento sustentável, seria necessário submeter tal "evolução" a questionamentos sobre se desenvolvimento sustentável sugere alternativa ou não ao capitalismo, em termos de projeto societário.

Loureiro e Pacheco (1995) registraram e analisaram a formação do campo ambiental. Com base nessa análise é possível, a partir de Gramsci, compreender como "aparelhos 'privados' de hegemonia" se constituem em diferentes "espaços sociais" (como denominam as autoras): a *sociedade civil*, com organizações não governamentais que adquirem maior complexidade e amadurecem no sentido de tornarem-se organizações que problematizam também os sistemas sociais conjugando-os com sistemas ecológicos; o *espaço acadêmico*, no qual a questão ambiental começa a ser abordada por diferentes áreas do conhecimento, expandindo, portanto, as concepções de problemática ambiental, reconhecendo o prefixo *sócio* ao termo e, consequentemente, produzindo novos discursos sobre as origens da crise ambiental; o *aparato jurídico* que, considerando a compreensão proporcionada pela leitura das referidas autoras, surge da contradição entre desenvolvimento do capital e os "recursos" naturais, visando a frear o ímpeto consumidor degradante de recursos e territórios. Todavia, o aparato jurídico acaba por reproduzir a mesma capacidade de manutenção do *status quo* de qualquer legislação produzida pela predominantemente e ideológica concepção burguesa de mundo, no sentido marxiano.

Observa-se significativa heterogeneidade de grupos e movimentos no campo ambiental que atravessa diferentes espaços sociais, havendo relevância naqueles que dialogam com a crítica materialista histórica dialética em termos de método de compreensão da realidade (sem restringir-se dogmaticamente a ela) e se orientam para a superação do modo de produção e consumo e do modelo de desenvolvimento hegemônicos. Esses grupos e movimentos podem ser reconhecidos por diferentes denominações e períodos, tais como a Ecologia Socialista (DUMONT, 1980), o Ecossocialismo (LÖWY, 2005, 2009; RODRIGUES, 2015; SAITO, 2021), o Bem Viver (ACOSTA, 2016), e até mesmo o Socialismo Indo-americano de Mariátegui (2010), com inspiração nas comunidades andinas e avesso às interpretações dogmáticas do legado marxiano e análises mecanicistas da realidade.

John Bellamy Foster, por exemplo, resgata, em Marx, os apontamentos feitos por ele sobre as "falhas metabólicas" ou "fendas irreparáveis" nas relações entre a sociedade e a natureza. Relações essas mediadas pela categoria trabalho sob o capitalismo. Para Foster, estaria nessas falhas metabólicas o cerne do que contemporaneamente se reconhece por "crise ecológica".

Tais reflexões sobre alternativas urgentes ao capitalismo podem ser postas em diálogo com outras, sobre a Racionalidade Ambiental (LEFF, 2000), a Justiça Ambiental (ACSELRAD, 2010), o Marxismo Ecológico (FOSTER, 2012), o Ecologismo Popular (MARTINEZ ALIER, 2012), o Ecodesenvolvimento (SACHS, 1986) entre outras utopias militantes (SINGER, 1998) ou utopias concretas (BLOCH, 2005).

Em sendo a esfera da sociedade civil bastante abrangente, na medida em que constitui o domínio da ideologia (PORTELLI, 1977), haver heterogeneidade no campo ambiental nos sugere, no mínimo, que a busca por hegemonia tenha como estratégica a disputa nos espaços sociais constituintes desse campo, anunciando uma guerra de posição no âmbito do Estado integral.

Na esteira da reflexão sobre hegemonia em Gramsci, a legislação ambiental não se configura essencialmente como negação do capital — ainda que seja periodicamente alvo de ataques. Antes, pode ser compreendida como, no máximo, uma espécie de trava, uma baliza a colocar limitações a um avanço descontrolado e de curto prazo do capital sobre recursos naturais estratégicos. Contudo, é possível observar, na dinâmica da estrutura da sociedade brasileira mais recentemente (de 2012 em diante, tendo por base as mudanças no Código Florestal), um acento à agressividade do capital contra a legislação ambiental — sem contar a legislação trabalhista, outra trava "civilizadora" à bestialidade capitalista.

Em função da já conhecida "tendência de queda da taxa de lucro", o capital demanda expandir sua capacidade de exploração e extração de mais-valia. E o trabalho não remunerado é uma das características da natureza em sua relação preponderantemente desvantajosa com o capital, conforme explica Montibeller-Filho (2000b). Em meio a essa dinâmica que se movimenta em direção a uma maior exploração de recursos reservados — porque antes "protegidos" — é possível perceber experiências que dialogam com conceitos atrelados a concepções de mundo que devem compor a disputa de hegemonia e que apostam em processos autogeridos de desenvolvimento local ou endógeno e economia solidária. Como as propostas gestadas pelo ideário da permacultura (e, mais especificamente no campo da produção agrícola, da agroflorestal e da agroecologia) que apontam para outras hegemonias a partir da mesma estrutura. Olin Wright (2019) as reconhece como "fugas da realidade", mas com um sentido e uma contribuição política significativa: experimentam possibilidades e subsidiam parametrizando outra hegemonia, devendo ser articuladas politicamente a outras estratégias apontadas pelo autor, como domesticação do capitalismo e sua erosão por dentro (como, por exemplo, por dentro de aparelhos do Estado integral).

São outras maneiras de organizar a produção, a distribuição e o consumo. Em suma, outra forma de pensar e se relacionar concretamente com o mundo, a sociedade, a economia. Outras relações sociais de produção, como se pode verificar em experiências de redes cooperativas, ecovilas, incubadoras sociais, arranjos produtivos solidários, considerando suas limitações de descontextualização histórica e associáveis a um socialismo utópico. Principalmente, em todo o referencial paradigmático ainda mantido por comunidades tradicionais e povos indígenas. É com elas que temos como sociedades um imenso repositório de conhecimento não apenas sobre a biodiversidade, mas também sobre cosmovisões e como lidar com as crises que geramos (QUEIROZ, 2011).

No caso da legislação ambiental, essa desenvolve a aptidão de esclarecer e organizar, no campo jurídico, os limites da propriedade privada, os beneficiários e prejudicados por danos ambientais e definir as punições à altura das expectativas colocadas por diferentes grupos sociais, pelo reconhecimento tanto das agressões ao meio ambiente, como de suas consequências à qualidade de vida de toda a sociedade, em especial de porções mais pobres e com menor capacidade de lidar com alterações ambientais negativas.

No entanto, ainda que signifique um relevante avanço em termos de institucionalização de demandas oriundas de movimentos preocupados com a questão ambiental, a mesma legislação ambiental não parece ter se tornado capaz de considerar aspectos de natureza social, sendo aplicada rigorosamente da mesma forma a toda e qualquer classe social, ao posicionar ideologicamente todos e todas como iguais. Desconsidera-se, aparentemente, as origens estruturais, de ordem cultural, socioeconômica e política, dos diferentes graus de agressão ambiental. Por exemplo, a mesma legislação incide sobre corporações e sobre parcelas marginalizadas da população com pretensão de ser justa, isonômica — isso quando não atinge com maior frequência e intensidade o segundo grupo, já que esse não disporia, a princípio, das mesmas condições de reconhecer e corresponder à legislação, bem como recorrer juridicamente ao contraditório; menos ainda de incidir nessa normatividade. Para tanto, a legislação funda-se, produz-se e consolida-se sobre a igualdade civil em uma democracia burguesa (ficcional e ideologicamente dissociada de desigualdades sociais, econômicas e políticas).

Ainda assim, da legislação ambiental emergem contradições, uma vez que ela própria resulta de conflitos e controvérsias, dando margem a interpretações que apontam para garantias políticas, controle e direitos sociais. Observa-se, com auxílio da noção de campo social de Bourdieu (1983), que o campo ambiental enseja a compreensão de disputas em torno do que configura a questão ambiental, suas origens e das respostas necessárias para lidar com elas. Martinez Alier (2012) também oferece subsídios a um entendimento sobre o campo ambiental, propondo definições acerca de três correntes fundamentais do pensamento ecológico: a de sacralização da natureza, a da ecoeficiência (ambas naturalizando, desistoricizando e despolitizando o modo de produção capitalista) e o ecologismo popular, surgido de lutas de grupos sociais de classes subalternas que resistem às investidas do capital sobre seus modos de vida.

Os referidos autores oferecem pistas importantes para se identificar o que pode ser tomado como "aparelhos 'privados' de hegemonia" no campo ambiental e sinalizam, também, que a construção de hegemonia tem como desafio, talvez inicial, o próprio campo que demonstra ser eivado de diferentes concepções de mundo, ideologias, discursos e práticas que se alimentam da hegemonia burguesa (e a retroalimentam reforçando-a e legitimando-a). No entanto, também é constituído de propostas que partem da crítica à economia política e à sociedade burguesa e, inclusive, moderna: de Martinez Alier a partir das correntes do pensamento ecológico e de Loureiro e Pacheco com base nos diferentes espaços sociais formadores do campo ambiental. Assim, pode-se observar os diferentes espaços sociais no campo ambiental como constituídos por aparelhos produtores de hegemonia e, portanto, também abrigo de intelectuais organicamente vinculados a alguma classe fundamental.

Layrargues (2006) apresenta como se deram mudanças ocorridas na disputa existente no campo ambiental sobre o que caracteriza e em que se origina a crise ambiental. O autor aponta, ainda, o alcance político e respectivas ameaças ao *status quo* ideológico. Identifica que, à medida que a compreensão sobre as causas das crises moveu-se do terreno natural para o social — com associações evidentes com o modo de produção e modelo de desenvolvimento e afastamentos de perspectivas mais naturalísticas e ingênuas —, a própria crise ambiental se mostra como sintoma de dilemas civilizacionais do capitalismo. Layrargues (2006, p. 179) afirma: "Evidentemente, esse novo panorama explicativo da 'crise ambiental' tornou-se insuportavelmente ameaçador para a ideologia dominante".

Considerando a exposição de Loureiro (2006) sobre o movimento ambientalista no Brasil, percebe-se que aqueles grupos ambientalistas que localizam-se mais distantes de movimentos sociais populares acabam por reproduzir, mesmo inconsciente ou involuntariamente, valores, posturas e, enfim, o modo hegemônico de pensar a sociedade (perspectiva essencialmente burguesa) com uma espécie de invólucro "verde" (discursos convergentes com as correntes de pensamento que sacralizam a natureza ou que creem na correção do mercado motivada por preocupações ecológicas e adequações tecnológicas). Talvez sem saber, atuam como parte integrante do bloco intelectual de uma classe dirigente, algo orgânico às relações sociais de produção hegemônicas ao não realizar a crítica à economia política.

Por ser considerado multissetorial (VIOLA; LEIS, 1995), o campo ambientalista conta com um histórico de resistência por parte de grupos que aqui podem ser considerados em disputa de hegemonia em relação àquilo que entendem ser estratégico para a conservação ambiental (transformar a sociedade) — tanto no interior do próprio campo, como também na sociedade como um todo.

Sorrentino (1988) expõe evidências dessa disputa de hegemonia ao analisar o percurso de uma entidade ambientalista no estado de São Paulo. Em sua dissertação de mestrado em Educação, o autor já apontava elementos sobre organizações "ecologistas" que podem ser aqui aproximados àqueles aparelhos produtores de discursos e práticas em disputa de hegemonia. Esses teriam a potência de, inclusive, formar intelectuais comprometidos com, no mínimo, alternativas anticapitalistas, em uma outra chave paradigmática que serviria também para problematizar valores essencialmente materialistas que, mesmo em outros modos de produção, podem incorrer nos mesmos equívocos nas relações entre sociedades e natureza. Em suma, intelectuais orgânicos comprometidos não apenas com determinada classe social, mas também com outra mentalidade, outros valores e outra ética nas relações entre as pessoas e dessas, como sociedades, com o que compreendem como natureza.

No campo ambiental — por esse não se encontrar acima da luta de classes, mas, pelo contrário, ser também atravessado por ela — é preciso identificar quais são os grupos sociais mais prejudicados dos pontos de vista cognitivo, social, econômico, político e, por consequência, ambiental. São esses os grupos aos quais se refere Martinez Alier (2012) quando aponta ao "ecologismo popular", substancialmente diferente daquelas correntes do pensamento ecológico que insistem ora em separar ser humano e natureza, ora em compreender o segundo como recurso de uso exclusivo de um modo de produção.

O que marca a diferença entre o ecologismo que nasce da abundância e aquele que surge da pobreza é que o segundo é praticado por grupos sociais atingidos diretamente por medidas unilaterais, seja em nome do "progresso" econômico de natureza privada, seja em defesa exclusiva de remanescentes ecossistêmicos em detrimento da preexistência de grupos de uma classe social com parcos recursos econômicos e políticos, dependentes da terra e dos bens naturais, suas tradições culturais e mesmo étnicas. Para Martinez Alier (1998, p. 31), "[...] resulta absurdo pensar que a consciência ecológica é uma novidade nascida nos círculos ricos dos países ricos".

Refletindo sobre o campo ambiental e considerando o objeto da pesquisa que abordamos aqui, uma questão primária surge: de acordo com determinada configuração do campo ambiental/ambientalista, e já partindo do pressuposto de que nossa sociedade se apresenta como significativamente complexa e repleta de aparelhos de hegemonia, como se configuraria uma guerra de posição?

No capítulo anterior, apresentaram-se reflexões sobre categorias ou noções elaboradas por Gramsci quanto à construção permanente de condições políticas para o desenvolvimento de uma nova hegemonia capaz de transformar o bloco histórico como um todo. Com base nelas, os intelectuais têm um papel estratégico, principalmente por poderem responder pela relação orgânica entre estrutura e superestrutura, assim como organicidade entre as esferas do Estado integral. Dada a complexidade da sociedade civil hodierna e o acirramento da disputa ideológica que tem no ambientalismo uma de suas manifestações, percebe-se que o campo ambiental não é suficiente, sozinho, para configurar uma resposta aos desafios colocados pelo pensamento hegemônico que orienta a dinâmica econômica e política, seja em nível nacional ou mundial.

O campo ambiental precisa reforçar sua capacidade de consolidar uma visão de mundo, partindo tanto da perspectiva, como das condições materiais daqueles grupos e segmentos alijados do desenvolvimento hegemônico e oprimidos por ele. Com isso, deve fazer essa visão de mundo permear processual e organicamente — ou de forma "molecular" como registraria Gramsci — por toda a sociedade, material e simbolicamente, na estrutura econômica e nas relações sociais de produção; nos valores e na ética que sustentam uma visão de mundo. Para tanto, deve compreender-se e organizar-se como concepção de mundo e projeto societário que atravessa as várias maneiras como se expressa o modelo de desenvolvimento, isto é, como nos organizamos como sociedade para produzir, para distribuir, para consumir a partir da base material — natural — de que dispõe desde cada território até o planeta.

No entanto, ao passo que a questão ambiental é crivada por esses elementos culturais, econômicos e políticos, também penetra ambas as dimensões do Estado integral, demandando respostas e condicionando os diferentes debates sobre política, economia e assim, consequentemente, sobre modo de produção, modelo de desenvolvimento. Enfim, trata-se de um campo também produtor de ideologia. Em síntese, ressalta-se aqui a relação dialética entre o campo ambiental — e sua heterogeneidade ideológica, discursiva e também política — e o bloco histórico de que também é parte, já que se percebe sua presença em alguma medida nas experiências concretas que disputam espaço no âmbito das relações econômicas (aparentemente dispersas e sem algum tipo de "aglutinação", unidade, organização), bem como no âmbito da supe-restrutura, em ambas as esferas destacadas por Gramsci.

No que concerne à esfera da sociedade civil, há uma constelação de organizações que podem ser mapeadas como atuantes no campo ambiental, demonstrando a heterogeneidade e a aparente ausência de uniformidade ou algo que identifique alguma de suas correntes como um partido (*lato sensu*). Há, aparentemente, uma aceitação generalizada — e em alguma medida cristalizada no aparato de Estado — de ideias de preservação total de bens naturais e a compreensão de que basta avançar tecnologicamente para se garantir condições "sustentáveis" para a reprodução do capital. Isso ocorre não sem disputa de discursos e sem discussão de como esses incidem na normatividade vigente, assim como em sua operacionalização concreta.

Quanto à sociedade política, além de organismos e aparelhos estatais voltados à questão ambiental (alguns com agendas positivas, mas em que ainda predomina uma política ambiental de comando e controle, inclusive com maior ímpeto sobre grupos sociais mais vulneráveis), é possível perceber traços da luta de classes nas disputas que ali ocorrem. Elas estão nos órgãos que disputam hegemonia em seus nichos e no próprio interior das instituições; também estão nas normativas, uma vez que existem espaços de interlocução e de conflito entre perspectivas galvanizadas pelo Estado em sentido estrito e aqueles grupos sociais contrários, como comissões, fóruns, comitês, conselhos dentre outras arenas previstas inclusive na legislação ambiental a regulamentar preceitos constitucionais. Emerge, assim, a possibilidade de vislumbrar uma estratégia política consciente e organizada de disputa de hegemonia (que contemple a reflexão e o debate socioambientalista) e de atuação política pela filosofia da práxis, a partir desses espaços de interlocução na superestrutura que se dedicam a questões públicas e fazem parte do objeto deste estudo.

2.2 O debate sobre conservação ambiental e a necessária reflexão acerca da superação do capitalismo

Como já anunciado anteriormente, é possível observar, no campo da conservação ambiental, correntes que exercem certa hegemonia, assim como perspectivas alternativas que disputam hegemonia. Todas elas com potencial, por vezes efetivado, de influenciar a orientação de políticas de conservação, sobretudo quanto à definição do que se convencionou denominar como sua "principal estratégia": a criação de áreas protegidas. Essas correntes vão desde uma perspectiva biocêntrica, tendo a natureza não humana como valor em si e não configurando o bem-estar humano um objetivo de conservação, até a naturalização e aceitação do modelo de desenvolvimento hoje predominante, apoiado em mecanismos de mercado, como aquilo que dará o "verdadeiro sentido" à conservação de recursos naturais. No meio disso, há a identificação de posições mais complexas (embora não figurem de maneira relevante no debate acadêmico e do campo da conservação), que reconhecem a importância das áreas protegidas, não exclusivamente criadas para restringir o acesso aos recursos naturais, mas para conservá-los em benefício de espécies não humanas e das sociedades humanas, rejeitando a naturalização do capital ou a aposta em sua reprodução.

Nesse debate sobre o que é conservação e como efetivá-la, duas correntes se impuseram no campo: uma que se alinha à Biologia da Conservação (SOULÉ, 1985); outra que, por ser mais recente, se apresenta como a "Nova Conservação" (MARVIER, 2012) ou mesmo como a própria Ciência da Conservação (KAREIVA; MARVIER, 2012).

Soulé definiu a Biologia da Conservação como um novo estágio na aplicação da ciência para problemas associados à conservação. Ela pretende fornecer princípios e ferramentas para a preservação da biodiversidade. Segundo o autor, essa é uma "disciplina da crise" e, por essa razão, assumiria a necessidade de diálogo interdisciplinar para responder a questões sobre como lidar com a degradação da natureza. Soulé reconhece também a preexistência de valores a orientar escolhas na definição de objetos e objetivos de pesquisa, não havendo isenção ou neutralidade do conhecimento. No caso, mesmo não havendo informação suficiente para estabelecer relações de causa e efeito, a prevenção adquire a condição de valor.

Santos (2008a, p. 41) atribui à Biologia da Conservação o amadurecimento do que denomina "[...] série de estratégias de conservação, que visam a combater as principais causas de perda da biodiversidade do planeta, além de outros problemas ecológicos e sociais". Nessa série de estratégias, estariam, para o pesquisador, tanto as UC quanto os Conselhos Gestores e os planos de manejo, tomados como instrumentos de gestão.

Para definir o que compreendem como "Nova Conservação", Kareiva e Marvier (2012) sugerem a necessidade de atualização da disciplina de crise de Soulé e lançam mão de axiomas que, a princípio, chamam a atenção pelas preocupações com direitos humanos e com a sobrevivência de comunidades que vivem dos recursos que são objeto de proteção. Contudo, ao final da lista de postulados, expõem seu alinhamento ideológico ao capitalismo e uma de suas grandes expressões contemporâneas, as corporações, demonstrando um pragmatismo que levanta suspeições de seus críticos.

O primeiro postulado da Nova Conservação compreende a ideia de "natureza intocada" como um mito, subsidiando compreensões sobre conservação da natureza que sustentariam — talvez equivocadamente — modelos como o *fortress conservation* (ou conservação de fortalezas). O segundo associa o bem-estar humano à conservação da biodiversidade, tomando a noção de "serviços ecossistêmicos" como expressão recente disso. O terceiro trata de uma "surpreendente" resiliência da natureza, mesmo diante de graves agressões e após elas. O quarto postulado se apropria da tese da economista Elinor Ostrom (2009), que reconhece a capacidade auto-organizativa e autorreguladora de comunidades com relação aos recursos naturais de que dependem. Até aqui, tais postulados demonstram um legítimo, coerente e fundamentado esforço de reconhecimento de que a preservação em sentido estrito, por si, não teria conseguido deter a perda de biodiversidade com que se lida atualmente em escala planetária.

Sendo mais claros sobre intenções, interesses e alinhamentos ideológicos (ainda que se utilizando de uma suposta preocupação com o bem-estar de comunidades locais), Kareiva e Marvier (2012) também expõem o que chamam de "postulados normativos à Ciência da Conservação". Compreendendo-os como orientações práticas, os autores apontam que a conservação deve ocorrer em paisagens alteradas pelo ser humano e recorrentemente negligenciadas pelos conservacionistas (há também a indicação de manejo de espécies que sejam interessantes do ponto de vista econômico, incluindo as exóticas, mesmo em detrimento de outras que, ainda que sem interesse imediato, cumprem funções ecológicas fundamentais). Outra orientação prática é reconhecer que a relação entre comunidades humanas e ecossistemas pode promover a conservação. Um dos postulados se refere ao discurso a ser construído para fazer com que as pessoas adiram aos objetivos de conservação. Os autores apontam a uma obviedade, inclusive: "[...] a conservação será um sucesso duradouro apenas se as pessoas apoiarem os objetivos de conservação" (KAREIVA; MARVIER, 2012, p. 966). Até aqui, novamente, demonstram-se preocupações que poderiam ser vinculadas a uma perspectiva humanista de conservação, que não dicotomize ser humano/natureza.

No entanto, um terceiro postulado normativo dos autores evidencia seu caráter ou perspectiva ideológica de forma mais explícita: "[...] os conservacionistas precisam trabalhar com *corporações*" (KAREIVA; MARVIER, 2012, p. 967, grifo nosso). O pressuposto de que partem é de que, uma vez que as corporações existem e causam grandes danos, é preciso trabalhar com elas para que não os causem mais e, ainda, configurem-se como "forças positivas na conservação". Em síntese, além de não demonstrar capacidade crítica em relação à dinâmica e à lógica de acumulação privada, centralização e reprodução do capital em que operam as corporações, os autores postulam que sem elas (as corporações) não será possível conservar a biodiversidade.

É bastante claro o uso de argumentos por Kareiva e Marvier (2012) que podem ser vinculados tanto a axiomas (como o de que não haveria "natureza intocada"), como a valores humanistas (como as comunidades que vivem dos recursos naturais teriam interesse em conservá-los como uma questão de sobrevivência). Contudo, tal uso é relacionado automaticamente à legitimação da adequação da conservação à reprodução do capital. Para Holmes e coautores (2016), os defensores da Nova Conservação guardam a posição de efetivamente envolver a conservação com o capitalismo — como se houvesse lógica ou alguma racionalidade em esperar que um modo de produção permanentemente em crise e que seu respectivo modelo de desenvolvimento dependente de crescimento infinito sobre uma base de recursos fisicamente finita possam ser realmente parceiros da proteção da biodiversidade.

Miller e coautores (2014) também problematizam essa perspectiva, registrando contrapontos a cada um dos seus postulados e compreendendo essa autodenominada *Nova Conservação* como rendição ao desenvolvimento capitalista. Uma das considerações finais dos autores chama a atenção tanto pela disseminação dessa narrativa liberal — tratando-a como ideologia — da Nova Conservação em aparelhos de hegemonia na sociedade civil, como também pelo caráter dialético na relação entre a tese do modelo de desenvolvimento e sua antítese representada pelas áreas protegidas (que seriam, para esses autores, uma estratégia fundamental de proteção da integridade dos ecossistemas). Miller e coautores (2014) expõem a ética utilitarista da Nova Conservação, associando-a, inclusive, ao que chamam de "filosofia econômica neoliberal". Segundo os pesquisadores, os conselhos dessas grandes ONGs internacionais são dominados por interesses financeiros e corporativos, incompatíveis com qualquer noção de conservação.

Soulé (2013, p. 895) denomina a compreensão defendida pela Nova Conservação, alinhada a interesses corporativos, como "quimérica". Para ele, os proponentes da "Nova Conservação" buscam o apoio de comunidades à conservação na medida em que os fazem alcançar melhores padrões de vida e, por isso, não merece ser chamada sequer de conservação. Para Soulé o problema parece ser que a "Nova Conservação" pretende envolver as pessoas e o bem-estar humano, e não que essa mesma "Nova Conservação" esteja arrastando a conservação e as pessoas para a lógica de mercado.

Afirmando-se chocado com a rejeição, pelos novos conservacionistas, do conhecimento ecológico já acumulado, Soulé (2013) alerta que o desenvolvimento nos moldes da globalização do capital acelerou uma corrida frenética por energia e matérias-primas. Tal corrida teria ocorrido pelo avanço predatório sobre os últimos remanescentes da natureza para atender a expansão do consumo de novos grupos sociais e sua intensificação nos países centrais.

Por fim, Soulé faz uma espécie de apelo, no qual se observa sua dificuldade em buscar articular conservação e superação da pobreza, como se fizessem parte de contextos distintos e inexoravelmente apartados. Essa dificuldade, no campo da conservação, evidencia a ausência da perspectiva de superação do capitalismo nas reflexões tidas aqui como mais proeminentes sobre a conservação. A associação entre conservação e bem-estar humano torna-se capturada ideologicamente por uma única posição nesse campo da conservação, justamente aquela que se coloca à disposição do capitalismo e dos interesses corporativos em sua versão mais agressiva. Soulé aponta uma diferença entre o que chama de "conservacionistas tradicionais" e aqueles "novos conservacionistas".

Os primeiros não impediriam a perspectiva humanitárias de se manifestar em "ajuda aos pobres", mas rejeitam que a conservação somente deva existir se também beneficiar materialmente os seres humanos. A conservação seria um fim em si mesma. Já os novos conservacionistas teriam a conservação como algo que deve interessar a quem possa se aliar a ela. No caso, corporações, que poderiam enxergar na conservação uma estratégia para reproduzir de forma ampliada a mesma lógica do modo de produção de acumulação privada que lhes beneficia.

Ainda que Soulé desvele as intenções suspeitas, potencialmente nocivas e incoerentes, da Nova Conservação, não aponta que os seres humanos de que trata podem ser recortados em cerca de 1% da população mundial (DOWBOR, 2017). Soulé não demonstra compreender a necessidade de associação direta entre bem-estar humano e conservação. Para ele, seriam duas frentes de atuação desvinculadas.

Diante disso e motivadas por essa tendência a uma falsa polarização da discussão que sugere a necessidade de maior compreensão sobre as causas estruturais da perda de biodiversidade, há pesquisas que buscam oxigenar o debate e suas eventuais compreensões sobre o campo da conservação. Esses estudos identificam posições com representação significativa, mas ainda sem proeminência ou expressão política nesse mesmo debate. Essas pesquisas vão além daquelas que se restringem à posição que opõe natureza e sociedades humanas e daquela que propaga uma visão positiva sobre as corporações e o capitalismo.

Holmes e coautores (2016) apontam em sua abordagem sobre esse debate sintetizado anteriormente ao menos três posições distintas. Suas fontes de evidências foram representantes oficiais de seus países e atores no âmbito da sociedade civil, delegados para uma grande conferência acadêmica sobre conservação. Uma posição (fator 1) vincula-se à conservação voltada a beneficiar pessoas, mas sem aderir e reproduzir o capital, muito menos associando-se a corporações; outra (fator 2) está a favor de abordagens biocêntricas; uma terceira (fator 3) relativiza a relação entre desenvolvimento capitalista e objetivos de conservação.

Nesse terceiro posicionamento os pesquisadores identificaram respostas que sugerem uma crença segundo a qual, por um lado, a conservação não deve prejudicar populações pobres e marginalizadas; por outro lado, sua inserção socioeconômica e política somente seria possível em sociedades capitalistas. Observa-se o restrito espaço para alternativas ao capital, o que indica a hegemonia do pensamento sobre conservação de ecossistemas afastado de reflexões em perspectiva crítica com relação à organização das sociedades, o funcionamento do capitalismo e suas relações com o decrescimento permanente do número de espécies no planeta.

Uma das "descobertas" dos autores é a seguinte: "[...] é surpreendente que tenhamos encontrado uma posição (fator 1) que está quase completamente ausente na nova literatura de conservação" (HOLMES *et al.*, 2013, p. 361). Essa posição é justamente a que trata de defender a conservação de ecossistemas, associando-a aos objetivos de bem-estar humano e afastando-se de naturalizar o capitalismo como modelo desistoricizado de desenvolvimento.

Outra pesquisa similar corrobora essa conclusão de Holmes e seus colegas pesquisadores. Para Sandbrook e coautores (2019), o debate se concentra nas posições dos fatores 2 e 3 por motivos econômicos e geográficos nesse campo da conservação. O fator 1, que defende a conservação que seja

EDUCAÇÃO AMBIENTAL, CONSERVAÇÃO E DISPUTAS DE HEGEMONIA

benéfica às pessoas, mas sem reproduzir o capital, encontra-se entre acadêmicos e pessoas que atuam com conservação em países periféricos. Aqui se evidencia o capital político acumulado nesse campo da conservação por aqueles residentes e atuantes em países centrais. Os autores identificaram que entrevistados de países em que há mais biodiversidade (África, Ásia e América do Sul) tenderam a optar pela conservação centradas nas pessoas, em lugar daquela liderada por entrevistados europeus e estadunidenses e de caráter mais "ecocêntrico".

Em reflexão a respeito do que denominou "paradigmas da conservação", Pisciotta (2019) reconhece duas grandes linhas discursivas e, também, de ações e práticas. A primeira, o "paradigma da ciência moderna"; a segunda, de "superação da dicotomia natureza/cultura". Ambas aparentemente disputando posições. A primeira visando à manutenção de sua hegemonia, sobretudo no que se refere à atuação dos aparelhos coercitivos no âmbito da sociedade política.

Segundo Pisciotta (2019), o paradigma hegemônico da ciência determina a concepção e as formas de gestão de UC paulistas. Para contrapô-lo, a pesquisadora aponta a emergência de outro: o paradigma da superação da dicotomia natureza-cultura.

Esse segundo busca, portanto, firmar posições nesse "território" da conservação como paradigma emergente. Associa-se, por vezes, à necessidade de problematizar não apenas a conservação em si e suas estratégias, transcendendo até mesmo a superação do modo de produção hegemônico: identifica como estrutural as cosmovisões que sustentam a separação cultural entre humano e natureza.

Esse paradigma conta, por exemplo, com significativas contribuições advindas da identificação das chamadas "florestas culturais" (FURLAN, 2006). Tal concepção apoia-se na afirmação contundente do antropólogo estadunidense William Baleè, segundo o qual "todas as florestas são culturais" (FURLAN, 2018). Todas teriam sido habitadas e manejadas por humanos, em diferentes períodos históricos. Ainda que se refiram a povos originários e comunidades tradicionais, são efetivamente grandes repositórios de conhecimentos e saberes úteis para a superação de crises. Portanto, são locais estratégicos às disputas por hegemonia no campo da conservação e, também, de projetos societários e concepções de desenvolvimento.

Em palestra proferida na Faculdade de Filosofia, Letras e Ciências Humanas da Universidade de São Paulo (FFLCH-USP) em maio de 2018, e na ocasião de debater as condições e origens da "crise hídrica" de anos anteriores, Sueli Furlan expõe características que podem ser associadas àquele primeiro paradigma. Considerando a abordagem da professora e pesquisadora, esse paradigma possuiria, de partida, alguns valores fundamentais de uma concepção de mundo que condiciona a forma como nos relacionamos como sociedade com os bens ambientais: o individualismo, o progresso material. Nesse caso, trata-se do controle da natureza vista como recurso e de uma renúncia a pensar a terra como finita (FURLAN, 2018). Ou seja, uma concepção hegemônica de natureza, associada a um modelo de desenvolvimento a que estariam submetidas as políticas ambientais, especialmente de conservação.

Utilizando-se de categorias gramscianas como a de bloco histórico, Estado integral (sociedade política + sociedade civil) e hegemonia, é possível destacar seu caráter conservador do ponto de vista político e liberal da perspectiva socioeconômica, em que se acentuam posições que tomam o modo de produção capitalista que depende de seu modelo de desenvolvimento insustentável como algo naturalizado, sequer imaginando sua superação. Ambas as posições que dominam o debate com a capacidade de expressar suas reflexões e posicionamentos podem ser localizadas como expressões do bloco histórico capitalista. Essas posições o reproduzem à medida que restringem a conservação à imposição de limitações ao capital, ou mesmo defendem abertamente sua reprodução acrítica.

Com isso, hegemonizam o debate e, a partir dessas posições localizadas no bloco histórico capitalista, influem tanto nas políticas de grandes organizações conservacionistas da sociedade civil, quanto naquelas que orientam políticas governamentais (porque se relacionam, se condicionam, se interpenetram). Assim, consolidam uma concepção de mundo e de como a questão da conservação ambiental e sua estratégia, as áreas protegidas, nela se inserem. Evidenciam a hegemonia, o consenso quanto à naturalização do capitalismo e não apontam a premência de sua superação. Essa hegemonia se expressa nos comandos materializados nas políticas ambiental e de conservação.

Vaccari, Beltran e Paquet (2013) evidenciam essa concepção liberal de mundo e, especialmente, de gestão ambiental, hegemônica quanto à conservação de recursos naturais. Ao abordar o que consideram ser uma fase do pensamento conservacionista moderno, afirmam que a conservação neoliberal (mais recente porque decorrente da crise econômica global de 2008), acompanha ideologicamente uma neoliberalização generalizada das sociedades que vinham financiando a conservação em todo o mundo. Por um lado, há a privatização; por outro, o desmantelamento da capacidade pública, estatal, de formulação e execução de políticas públicas de conservação. As consequências disso estariam ainda por ser mais bem estudadas e compreendidas.

A política ambiental no Brasil e a criação de espaços territoriais especialmente protegidos: tendência ao alinhamento e reprodução do capital

Da mesma forma das posições hegemônicas no campo da conservação, não se deve observar a política ambiental brasileira e um de seus instrumentos, a criação, planejamento e gestão de áreas protegidas ou Unidades de Conservação (UC), como incoerentes ao modo de produção capitalista — menos ainda ao modelo de desenvolvimento urbano industrial (DIEGUES, 1996). Embora possam ser compreendidas como respostas ao ímpeto capitalista e mesmo que devam ser tomadas como negação do modelo de desenvolvimento (BRITO, 1995), a criação de "ilhas" protegidas acaba, em última instância, por legitimar ambos (ímpeto e modelo). Ao se concentrarem como antítese e haver a carência histórica por quem faça alguma síntese, tendem a reproduzir, mais do que negar.

Tal leitura se apoia na conformidade entre a criação de UC e a manutenção do *status quo* capitalista, apesar de tensões e conflitos existentes, desde comunidades e pequenos agricultores até grandes proprietários e corporações rurais e urbanas. Não obstante, as UC, junto às Terras Indígenas, ainda têm se caracterizado por ser um efetivo meio de proteção de importantes bens naturais diante dos avanços das fronteiras agrícolas e urbanas organizadas pela lógica capitalista. Aqui destacamos sua insuficiência.

Algo como: ao serem criadas UC, principalmente as mais restritivas, permite-se involuntária e indiretamente que o alto de grau de consumo e desenvolvimento a qualquer custo se mantenha, desde que fora de seus limites. Ou seja, não haveria, aparentemente, uma contestação explícita da estrutura da sociedade, mas sim a premência em se reservar porções dos territórios da reconhecida capacidade destrutiva inerente ao modo de produção capitalista. O que poderia configurar-se como um "primeiro passo", urgente, de proteger algo para na sequência histórica apontar à superação das condições que o gerou acaba por tornar-se um fim em si, esvaziando-se do sentido amplo ao qual deveria ter-se apegado.

Esse raciocínio pode ser estendido à legislação ambiental como um todo, observando-se principalmente os aparelhos coercitivos do Estado (fiscalização policial militarizada, predominância do "comando e controle", normatividade e aparato jurídico ainda distantes da necessária consideração às assimetrias sociais, políticas, econômicas). Em suma, ao passo que servem de freio à característica autofágica do capital (que consome suas próprias condições de existência), as UC não necessariamente conseguem apontar efetivamente para sua superação. Pelo contrário, sugerem que, em determinados locais e condições, é possível adotar uma postura mais ou menos ecologicamente aceita.

A título de compreensão mais objetiva de como isso se materializa em posturas e mesmo políticas que sedimentam tais compreensões, Saori (2020) analisa dois "objetos": i) o Projeto Conexão Mata Atlântica, elaborado e conduzido por aparelhos governamentais e financiados com recursos do BID, disponibilizados pelo Global *Environment Facility* (GEF); ii) O Projeto Vale do Futuro, também do governo do estado de São Paulo.

O primeiro é destinado à proteção pelo investimento nos pagamentos por serviços ambientais (PSA), entendidos, na lógica de mercado, como o que a natureza presta de serviços para a manutenção de seus próprios ciclos e também da vida de seres vivos (água, alimento, abrigo, regulações etc.). Para Saori (2020), a natureza assim é reificada passando a ter valor de troca, tornando-se um conjunto fragmentado de ativos cujas negociações e valorações são feitas e controladas por agentes financeiros.

O segundo, também financiado pelo BID, recorre à mesma lógica de desenvolvimento alinhada à exploração financeirizada de territórios, do trabalho de grupos sociais e de bens tomados como recursos disponíveis à reprodução do capital. Ambas as políticas analisadas pela pesquisadora estariam intrinsecamente vinculadas a princípios de gestão ambiental razoavelmente caros àqueles agentes sociais que lucram com o que se denomina Economia Verde: princípios como de "poluidor pagador" e, assim, da compensação ambiental.

A partir deles a criação, planejamento e gestão de UC, sobretudo aquelas de proteção integral, subsidiam a reprodução do capital pela legitimação da compensação. Ocorre que usualmente seus impactos preservacionistas compensatórios recaem sobre grupos sociais com recursos econômicos e políticos significativamente menores no jogo democrático liberal. Nesse cenário as UC são tomadas como motivo de tais iniciativas que contraditoriamente reproduzem um modo de produção e respectivo modelo de desenvolvimento que geram a urgência de se preservar porções e fragmentos naturais restantes. Ao mesmo tempo, podem ser compreendidas, por si, como grandes compensações desse mesmo modelo. O que não se permite realizar nelas, diretamente — nem mesmo por aqueles grupos e povos que ali já habitavam — é inclusive incentivado fora delas, devidamente licenciado pela política ambiental, recurso normativo bem manejado por corporações.

Essas políticas ambientais, como as ilustradas anteriormente (dentre outras), insinuam, da perspectiva das categorias conceituais hegemonia e Estado integral, a predominância no âmbito das sociedades política e civil de mentalidades que não permitem a incidência de elementos alinhados a outro projeto societário. Sequer guardam graus significativos de associação com os grupos sociais existentes nos territórios a serem conservados. Teriam absorvido e materializado nos instrumentos coercitivos tão somente aqueles elementos alinhados ao consenso de que o desenvolvimento capitalista não pode nem deve ser superado, apenas pode ser limitado — e em alguns casos específicos como na criação de UC.

Isso posiciona não somente a estratégia de proteção da biodiversidade (criação de UC) no seio do bloco histórico, mas também sua perpetuação. Há uma relação coerente entre o modo de produção acumulador e concentrador privado de riqueza, seu imprescindível modelo insustentável de desenvolvimento de alto consumo de energia e matérias-primas — e explorador de trabalho humano — e a legislação que acaba por legitimá-los. Em relação de reciprocidade com uma elaboração intelectual, ideológica, de concepção de mundo, essa normatividade que organiza e legitima o modo de produção até reconhece a necessidade de preocupação com a "questão ambiental". Contudo, não há síntese, mas incorporação pelo capital daquilo que potencialmente o negaria. Por isso, não há, necessariamente, a superação do capitalismo no horizonte.

Conforme já apontado, Martinez-Alier (2012) apresenta relevante debate que abre uma corrente crítica no campo da gestão ambiental quanto às suas linhagens na Ecologia Política. Segundo o autor, há compreensões a respeito da "crise ambiental" e correntes ecológicas derivadas, sendo duas — de três — que além de não questionarem o *status quo*, reproduzem-no. As três correntes dialogam com as posições identificadas no campo da conservação, sendo a terceira, do ecologismo popular, em disputa de hegemonia evidente.

Quanto à proteção ambiental, no que diz respeito à esfera da sociedade política, há um conjunto de agendas predominantemente negativas, ou seja, pautadas pela hegemonia do "comando e controle" direcionado a "vigiar e punir" aqueles em desacordo com as regras ambientais. Há ainda a marca da desigualdade na capacidade de adequação e defesa de grupos sociais majoritários (em termos demográficos, mas minorias do ponto de vista do poder político) que, não por coincidência, são aqueles também com menores recursos econômicos e políticos. Essa agenda marca a limitação da política ambiental e uma incapacidade de expressar outro projeto societário, por esse não ser objeto de consenso mesmo na sociedade civil.

Aqui cabe um reforço: nessa sociedade civil atuam agentes sociais identificados com o projeto hegemônico, de forma a construir e manter consensos elaborados e disseminados, com formas de justificação e normatização desse projeto liberal, que se expressam superestruturalmente no momento sociedade política. Portanto, não se trata de limitar a sociedade civil a um conjunto de organizações civis bem-intencionadas. Grandes *think tanks* liberais financiadas por frações do bloco dominante, sobretudo aquelas que apontam no horizonte as soluções tecnológicas para sustentabilidade — via grande mídia e outros canais — também são sociedade civil.

Tal concepção de problema ambiental e respectiva solução, desconectada de reflexão e problematização de suas motivações radicais, orienta o desenvolvimento de aparelhos repressivos voltados tanto à elaboração de normas (projetos de lei, decretos, resoluções, portarias), quanto à gestão dos processos administrativos gerados. Em síntese, há a criação de todo um aparelho burocrático, jurídico e coercitivo desenvolvido e voltado ao controle e à repreensão, com relações significativamente próximas entre grandes corporações (nos campos agrícola, industrial, imobiliário, da construção civil) e os postos dirigentes na superestrutura, conforme já apontava de maneira geral Ralph Miliband (1970). Essa coerção é "encouraçada" — nos termos de Gramsci — pelo consenso sobre o alcance das expressões das preocupações ambientais: impor limites bem localizados e seguros ao capital (por vezes absorvidos e tornados oportunidades de negócios, como consultorias, serviços em geral e tecnologias), no lugar de insinuar transformações estruturais.

Tais limitações tornam possíveis — porque não antagonizam o capital — iniciativas governamentais mais alinhadas com a posição, no debate sobre conservação, de apostar em mecanismos de mercado para proteger — haja vista a Lei Estadual n.º 16.260/2016, no estado de São Paulo, que "[...] autoriza a Fazenda do Estado a conceder a exploração de serviços ou o uso, total ou parcial, de áreas em próprios estaduais que especifica e dá outras providências correlatas" (SÃO PAULO, 2016c, s/p). Essa lei chama a atenção por permitir a concessão de áreas (não apenas serviços ligados ao turismo), mesmo em parques estaduais. Os "próprios estaduais" que a lei especifica encontram-se em uma lista de vinte UC, mais cinco Estações Experimentais. Dessas áreas, treze são Parques Estaduais, muitos reconhecidamente de grande visitação pública. Portanto, atraentes à lógica do capital.

Iniciativas como essa expressam, no âmbito da sociedade política, a associação entre uma perspectiva hegemônica na sociedade civil sobre a privatização na forma de concessões de serviços públicos e, aqui, no caso da conservação ambiental, a entrega à lógica de mercado de áreas de UC paulistas. Há instituições já mencionadas que funcionam como *think tanks* nesse campo — verdadeiros "aparelhos 'privados' de hegemonia" —, também advogando que a melhor alternativa a uma suposta crise de financiamento dos serviços públicos de conservação ambiental (e de gestão de UC) estaria na privatização e nas concessões.

Já nesse âmbito da sociedade civil é possível perceber forte presença, no campo ambiental, assim como da conservação, de uma visão que tende a naturalizar a dinâmica de desenvolvimento do capital, com pouca familiaridade ou permeabilidade para a crítica à economia política. O discurso hegemônico apresenta como solução à crise ambiental ou o afastamento de um ser humano genérico e sem historicidade de tudo o que se entende como natureza, separando-os completamente; ou a instrumentalização da conservação por objetivos corporativos (acreditando, ingênua ou desonestamente, no contrário: que a conservação estaria instrumentalizando as corporações em seu benefício). Disso decorre uma concepção de mundo, algo como uma ideologia da preservação que se move entre a referida "sacralização da natureza" — nos casos mais extremos — e o "evangelho da ecoeficiência" de Martinez-Alier (2012). Em ambas se afirmaria uma eventual centralidade humana, mas que, por afirmar a importância de proteger os recursos naturais necessários à reprodução do capital, desloca esse centro à lógica de mercado, não ao bem-estar humano.

***

A política ambiental brasileira expressa em um conjunto de normas regulando o acesso a recursos naturais, embora exista desde a década de 1930 (MOURA, 2016), tem seu desenvolvimento e evolução em períodos posteriores referenciados por marcos históricos internacionais. Dentre eles, o Clube de

Roma em 1969 (MEADOWS *et al.*, 1972) — o qual se torna conhecido por seu relatório associando limites de crescimento econômico, industrial, urbano e demográfico —, e as Conferências de Estocolmo em 1972 e do Rio de Janeiro em 1992. Dali se desenvolveram propostas com a pretensão de orientar o desenvolvimento dos países de todo o mundo a partir da constatação da insustentabilidade do modelo simbólica e materialmente hegemônico.

Ampliando a perspectiva histórica e trazendo isso ao Brasil, Pádua (2005) aponta preocupações com o uso insustentável de recursos naturais no país já no século XVIII, especialmente da madeira. Tais preocupações demandavam, à época, regulações de acesso a bens naturais pelo Estado. Entre 1797 e 1799 a coroa portuguesa teria enviado a governadores de capitanias da colônia cartas régias estabelecendo normas para uso de florestas no litoral brasileiro. E isso não seria necessariamente uma novidade. Segundo o mesmo autor, medidas similares teriam ocorrido ainda no século XVII.

Utilizando de contribuições da Sociologia Histórica, percebemos políticas às quais a política ambiental pode ser aproximada, como saneamento e seguridade social. Ambas seriam decorrência da identificação da relação de interdependência dos problemas sociais e ambientais e a sociedade como um todo. É possível observar, no campo ambiental, a geração de uma dinâmica de coletivização dos riscos sociais associados aos problemas ambientais. Esses seriam, inclusive, causadores de impactos a (ou sendo percebidos por) grupos sociais mais bem posicionados nos países e na geopolítica internacional, provocando coalizões e intervenções na maneira como as sociedades se organizam e se ordenam para lidar com tais fenômenos.

Um dos importantes autores nesse campo de conhecimento, Abram de Swaan (1988), aborda o processo de consolidação do que denomina "ações coletivas" de atenuação da pobreza, saneamento, proteção social e educação. Afirma a substancial dimensão pública de questões como a saúde, a educação e a seguridade social, para além de outras usualmente tidas como coletivas (a ordem, a paz, a defesa etc.). Todas seriam produtos histórico-sociais, sendo forjadas ao longo do processo que Norbert Elias (1993) denominou "civilizador". Swaan apresenta, como uma espécie de "sociogênese" das políticas públicas, a relação entre os monopólios, legitimidade, centralidade e alcance territorial do Estado, acrescidos da interconectividade, interdependência e primazia da política na sociedade, também vistos em Elias, Michael Mann (1986) e Karl Polanyi (2000).

Swaan (1988) também observa os problemas compreendidos como coletivos ou sociais que demandam, portanto, respostas políticas também públicas, universais. Para sustentar essa tese, organiza argumentos empiricamente amparados em evidências históricas daqueles processos que podem também ser tomados como civilizadores. Percebemos que haveria uma tendência desses problemas, que são sociais na realidade material e histórica, serem tratados idealisticamente como problemas individuais que geram soluções privadas. Esse movimento proporcionaria, quando não a baixa efetividade em sua solução, externalidades ainda maiores ao conjunto da sociedade.

No caso das questões ambientais não é suficiente pretender isolar-se ou afastar-se dos problemas, à semelhança daqueles problemas de saneamento observados por Swaan (1988). Há também a possibilidade de interpretar as dinâmicas que deliberam medidas protetivas e de melhoria das condições ambientais como "contramovimentos" dedicados a consolidar medidas e políticas capazes de frear o ímpeto capitalista (POLANYI, 2000) sobre recursos naturais tidos como já escassos.

Em similar proporção, questões afetas à conservação da biodiversidade não estariam isoladas de dinâmicas socioeconômicas. São, além de coletivas, estruturais da forma como as sociedades hodiernas organizam-se para metabolizar sua natureza externa.

No Brasil, Bredariol (2001, p. 16) afirma que "[...] nos [então] últimos quarenta anos, a política ambiental brasileira nasceu e se desenvolveu como resultado da ação de movimentos sociais locais e de pressões vindas de fora do país", sugerindo a atuação do Estado relacional de Michael Mann (1986). Ou seja, tem-se aqui um poder público atravessado por conflitos sociais que vão sendo institucionalizados: um Estado "polimórfico" que assume morfologia similar àquela dos agentes interessados. Aqui já se observa uma aproximação com a noção de coalizões de Hector Schamis (2002) — nesse caso, de interesses.

Coalizões essas que ocorrem tanto no âmbito de camadas médias da sociedade, mobilizadas por grandes organizações não governamentais, como a SOS Mata Atlântica e organismos internacionais de financiamento, como a IUCN (*International Union for Conservation of Nature*), como também coalizões que influenciaram o desenvolvimento de aparelhos e políticas ambientais no Brasil. Coalizões também articuladas por pequenas associações junto a organizações maiores, mobilizadas por causas ambientais diversas, a exemplo de Assembleias Permanentes de Organizações em Defesa do Meio Ambiente (Apedema) ou organizações estaduais nos estados de São Paulo, Rio de Janeiro, Bahia, Rio Grande do Sul e Santa Catarina — e organizações mesmo do Fórum Brasileiro de ONG e Movimentos Sociais (FBOMS) já no final da década de 1980.

Em outra perspectiva teórica, esse mesmo Estado, para Nicos Poulantzas (1985), não deve ser compreendido como um "bloco monolítico" — aliás, nem a própria burguesia, que se dividiria em frações (esferas produtivas, da circulação e do dinheiro). Embora haja hegemonia de uma classe ou de uma fração dessa classe no interior de sua dimensão de sociedade política, não há, necessariamente, homogeneidade. Haveria aparelhos diferentes e esses se configurariam como o lugar institucional em que as decisões importantes são tomadas; são os espaços para onde as demandas de classes ou suas frações dominantes são direcionadas (PINTO; BALANCO, 2014).

Amaral (1995), como exemplo desse segundo condicionamento, expõe estudo sobre a relação entre comércio e meio ambiente que subsidia a compreensão sobre medidas de caráter ambiental aplicadas ao comércio internacional, o que potencialmente cria ações no sentido de impor adequações a padrões "ecologicamente" definidos por setores da sociedade civil, tanto quanto de caráter protecionista por grupos de interesses comerciais.

Inferem-se as interpenetrações entre sociedade civil e sociedade política no desenvolvimento de uma agenda que contemple as preocupações ambientais, correspondendo à noção de Estado integral. Em havendo predominância de soluções de mercado, o caráter protecionista instrumentaliza tais preocupações e dá o tom de negociações comerciais, escamoteando o sentido demandado pelo próprio movimento ambientalista na sociedade civil.

Desenvolvimento da Política Ambiental no Brasil

No Brasil, o que havia até a década de 1960 em termos de política ambiental se compunha basicamente de códigos (água, florestal, caça e pesca) e não necessariamente uma ação coordenada pelo Estado ou mesmo uma instituição que gerisse algo próximo de uma política pública envolvendo diferentes entes públicos e privados, ou seja, algo mais sistêmico. Na década de 1970 é criada a Secretaria Especial de Meio Ambiente (Sema) e emerge no seio da sociedade civil o que se tratou de chamar de "movimento ecológico". Bressan Jr. (1992 *apud* BREDARIOL, 2001) atenta-se para um aspecto tomado aqui como relevante: esse movimento ambientalista ou "movimento ecológico", segundo o autor, não teria sofrido no mesmo grau e intensidade o controle político dos órgãos de repressão da Ditadura Militar do período mencionado. O motivo seria justamente sua aparente distância em relação àqueles movimentos sociais com marcas político-ideológicas identificadas explicitamente com o campo das esquerdas, em guerra de movimento contra o regime.

O movimento ecológico seria avesso à poluição, redução drástica de ecossistemas, ameaças aos biomas nacionais, extinção de espécies etc., sem afirmar-se definitivamente em nenhum ponto do espectro ideológico ou entrar no mérito de identificar causas "estruturais" dos problemas, em termos marxianos (apesar de reconhecer motivações ligadas à essência do capitalismo, como dependência do crescimento e mercadorização das formas de vida), conforme esclarece Hector Leis (2004). Alguns autores (VIOLA, 1987; SORRENTINO, 1988; ALEXANDRE, 2003) enfatizam também a luta por liberdades democráticas pelos direitos humanos. Portanto, expõem a resistência política à Ditadura Militar como presente e intrínseca às ações ambientalistas dos anos 1970 e 1980.

Viola (1987), em seu texto sobre o movimento ecológico no Brasil, aponta que, no então denominado terceiro mundo (caso do Brasil à época), o movimento tinha sua base em camadas médias da sociedade e ainda buscava permear aquelas mais populares que, segundo o autor, também teriam pautas "ecológicas" (melhores condições de trabalho, saneamento básico, terra para quem produz e outras). Também aponta o autor que o movimento ecológico teria se desenvolvido no bojo da crise do marxismo na década de 1970 (sobretudo no que diz respeito a uma suposta expectativa de desenvolvimento constante das forças produtivas) e, ainda assim, seriam "parcialmente herdeiros" da cultura socialista e da crítica marxista da ética utilitarista. Para Viola (1987) haveria, portanto, dentre as expectativas dos ecologistas do Sul uma redistribuição drástica da riqueza produzida, orientada por preocupações ecológicas.

Ainda no início da década de 1980 foi criada a Política Nacional de Meio Ambiente (Lei n.º 6.938/81). Seu objetivo principal era garantir a "preservação da qualidade ambiental propícia à vida, visando a assegurar, no País, condições ao desenvolvimento socioeconômico, aos interesses da segurança nacional e à proteção da dignidade da vida humana".

Bredariol (2001), em sua tese sobre a política ambiental nacional, expõe duas questões relevantes ao resgate histórico aqui abreviado: 1) para demandas relacionadas ao saneamento básico, à infraestrutura, à habitação e à agricultura, dadas suas escala e associação simbólica fortemente vinculadas a determinado modelo de desenvolvimento consensuado e, portanto, hegemônico, criaram-se políticas próprias (logo, refratárias a incidências associadas a projetos societários em disputa de hegemonia); 2) a política ambiental brasileira se desenvolveu ao largo do projeto de "Brasil Potência" dos governos militares. Octavio Ianni, já no início nos anos 1980, afirmava: "[...] a ideia de um 'modelo brasileiro de desenvolvimento', que permitiria a construção do 'Brasil Potência' em poucos anos, era mais uma faceta de caráter fascista da ditadura [empresarial-militar]" (IANNI, 2019, p. 35-36).

Esse modelo, associado a uma ideia-força de Brasil Potência, teria sido determinante como fundamento do projeto societário predatório e explorador de trabalhadores e da natureza implantado à força no país. Desde seu início a ditadura adotou medidas, econômicas e políticas, voltadas à dinamização e expansão do capitalismo no campo. Isso se deu tanto em termos de extensão quanto de intensidade da exploração. Por um lado, incentivava a centralização de capital na agroindústria canavieira em Pernambuco e em São Paulo; por outro, incentivava a formação e crescimento da mineração, do extrativismo e agropecuária na região da Amazônia Legal (IANNI, 2019).

Ambos os destaques desvelam relativo tratamento setorial e predominância do papel corretivo da política ambiental, não condicionando os padrões ou modelos das demais políticas públicas nem o paradigma hegemônico de produção e consumo. Ao configurar-se como também setorial, por sua dissociação daquelas políticas fundamentais à expressão do modelo de desenvolvimento predominante, a política ambiental também acaba por dar materialidade coercitiva de maneira limitada, como já apontado.

Percebe-se um cenário no qual é extremamente alta a capacidade decisória do Estado (*strictu sensu*), bem como do alcance territorial e infraestrutural de suas decisões (MANN, 1986) e ainda baixa a deliberação por áreas protegidas integradas a dinâmicas de desenvolvimento local ou regional inclusivas (quase imperceptível em função do controle repressivo policial). Nota-se uma evidência de que a perspectiva ambientalista maturada no movimento ecológico não conquistou hegemonia a ponto de incidir sobre o paradigma hegemônico de produção e consumo e, por consequência, sobre o projeto de país.

No final da década de 1980 é publicado o relatório *Nosso futuro comum* (COMISSÃO BRUNDTLAND, 1991) pelo Programa das Nações Unidas para o Meio Ambiente, antecedendo a 2ª Conferência Mundial de Meio Ambiente, no Rio de Janeiro na década posterior. O mesmo período assiste ao processo de redemocratização e demarcação de demandas sociais no Brasil, que converge e, em certa medida, dialoga, com o crescimento de organizações civis em escala internacional, subsidiando um debate público sobre questões ambientais que contribui, em alguma medida, às formulações sobre meio ambiente na Constituição Federal de 1988.

Pressões nacionais e internacionais levam o governo de José Sarney (1985-1990) a reestruturar o aparelho estatal de meio ambiente, unificando sob um instituto recém-criado, o Instituto Brasileiro de Meio Ambiente e Recursos Naturais (Ibama), diferentes órgãos preexistentes (IBAMA, 2017), sugerindo mais uma vez a perspectiva interacionista do Estado (MANN, 1986), um Estado relacional. Esse movimento sugere também uma maior amplitude do movimento ambientalista e de sua pauta mais relacionada a questões estruturais, principalmente quando se observam os debates realizados no âmbito da sociedade civil, que se materializam, dentre outras formas, no Tratado de Educação Ambiental para Sociedades Sustentáveis e Responsabilidade Global e na Carta da Terra. O encontro de organizações da sociedade civil ocorreu em paralelo às discussões entre representantes oficiais dos países participantes e respectivos chefes de Estado, reunindo representantes de organizações e movimentos e tornando-se importante contraponto em termos de pautas e de agenda política.

Ao mesmo tempo em que há condicionamentos externos à política econômica, de infraestrutura e de desenvolvimento, tais pressões fortalecem coalizões de interesses e legislativas, internas, no que diz respeito à demanda por políticas de proteção ambiental. O conceito de "desenvolvimento sustentável" formulado no *Relatório Brundtland* indicaria ao menos duas posturas (entre inúmeras disputas diante de sua definição razoavelmente genérica): 1) para países ricos, o desenvolvimento sustentável demanda transformações nos padrões tecnológicos de produção e consumo, além de preocupações com os descartes; 2) nos países pobres, com maior disponibilidade de bens naturais, requer a mitigação de impactos da exploração dos recursos, redução de desigualdade e geração de empregos (BREDARIOL, 2001). Acrescenta-se: tudo isso acontece na mesma lógica do capital. Nesse contexto, a biodiversidade passa ser considerada um recurso estratégico para o desenvolvimento e um promissor "ramo de negócios", conforme Hathaway (2002), fazendo prevalecer a lógica, hegemônica, de mercado.

Fases e tendências nas políticas de áreas protegidas e de unidades de conservação: possibilidades à condição de antítese ao modelo hegemônico

A conservação ambiental e sua estratégia de proteção da biodiversidade com a criação de áreas protegidas tem sido analisada com a organização, cronológica, em grandes fases e tendências. Diferentes autores têm buscado relações entre contextos socioeconômicos, políticos e culturais em escala global — a partir do Ocidente — e sentidos atribuídos à proteção da biodiversidade, sobretudo, aos meios de alcançá-la, ou às características que assumem tais áreas protegidas.

Büscher e Whande (2007) realizam uma revisão sobre discursos e tendências que sustentam as diferentes fases à luz da evolução da economia política em escala mundial. Assim, partem do pressuposto de que essas tendências são condicionadas política e economicamente. Elas se moldariam pela forma de gestão do modelo de desenvolvimento aqui tomado como hegemônico, ainda que de diferentes formas. As tendências que os pesquisadores apontam são por eles denominadas como *"neoliberal conservation"* (conservação neoliberal), *"bioregional conservation"* (conservação biorregional) e *"hijacked conservation"* (conservação "sequestrada").

Dando aqui enfoque à tendência neoliberal, destaca-se sua mercadorização da natureza que a compreende como fonte de recursos naturais na forma de mercadorias, sobredeterminando a conservação e a proteção da biodiversidade essencialmente para suportar demandas de sociedades organizadas sob a lógica capitalista. Uma de suas manifestações seriam os pagamentos pelos serviços ecossistêmicos providos pela biodiversidade conservada, além de marcos regulatórios sob orientação neoliberal. Essa tendência desenvolveria uma narrativa segundo a qual o setor privado "precisa" envolver-se com a conservação, seja por interesse, seja por suposta maior eficiência, ou por ambos.

Vaccaro, Beltran e Paquet (2013) expõem sinteticamente uma cronologia, no campo da ecologia política, do debate sobre conservação na forma de áreas protegidas. Segundo esses pesquisadores, a literatura a respeito teria desenvolvido marcos analíticos em três principais fases que, embora sejam resultado de contextos históricos distintos, também coexistem em muitos locais. Primeiramente, a fase, já mencionada, denominada *"fortress conservation"*, seguida por aquela conhecida por diferentes formas de manejar de maneira participativa recursos naturais, de modo a conservá-los, e a terceira fase sendo reconhecida como "conservação neoliberal". Essa terceira fase configuraria, para os autores, uma reação contra formas participativas de gerir bens ambientais, sendo quase um retorno ao modelo de "fortalezas" com mudanças importantes, como sua gestão (e exploração) sendo transferida — ou concedida — à iniciativa privada.

Os mesmos pesquisadores trazem uma definição básica que expressa a leitura sobre a criação de áreas protegidas restritas a agrupamentos humanos configurar um exemplo paradigmático de uma competição pelo controle ambiental. Áreas protegidas definem jurisdições e fronteiras que garantem direitos e também exclusões. Esses direitos e exclusões usualmente são implementados por agentes sociais vinculados a classes dominantes, sobre grupos e segmentos de classes oprimidas. Há, ainda, o usufruto por classes intermediárias, como turistas, visitantes, cientistas.

***

No Brasil, o Sistema Nacional de Unidades de Conservação (Snuc – Lei federal n.º 9.985/2000) é o principal instrumento relacionado às Unidades de Conservação (UC) no país. O Snuc organiza a criação de UC, com uma definição para cada categoria. As UC configuram um tipo específico de área protegida no país, abrigando em dois grandes grupos mais de uma dezena de categorias entre aquelas de proteção integral e de uso sustentável. A criação de áreas protegidas, de maneira geral, é uma estratégia de controle territorial, uma vez que define limites e condiciona dinâmicas de uso e ocupação, baseando-se em critérios pautados pela valorização de atributos naturais e mesmo necessidade de protegê-los.

Medeiros (2006) analisa a evolução dos instrumentos de criação de áreas protegidas e de UC no Brasil, revelando contradições e intenções presentes nesse processo.

Em análise anterior, Medeiros, Irving e Garay (2004) dividem em três grandes fases o processo de evolução da política de proteção da natureza e da política ambiental no Brasil: 1) início da república até década de 1960; 2) período da Ditadura Militar; 3) pós-redemocratização em 1985. No primeiro período é marcante a atuação de acadêmicos e intelectuais motivados pelo interesse em aspectos cênicos. Na segunda fase a marca é a integração nacional, sendo a criação de áreas protegidas uma estratégia para definir a presença do Estado em regiões remotas ou de interesse nos recursos naturais. É o Estado, utilizando-se de seu poder sobre o território para estender suas políticas até o limite de suas fronteiras (nesse caso, visando a exclusivamente mantê-las), mais a partir de um entendimento de posse do território do que para garantir direitos sociais às suas populações.

No terceiro período, a perspectiva de maior participação política de segmentos militantes por "causas ambientais" incide sobre as estratégias de criação de áreas protegidas no Brasil. Nota-se nas duas primeiras fases submissão a uma lógica não necessariamente antagônica aos projetos de país que se implementavam na sociedade brasileira. Já a terceira abre-se a essa possibilidade, com conquistas importantes no texto da Constituição de 1988 e no próprio debate nacional que se seguiu para se construir o Snuc. No entanto, demonstra não ter alcançado um patamar de incidência da perspectiva ambientalista no alinhamento do processo de redemocratização à inserção do país na ordem mundial.

Como conclusão de seu artigo registrado em um dos principais congressos sobre UC no Brasil, Medeiros, Irving e Garay (2004) apresentam três questões fundamentais dentre os problemas decorrentes da política de proteção da biodiversidade, especialmente criação de UC: 1) carência de recursos como dificuldade crônica; 2) conflitos gerados na ausência de diálogo e mediação política com diferentes segmentos sociais quando da criação das UC; 3) inexistência de estruturas e de estratégias de integração dos espaços protegidos às dinâmicas locais em que se inserem quando são criados. Os mesmos autores também reforçam que as políticas ambientais somente alcançarão suas intenções quando houver sua integração a outras ações de Estado, afetas à infraestrutura, energia, agricultura, saúde, educação etc.

Observa-se, portanto, a necessidade de se pensar as políticas ambiental e de conservação da biodiversidade no Brasil sob uma ótica integradora. Permeando políticas setoriais e, principalmente, vinculadas a outros projetos de sociedade. O que se depreende, *a priori*, é a política ambiental como setorial, potencializando tensões com outras políticas públicas sem necessariamente enfrentar questões estruturais. Isso revela, por vezes, uma correlação de forças significativamente assimétrica, com prejuízo às preocupações ambientais. Mesmo com aparentes avanços na abordagem da questão ambiental — de gerenciamento de aspectos isolados para a proteção de territórios e tangenciando questões estruturais —, observamos a existência de argumentos na literatura consultada que apontam para a premência de um projeto de nação e que os meios para o realizar devem ser transpassados pela reflexão em perspectiva crítica sobre modelo de desenvolvimento condicionada e permeada pela problemática socioambiental.

EDUCAÇÃO AMBIENTAL, CONSERVAÇÃO E DISPUTAS DE HEGEMONIA

Dinâmica na atribuição de sentidos às áreas protegidas

A proteção de determinadas parcelas de territórios com significativos recursos naturais não seria uma exclusividade da modernidade. Em tempos históricos distintos, por diferentes civilizações, espaços eram reservados por motivações similares no que se refere aos atributos naturais. Bensusan (2006, 2014) e Morsello (2001) discorrem sobre reservas na Roma Antiga, na Índia do século III e na Europa Medieval.

Assim, a noção de preservação da natureza acompanha as sociedades humanas ao longo de sua história. Morsello (2001) menciona, por exemplo, os povos assírios como uma civilização anterior ao nascimento de Cristo que estabeleceu reservas naturais. A própria palavra "parque", na Europa medieval, designaria, segundo a autora, "[...] local delimitado no qual animais viviam na natureza em áreas sob responsabilidade do rei" (MORSELLO, 2001, p. 22). Mesmo na civilização Inca, no atual território do Peru, teria havido limitações físicas e sazonais à caça de determinadas espécies.

Nurit Bensusan (2014) aponta, de maneira mais relacionada à cultura, duas razões de se delimitar frações do território para proteger a natureza: a preservação de lugares tidos como sagrados e a manutenção de estoques naturais. A Rússia conteria expressão da primeira motivação, com "florestas sagradas" às quais o acesso era proibido. A Antiguidade guardaria exemplos da segunda razão, de manter estoques de recursos naturais considerados estratégicos. Em síntese, observam-se ambas as questões, religiosas e socioe-conômicas (em sentido amplo), como motivações fundamentais à gestão da relação entre sociedade e bens naturais passíveis de serem associadas a formas como os agrupamentos humanos se relacionam com sua natureza externa.

Na segunda metade do século XIX, coincidindo com o amadureci-mento da Revolução Industrial, à medida que começa a se tornar evidente a escala da capacidade transformadora das ações humanas no Ocidente, ganha densidade a noção de se proteger paisagens naturais do próprio avanço da sociedade (no caso, ocidental, urbana e industrial). Bensusan (2014) apre-senta de maneira sintética uma pista de elemento associado à constatação da capacidade transformadora do ser humano em detrimento de bens naturais. A autora assinala uma compreensão de natureza então como algo em suas condições prístinas, primitivas. Algo merecedor de ser protegido do próprio ser humano — universalmente reduzido àquele ocidentalizado, ao qual o modelo urbano-industrial é paradigmático, já significativamente dissociado da ideia de natureza por força da ciência e da tecnologia, esses como suportes do modo de produção ascendente.

Bensusan (2014) expõe a vinculação da origem da ideia de área protegida "intocada" e, portanto, desabitada, a mitos judaico-cristãos relativos ao paraíso. A palavra "parque" seria etimologicamente identificada com outra, "paraíso". O termo "floresta", talvez um dos principais objetos de proteção em sociedades contemporâneas, derivaria da expressão *foris*, territórios colocados à parte e "[...] excluídos dos códigos romanos e leis consuetudinárias" (SHAMA, 1996, p. 156 *apud* CAMARGOS, 2016, p. 14). O verbo *forestare*, em latim, significava reter fora, pôr à parte, excluir. A mesma autora, apoiando-se em Harrison (1992), informa que a entrada do termo *floresta* no léxico coincide com determinado período em que decretos reais reservavam grandes porções de territórios para a caça, não exclusivamente abrigando matas, mas também cultivos e terras habitadas, de senhores feudais, comunais e mesmo cidades inteiras.

A noção moderna de áreas protegidas: resposta e alinhamento resignado a um modo de produção hegemônico

Uma das compreensões sobre as origens da noção de áreas protegidas deriva de debate entre grupos denominados conservacionistas e preservacionistas no século XIX (DIEGUES, 2001; McCORMICK, 1992). A diferença básica entre ambas as posições seria: conservacionistas patrocinavam o manejo racional, adequado e criterioso dos recursos; já preservacionistas a proteção absoluta da natureza diante de um ser humano — genérico e desistoricizado — cuja sociedade (ocidental, capitalista e imperialista, principalmente) se desenvolvia urbana e industrialmente apoiada na ciência técnica-instrumental, submetendo a "natureza" à tecnologia e a uma "supremacia" humana sobre todas as demais formas de vida, sobretudo nas colônias em África, Ásia e América, nas quais seus povos originários sequer eram considerados humanos, sendo submetidos à exploração na forma de escravidão. Observa-se que ambas as correntes de pensamento a respeito da relação sociedade/natureza têm em comum o caráter absolutamente cultural e histórico, pela produção de valores, ideias, argumentos, ideologias e projetos de sociedade (por mais preocupadas que estivessem com aquilo que denominam, também cultural e historicamente, "natureza").

Segundo McCormick (1992), na virada do século XIX, o ambientalismo estadunidense estava dividido em dois campos. Um campo era preservacionista e filosoficamente mais próximo do ponto de vista do protecionismo britânico, defendendo preservar áreas "intocadas" de qualquer uso que não o recreativo. O outro era conservacionista e fundado na tradição de uma ciência florestal alemã, que advogava o manejo racional dos recursos naturais.

O movimento pela criação de áreas protegidas nos EUA teria resultado de ideais preservacionistas que assumiram grande importância no século XIX. Contudo, a perspectiva preservacionista teria surgido ainda antes, na Europa. O desenvolvimento da História Natural e a admiração que naturalistas devotavam às áreas naturais não transformadas pela "ação humana" teriam contribuído para uma inflexão na percepção da natureza "em estado bruto". De uma valorização da civilização e suas expressões, como o campo cultivado, a domesticação de animais e mesmo o tratamento dispensado a mulheres, jovens, pobres e deficientes (que não demonstrariam comportamentos tidos como "civilizados" e, por isso, seriam considerados animais, ou próximo disso), para a valorização, inclusive, de pântanos, como habitats de espécies (DIEGUES, 2001). A então contemporânea Revolução Industrial e seus efeitos nocivos já perceptíveis teriam sido outro fator que favoreceu a valorização do "natural".

Um papel exercido junto à subjetividade das elites letradas e no plano cultural da sociedade da época, na Europa, é exposto também por Diegues (2001). Os escritores românticos teriam ocasionado o que o autor descreve como uma procura pelo que restava de "natureza selvagem", "[...] da inocência infantil, do refúgio e da intimidade, da beleza e do sublime. Nessa procura, as ilhas marítimas e oceânicas desempenharam papel essencial nessa representação do mundo selvagem" (DIEGUES, 2001, p. 23). Nesse romantizado ideário de natureza em seu estado primitivo por escritores do século XIX, não haveria seres humanos habitando ou convivendo de alguma maneira com a "natureza". Esse ideário remeteria a áreas idealmente inabitadas (DIEGUES, 2001).

Nesse momento histórico o capitalismo estadunidense estaria já consolidado e, com sua urbanização acelerada, reservaram-se grandes áreas naturais, protegendo-as também da expansão agrícola e tornando-as acessíveis às populações urbanas para recreação.

No século XIX, mais precisamente nos EUA, a ideia moderna de área protegida tem sua associação com a noção atual. Resultante de mudanças graduais nas percepções do ambiente, a denominação "Parque Nacional" como instrumento de proteção da natureza derivaria, segundo Morsello (2001), de diferentes fatores, desde o desenvolvimento das ciências naturais e da ciência de maneira geral, passando pelo reconhecimento de que o modelo de desenvolvimento econômico já em nível mundial seria capaz de transformações nunca antes conhecidas pela humanidade, até a conclusão, sintética, de que as áreas protegidas seriam a "antítese do desenvolvimento" (BRITO, 1995).

Ainda nos EUA e no mesmo século XIX, a noção moderna de Parque Nacional estaria também vinculada a uma necessidade de afirmação nacional (CAMARGOS, 2006). Diante de uma Europa repleta de monumentos construídos que espelhavam sua história civilizacional e que serviram de esteio à consolidação de identidades nacionais e, diante da inexistência em seu território de algo similar fundamentalmente ligado à construção de uma identidade como nação, a identificação, proteção e declaração de monumentos naturais teriam se tornado meios de afirmar a grandeza do país — de seus governantes e de suas elites — para seus cidadãos.

Yellowstone (de 1872), primeiro parque nacional e símbolo de um modelo de proteção da natureza, cumpriria ainda o papel de lugar reservado voltado ao usufruto indireto e lazer da população. Tal reserva preservaria de danos e espoliação às maravilhas ali reservadas, com a intenção, ainda, de possibilitar a retomada das condições naturais originais (CAMARGOS, 2006). A autora, a partir da leitura de texto encontrado no site do Parque Nacional Yellowstone, conclui que "[...] o turismo foi uma expectativa chave para o uso do parque, resgatando parte importante de sua função inicial" (CAMARGOS, 2006, p. 8). A autora também atesta, dentre os sentidos e finalidades do parque então recém-criado, o "consumo simbólico" de um conjunto bem alinhado de interesses e expectativas em relação ao *wilderness*, localizado então no Oeste norte-americano. O contato e o consumo, proporcionados pelo turismo, de paisagens tomadas como "sublimes" teriam sido uns dos principais motes do modelo de parques nacionais.

Deslocamentos na compreensão sobre áreas protegidas e implicações na noção de unidades de conservação no Brasil

Há todo um conjunto de compreensões e sentidos que vêm sendo atribuídos às UC, seja em nível internacional ou no Brasil. Em uma "visão panorâmica" sobre diferentes motivações e expectativas a respeito das áreas protegidas e das UC, evidencia-se que essas compreensões sofrem deslocamentos condicionados por questões de ordem cultural, econômica, política. Aqui se buscará destacá-los, de forma a compor um quadro no qual ganha relevo a possibilidade de questionar uns, corroborar outros, a depender de como se contextualiza as UC, bem como ganha relevo a premência por atribuir sentidos mais associados à transformação das condições objetivas e subjetivas que motivam sua criação.

Assim, o debate traz desde aqueles elementos modernos e outros mais contemporâneos sobre reservar porções de "natureza" e protegê-la de alguma forma, até questionamentos à concepção e modelo decorrente de áreas protegidas, tornado hegemônico, posteriormente revisto no âmbito de encontros internacionais e questionado como solução justa. O esforço será o de demonstrar como se buscam, ao longo de período mais recente e algumas de suas características históricas, políticas e estruturais, novos sentidos às UC no Brasil e nas áreas protegidas pelo mundo. Com isso, demonstra-se a necessidade de se compreender as UC como antítese de um modelo de desenvolvimento injusto e insustentável ganha tons mais acentuados.

Inadequações de um modelo importado de áreas protegidas e associações com a predominância de um modelo de desenvolvimento

O modelo norte-americano de área protegida, originado na criação do Parque Nacional Yellowstone, teria sido disseminado mundo afora de maneira similar ao modelo de desenvolvimento urbano-industrial, à revelia de latitudes, populações e modos de vida. Como essa ideologia se expandiu a países do terceiro mundo, houve um efeito devastador sobre populações tradicionais de extrativistas, que há gerações habitavam os mesmos territórios a serem protegidos. Isso estaria, para Diegues (2001), na base de conflitos de difícil superação, assim como de uma visão fragmentada e equivocada de área protegida e de fiscalização.

Diegues (2001) contribui ao debate com a sugestão da associação ideológica e consorciada da noção de desenvolvimento urbano-industrial e áreas protegidas, oferecendo margem a interpretações de que fariam parte de uma mesma unidade dialética: desenvolvimento capitalista e proteção de recursos naturais, sendo a segunda derivada da primeira.

Considerando debate mais recente acerca da adaptação de modelo norte-americano de parque nacional que problematiza sua "importação" pelo Brasil, Camargos (2006) pondera que, por um lado houve questionamentos à adaptação conceitual de áreas inabitadas em um país em que boa parte dos territórios naturais já eram ocupados e manejados por populações humanas; por outro lado, não havia condições objetivas para arcar com os custos financeiros para bancar a desapropriação e remoção dessas populações.

A transposição de instrumentos de proteção da natureza a países da América do Sul coincide com períodos de maior estímulo ao desenvolvimento do modelo de desenvolvimento industrial e urbano: a primeira metade do século XX. Argentina em 1903, Chile em 1926 e Brasil em 1937 (Parque Nacional Itatiaia, na região sudeste do país). Nesse último, no século anterior — cerca de sessenta anos antes — teria havido esforços do engenheiro abolicionista André Rebouças no sentido de se colocar em debate a criação de um Parque Nacional ao modo norte-americano (MEDEIROS; IRVING; GARAY, 2004). O modelo de Parque Nacional foi, de fato, implantado no governo de poder centralizado de Getúlio Vargas, na região onde o modelo urbano-industrial prosperava no Brasil. Daí em diante foram criados outros parques nacionais e outras denominações foram também utilizadas para designar áreas protegidas no país, tais como reserva biológica, floresta nacional, estação ecológica, área de proteção ambiental, reservas legais e áreas de preservação permanente, com diferentes formas de manejo e dominialidade previstas.

Em outras frentes de pesquisa — como sobre os conflitos sociais em áreas protegidas —, também se observa críticas à aplicação desse modelo no país. Ferreira (2004, p. 52) se refere a diferentes pesquisas que demonstram que "[...] as áreas protegidas brasileiras foram sendo implantadas em um contexto onde a ação cotidiana das instituições públicas colocou seus agentes em confronto com os moradores dessas áreas sob proteção legal".

Aplicação do modelo e adaptações no Brasil: disputa discursiva materializada em instituições conciliadoras

A partir da década de 1930, observa-se no Brasil "[...] a criação de um conjunto mais amplo de instrumentos legais e de uma estrutura administrativa no aparelho do Estado voltada especificamente para a gestão das áreas protegidas" (MEDEIROS; IRVING; GARAY, 2004, p. 85). Apontam os autores que um cenário de transição do poder político das elites rurais para um avanço da industrialização e urbanização teria contribuído para o fortalecimento do Estado e de suas instituições e, ainda, feito com que a questão ambiental fosse incorporada ao aparato jurídico e institucional brasileiro.

O Código Florestal de 1934 teria conformado uma maneira de se criar espaços protegidos no Brasil segundo uma lógica de categorização guiada pelos objetivos e finalidades das áreas criadas (MEDEIROS; IRVING; GARAY, 2004, p. 85). Até os anos 1990, tal racionalidade originaria um complexo e desarticulado conjunto de áreas protegidas. Diante da necessidade de se organizar e articular as diferentes categorias, os autores apontam que se inicia no país uma reflexão sobre a exigência de compor um sistema.

Para Medeiros, Irving e Garay (2004), o resultado é o atual modelo brasileiro composto por tipos e formas de conservação apoiados nas UC, nas áreas de preservação permanente (APP) e nas reservas legais (RL), com as últimas configurando a obrigação de destinar-se porções das propriedades rurais privadas à conservação.

Esses autores divergem das leituras segundo as quais o modelo brasileiro teria sido uma espécie de "cópia" estrita daquele norte-americano. Explicam que em sua gênese, o modelo brasileiro, desde seu instrumento, o Código de 1934, já prenunciava objetivos de conservação em sentido amplo, apontando para o uso sustentável dos recursos naturais — para além, portanto, da estrita preservação de recursos renováveis. Medeiros, Irving e Garay (2004, p. 86) afirmam que: "Uma outra característica importante do modelo brasileiro, já nesta fase, é que este vislumbrava o compartilhamento entre o poder público e a sociedade, na responsabilidade pela proteção dos recursos renováveis".

Esse elemento importante se expressa, ainda hoje, na forma das reservas legais e área de preservação permanente (criadas pelo Código Florestal de 1965), que se apoiam na corresponsabilidade entre Estado e proprietários rurais na proteção de recursos naturais. Os autores atribuem a expansão nas categorias de áreas protegidas às dimensões continentais, à heterogeneidade espacial, ecológica e cultural do país. Esses aspectos teriam pressionado à criação de categorias de manejo diversas, inclusive, daquelas experimentadas em outras partes do mundo. A aplicação do modelo não se daria, *a priori*, de maneira mecânica.

Apoiando-se em depoimento de Paulo Nogueira Neto (URBAN, 1998), Camargos (2006) esclarece que a indisponibilidade de recursos financeiros para fins de desapropriação de áreas a se tornarem protegidas teria sido um dos principais motivos de idealização da categoria de manejo denominada "Área de Proteção Ambiental" (APA), que prevê a permanência de agrupamentos humanos e o uso direto dos recursos naturais. Tal dinâmica sinaliza a possibilidade de sínteses da relação contraditória entre a ideia de se proteger bens naturais e a realidade material historicamente preexistente, diga-se, "habitada". A autora entende que a figura da APA, para além de facilitar a instituição de alguma proteção, traduz outra forma de conceber como conservar e proteger, já que se absorveu de maneira inovadora a realidade de comunidades residentes e a conservação ambiental.

Outra motivação apresenta-se como diversa das abordadas anteriormente. Até aqui se mostraram motivos fundamentados no reconhecimento de relações nocivas entre ações humanas no uso de bens naturais ou então na impossibilidade concreta de retirar a presença humana de áreas a serem protegidas. Essa outra motivação indica o surgimento de uma contrastiva maneira de se produzir natureza conservada e protegê-la.

De acordo com Bensusan (2014), a Reserva Extrativista (Resex), que carrega no nome o uso direto de bens naturais, resultou da luta de seringueiros no norte do Brasil contra a maneira de ocupação do território e exploração de recursos naturais predominante na região. Projetos tradicionais de colonização incompatíveis com modos de vida de povos denominados "da floresta" previamente estabelecidos comporiam o modelo patrocinado pelo Estado a serviço do capital (IANNI, 2019) e estariam no centro das disputas por território e pela sobrevivência. O acolhimento da proposta de reservas extrativistas pelos seringueiros na década de 1980 pelo governo resultou em sua inserção como projeto de assentamento no Plano Nacional de Reforma Agrária no mesmo período, tornando-se, ainda, uma categoria de Unidade de Conservação anos depois.

As Resex guardam potencial de afirmarem-se como antítese de um modelo de desenvolvimento insustentável e hegemônico. Ainda, podem expressar uma espécie de síntese que materializaria o acesso aos recursos naturais e formas de organização social e econômica em outras bases que não essencialmente capitalistas. É pertinente considerarmos críticas como as que Lima (1992) já trazia antes mesmo da consolidação do Snuc, sobre esse tipo de reserva inserir-se em um mercado de *commodities*, com o "extrativismo convencional" e, com isso, reproduzir o modelo que poderia negar e apontar concretamente à sua superação. O risco dessa superação implica fornecer subsídios a argumentos de correntes do ambientalismo que tratam as reservas extrativistas não como UC, mas como projetos de assentamento.

Ainda assim, esse outro tipo de motivação aponta para novas formas de compreender a "produção da natureza conservada". Formas de conservar atributos naturais e ecossistemas diversa à aposta em sua intangibilidade, contrariando o modelo de concepção estritamente preservacionista. Disputam hegemonia no campo da conservação de ecossistemas e modos de vida, além de serem antitéticas com relação a projetos societários. Segundo Bernini (2015), as categorias de UC que protegem modos de vida tradicio-

EDUCAÇÃO AMBIENTAL, CONSERVAÇÃO E DISPUTAS DE HEGEMONIA

nais emergem no campo de lutas da questão ambiental como estratégias de "produção de natureza conservada".

A denominação "Unidade de Conservação" seria uma invenção brasileira. Maria Tereza Jorge Pádua (2011) lembra a existência "pouco conhecida", em suas palavras, de um "Plano Nacional de Unidades de Conservação" ainda na década de 1970. Uma "parceria" do governo autoritário de Ernesto Geisel e uma organização da sociedade civil denominada Fundação Brasileira para a Conservação da Natureza. Esse testemunho de uma personagem atuante na criação de UC no Brasil dá uma pista sobre a origem da expressão "unidade de conservação". Em seu depoimento na forma de contribuição à publicação que comemorava dez anos de criação do Sistema Nacional de Unidades de Conservação da natureza (Snuc), Pádua sugere que o termo unidades de conservação da natureza seria um "abrigo" para diferentes categorias de manejo, algumas já previstas em áreas protegidas e outras ainda não instituídas, mas necessárias de acordo com as características e contextos de proteção.

Pádua (2011) avalia negativamente a construção política de um instrumento legal (Lei Federal) que cria o sistema de unidades de conservação. Afirma-o como uma distorção das intenções originais e tidas por ela como mais "corretas", porque advindas de "especialistas". Seria, consequentemente, resultante da incidência de legisladores pautados por interesses que entende serem afastados daqueles que teriam credenciais para afirmar como se deve proteger a natureza. Destarte, a autora expressa posicionamento — não menos político e ideológico — contrário ao entendimento de que áreas como as APAs, as Resex e Reservas de Desenvolvimento Sustentável (RDS) sejam, a princípio, tão protetivas de bens ambientais como seriam as "verdadeiras unidades de conservação", ou seja, aquelas apoiadas na dicotomia humano/natureza, de proteção integral.

Constata-se, portanto, uma narrativa em que categorias de UC que permitam o uso direto de bens naturais não seriam efetivas como estratégia de proteção da biodiversidade por corresponderem a interesses dissociados de preocupações ambientais tidas como mais legítimas, mais "puras" e amparadas pelo conhecimento essencialmente "científico". Não se trata de conviver nem com a ideia ou possibilidade de modelos alternativos de conservação e de UC, nem com sua complementaridade. Trata-se de afirmar o modelo "importado" de maneira absoluta, na forma de UC de proteção integral. Essa posição tende a desistoricizar um modelo de desenvolvimento predatório ao não o enfrentar problematizando seus efeitos sobre o metabolismo entre sociedades humanas e sua natureza externa.

Proteção integral é a denominação do grupo de unidades de conservação (UC) nas quais o objetivo básico é "[...] preservar a natureza, sendo admitido apenas o uso indireto dos seus recursos naturais [...]" (BRASIL, 2000). Segundo dados do Ministério do Meio Ambiente, as UC de proteção integral totalizam 665 unidades nas três esferas administrativas, protegendo 545.515 quilômetros quadrados do território nacional (MMA, 2017).

Bensusan (2014) traz à discussão sobre o Snuc um ponto de vista mais próximo do entendimento segundo o qual em regimes não autoritários, democráticos e não pautados por compreensões exclusivamente "científicas" representadas por "especialistas", as políticas públicas instituídas expressam, por vezes, o resultado de processos nos quais há disputas de discursos que se pretendem instituintes. No caso, sobre o que é e como se protege o que se entende por natureza. Afirma a autora que a Lei federal 9.985/2000 que estabelece o Snuc seria um esforço de conciliação entre visões muito diferentes e que, apesar de não agradar inteiramente a nenhuma das partes envolvidas, significou um avanço na construção de um sistema efetivo de proteção da natureza.

Medeiros (2006) atesta um aspecto que considera positivo no processo de concepção e criação de um sistema nacional de unidades de conservação: esse aspecto seria sua capacidade de reconhecer que ações protetivas somente teriam efetividade se estivessem organizadas de forma integrada e sistêmica.

Corroborando essa leitura de construção política de consensos possíveis, ainda que provisórios, Ferreira (2004) aponta que o texto da lei resulta de um tipo de acordo entre ONG e agências governamentais. Algo que podemos compreender como o consenso a que se chegou no âmbito do Estado integral; ainda que aparentemente restrito ao campo da conservação, reflete e é sobredeterminado pelo que é hegemônico e que define o Bloco Histórico, ao passo que cria contradições a serem exploradas na permanente disputa de hegemonia, como veremos adiante.

Tal conciliação de visões distintas se expressaria pelo agrupamento de categorias de manejo de UC em grupos de "proteção integral" e de "uso sustentável" dos recursos (IRVING; GARAY, 2006). Segundo a Lei que cria o Snuc, o grupo de uso sustentável é aquele cujo objetivo básico é "compatibilizar a conservação da natureza com o uso sustentável de parcela de seus recursos naturais" (BRASIL, 2000). Ainda que conciliadora, é notável a predominância que o grupo de proteção integral possui em termos de percepção de proteção de atributos naturais.

Um dos argumentos da narrativa a que Maria Tereza Pádua (2011) adere e subsidia é de que as UC de uso sustentável, como APA, Florestas Nacionais (Flona), Resex e RDS não protegem a biodiversidade. Aponta a autora que se fornece muita "área para pouca gente", que constroem habitações, criam animais, exploram recursos com ajuda governamental e ainda demandam estradas, médicos, escolas: "Reserva Extrativista não passa de um instrumento de reforma agrária. Em assim sendo não deveria ser considerada uma unidade de conservação" (PÁDUA, 2011, p. 27).

As categorias de uso sustentável destacadas por Pádua coincidem com aquelas que Drummond (2012) caracteriza como as mais participativas, o que, na visão dessa autora, evidencia que a proteção da natureza e participação social não caminhariam juntas no Snuc. Nota-se uma falsa polarização entre participação e proteção, portanto.

Ao não problematizar as razões de categorias de UC de uso sustentável abrigarem práticas insustentáveis, Pádua (2011) concentra-se em questionar o porquê de serem tratadas como unidades de conservação. Marginaliza, em sua retórica, a possibilidade de servirem de instrumento para o fomento e consolidação de modelos alternativos aos modos predominantes de relacionamento entre agrupamentos humanos e bens ambientais. O argumento apresentado restringe-se à naturalização da lógica hegemônica em que operam os agrupamentos humanos e à aposta na inacessibilidade de recursos naturais como estratégia estrita de proteção da biodiversidade — como se isso fosse possível, e suficiente, no contexto de hegemonia de um modo de produção e modelo de desenvolvimento que dependem de crescimento contínuo e de escalas cada vez maiores de consumo de recursos naturais. Isso, além de caracterizarem pela acumulação e concentração privadas da riqueza produzida pela exploração do trabalho humano em sua relação metabólica com sua natureza externa.

Em todo caso, Ferla (2018) sintetiza que o Estado brasileiro teria sido condicionado por forças nacionais e supranacionais no estabelecimento de um "robusto sistema nacional de UC". Essa estrutura teria possibilitado alguma acomodação, ainda que contrariando os distintos agentes e interesses participantes desse campo. Esse mesmo sistema teria promovido, ainda, uma evolução institucional (criação de um órgão gestor, o Instituto Chico Mendes de Conservação da Biodiversidade – ICMBio) e normativa quanto à criação, planejamento e gestão de UC no Brasil, além de aspectos como quantidade e diversidade de categorias, cobrindo os biomas que integram o território nacional: "Há de se reconhecer que ocorreram avanços significativos no campo da conservação dos recursos naturais no Brasil" (FERLA, 2018, p. 123).

Predominância da proteção negativa e busca por ampliações da estratégia

Aqui chamamos de proteção negativa em função de sua característica restritiva e dificuldades em projetar uma agenda propositiva buscando alternativas de a sociedade metabolizar sua natureza externa de formas sustentáveis. Mesmo com os avanços e acomodações apontados, é predominante no discurso oficial sobre UC, especialmente quando se refere àquelas de proteção integral, a preservação de espécies de fauna e flora e suas relações ecológicas. Mais recentemente, os serviços ambientais ou ecossistêmicos que, embora não imediatamente associados a uma mercantilização explícita de bens ambientais, proporciona e permite aproximações com esse tipo de apropriação.

O Instituto Brasileiro do Meio Ambiente e dos Recursos Naturais (Ibama) e o Governo do Estado de São Paulo reconhecem que a implementação de UC é ferramenta indispensável para "preservar bens naturais" e diminuir os efeitos da crise ambiental e melhoria da qualidade de vida, conforme Luciana Simões (2008).

Discurso semelhante é identificado em documento da Secretaria do Meio Ambiente de São Paulo, quando aponta que as UC seriam a "pedra angular" da conservação *in situ* da diversidade biológica, sendo estratégicas em sua preservação.

Em outra frente de justificação da criação de UC, sem associação direta com a proteção integral, há a construção de mais uma narrativa: os serviços ecossistêmicos fundamentais ao bem-estar humano — de provisão, de regulação, de suporte e culturais. Esses serviços têm sido apresentados como mais um sentido atribuído à preservação ou conservação de porções de territórios nos quais ainda restam elementos naturais significativos, conforme se observa a partir de documentos como a Avaliação Ecossistêmica do Milênio (MILLENNIUM ECOSYSTEM ASSESMENT, 2003).

Configuram, assim, mais um aporte ao debate para se buscar outros sentidos à criação de UC. Encontram maior amparo de órgãos ambientais governamentais, diferente de problematizações sobre o modelo aqui já expostas, ou mesmo sua negação, como apresentaremos adiante. Essa narrativa da prestação de serviços por uma natureza preservada convive com possíveis usos no sentido de valoração e mercantilização desses mesmos serviços.

A boa aceitação mencionada pode ser observada em publicações sobre UC, da Secretaria do Meio Ambiente de São Paulo. Os fundamentais "serviços ambientais" prestados pelas UC fariam parte da identidade das UC (SÃO PAULO, SMA, 2009).

Mais esforços de agregar outros "objetos" de atenção às estratégias de conservação podem ser percebidos. Rodrigues, Victor e Pires (2006) destacam um modelo de gestão integrada previsto no Snuc, as Reservas da Biosfera, como decorrentes de um momento ou período de reorientação daquilo que se entende por conservação da biodiversidade e respectivas estratégias. Segundo os autores, as Reservas da Biosfera apontam "[...] explicitamente para a conciliação entre conservação e desenvolvimento" (RODRIGUES; VICTOR; PIRES, 2006, p. 72).

Santos (2008a), a partir de revisão de documentos da Organização das Nações Unidas (ONU) e da UNESCO (com o esforço de equilibrar as relação entre humano e natureza), assim como da UICN (com estratégias de conservação da natureza com tipos de áreas protegidas), aponta que, ao pôr em discussão as possibilidades de pessoas habitarem espaços naturais especialmente protegidos, assembleias da UICN na década de 1970 buscaram alertar à importância de a noção de conservação articular-se à não degradação social, cultural e econômica de grupos humanos (BRITO, 2000). Dali teria ganho força a ideia de se criar mais categorias de manejo prevendo uso direto dos recursos, ampliando o conceito de proteção da natureza *in situ* para observar outros condicionamentos.

Notadamente busca-se estender a finalidade de criação de UC para além da proteção da "natureza" *per se* e seus benefícios à qualidade ambiental e de vida das sociedades. Identifica-se preocupações com a gestão de perímetros mais dilatados do que aqueles que definem as UC em sentido estrito. Se há discursos que ainda apresentam tons fortes de preservação da biodiversidade por si, as motivações de existirem UC têm agregado, como observado, os serviços ecossistêmicos "prestados" à qualidade ambiental — e de vida — de populações inteiras por esta natureza protegida. Ainda, a possibilidade de UC serem entendidas como "núcleos de proteção" em territórios que demandam dinâmicas de gestão integradas, articuladas e alinhadas a outros paradigmas de desenvolvimento, como as Reservas da Biosfera. Em uma visão consideravelmente otimista, Santos (2008a) afirma que as UC já transcendem a lógica de proteção isolada de fragmentos, configurando-se como instrumentos de gestão territorial, reorientando opções políticas e econômicas.

Portanto, outra movimentação captada é o esforço em aproximar a estratégia de criação de áreas protegidas, mesmo de proteção integral, com dinâmicas sociais, econômicas e consequentemente territoriais, demonstrando que o debate persiste, haja vista o 3º Congresso de Áreas Protegidas da América Latina e Caribe em 2019, em Lima, Peru, que teve como tema "soluções para o bem-estar e o desenvolvimento sustentável". Fica evidente que a dinâmica na acepção de sentidos à conservação da natureza (e às próprias áreas protegidas e especificamente UC) ocorre pela contraposição de discursos, pautadas por valores e concepções de mundo distintas, estes condicionados historicamente (social, política e economicamente).

Há também uma relação de reciprocidade entre as UC e territórios mais amplos em uma perspectiva histórica. Documentos oficiais, de órgãos ambientais que respondem pela gestão de UC as entendem como exercendo influência "[...] além das suas fronteiras, contribuindo para a organização do espaço geográfico em sua área de entorno imediato e favorecendo o desenvolvimento de processos econômicos sustentáveis" (SÃO PAULO, 2009, p. 21). Deve-se acrescentar que as UC não apenas *favorecem*, mas, sobretudo, *demandam* uma reflexão crítica sobre os padrões de desenvolvimento — e, portanto, de relações sociais de produção e do modelo hegemônico de desenvolvimento — nos territórios dos quais fazem parte. Essa reflexão tem sido condicionada pelos já existentes impedimentos legais e aqueles advindos de planos de manejo, mas também pode ser politizada, fortalecida e vetorizada pela gestão das UC, especialmente por meio de seus Conselhos Gestores, na medida em que estes aprofundam relações efetivas com seu território e respectivos agentes sociais.

Diante do exposto até aqui, desde a concepção de um modelo de AP, passando sua exportação mundo afora e por adaptações e revisões, observa-se que a criação de áreas protegidas se configura como uma das principais estratégias internacionais para proteger biomas, ecossistemas e mesmo espécies de fauna e flora.

Diferentes autores, com perspectivas diversas, subsidiam essa percepção, como Runte (1979), Diegues (1996), Simões (2008), Scherl *et al.* (2006), Bensusan (2006), Bensusan, Prates (2014), Morsello (2001), Camargos (2006), Irving; Matos (2006), Moreira (2000), Martinez Alier (1992, 2012), Brito (1996, 2000).

A criação de UC configura-se hegemonicamente como uma das principais formas com que governos interferem em determinados territórios com vistas à redução da perda da biodiversidade e da degradação socioambiental impostas pela sociedade contemporânea (VALLEJO, 2002).

EDUCAÇÃO AMBIENTAL, CONSERVAÇÃO E DISPUTAS DE HEGEMONIA

Protegeriam aquilo que "sobrou" de fragmentos (PISCIOTTA, 2019), com uma tendência — ainda não devidamente incorporada nos processos de gestão — de influir positivamente nos territórios que conformam ou de que fazem parte, para além de se proteger deles.

Corroborando e indicando a eficácia dessa estratégia de proteção, Maretti (2019, s/p), em palestra sobre áreas verdes urbanas, afirmou categoricamente que as áreas protegidas seriam "o melhor instrumento que a *humanidade* já inventou" (grifo nosso), quando buscam conciliar a conservação da natureza com valores sociais associados. Haveria nessa posição a expectativa de que as UC também protegeriam modos de vida. Comunidades tradicionais seriam, portanto, também "objeto" dessa proteção ambiental, sugerindo algo além (diversidade de modos de vida) dos atributos naturais em sentido estrito.

Ainda assim, aparenta ter maior peso o modelo centrado em restringir o acesso direto a recursos naturais por parte de humanos genéricos e desistoricizados para uma proteção da "natureza", para garantir seus serviços a sociedades também genéricas. Com ele, consolida-se a ideia de que as condicionantes e determinações culturais, econômicas, políticas e históricas — sobretudo ideológicas — estariam naturalizadas. De tal maneira que não se deveria discutir com o mesmo ímpeto se a estratégia e suas formas de implantação são justas em termos sociais e se são eficazes, eficientes e suficientes no que diz respeito à proteção de biomas, ecossistemas, espécies etc. Para Camargos (2006), falar sobre UC se assemelha a tratar de algo já concebido; um assunto compacto, bem delimitado, quase "exato", cujas certezas dispensam o debate, a suspeição filosófica e a problematização.

É importante anotar que o que se atribui atualmente como motivo da importância das UC se distingue daquilo que já se atribuiu nos períodos de criação de áreas protegidas, sobretudo nos séculos XVIII e XIX e início do século XX. Assim, essa dinâmica na atribuição de sentidos às UC — sejam as já criadas ou as que eventualmente venham a existir — guarda relação de reciprocidade, e aqui se reconhece como dialética, com a estrutura econômica da sociedade e as formas como concebe suas relações entre si e com sua natureza externa. Portanto, são passíveis de intervenções conscientes, mesmo teleológicas, e mudanças.

Ainda que o discurso de preservação da "natureza" exerça certa hegemonia, observa-se que tais sentidos atribuídos à ideia de "natureza" e à criação de UC demonstram dinamicidade e deslocamentos ao longo da história, ao serem construídos e modificados de acordo com valores e preocupações forjados por condicionantes culturais, políticos, históricos, sociais e econômicos; não exclusivamente científicos, ecológicos. Medeiros (2006) resgata a necessidade de se compreender as áreas protegidas no Brasil como necessariamente integradas e articuladas a outras tipologias, como as reservas legais e áreas de preservação permanente, assim como a outros instrumentos e políticas de gestão territorial e mesmo de desenvolvimento. Tal postura transcenderia a redução do debate apenas às UC para conservação do meio ambiente, com o devido estabelecimento de agendas e escalas de planejamento e gestão do território.

Amadurecimento e ampliação de alternativas à perspectiva essencialmente preservacionista

Bensusan (2006) citando Diegues (1994), ao mencionar o 4º Congresso Mundial de Parques ocorrido na Venezuela em 1992, assinala um deslocamento de compreensão sobre a relação entre determinados grupos sociais — usualmente alijados dos benefícios do modelo de desenvolvimento que leva à criação de UC e, ainda, afetados por sua existência — e as áreas protegidas. As recomendações do evento vincularam-se ao esforço de associar a proteção de recursos com dinâmicas territoriais de ordem socioeconômica e cultural, bem como de ampliação das finalidades das áreas protegidas.

Quanto a tais congressos, Souza (2013) sustenta que a percepção sobre conservação da natureza vem se alterando significativamente desde a década de 1980. Em seu trabalho concentrado nos congressos mundiais de parques, conduzidos pela União Internacional para Conservação da Natureza (UICN), o autor ressalta a relevância da inserção, no debate internacional, de perspectivas e discursos dos países periféricos e da sociedade civil quanto àquilo que se entende por conservação. Identifica o que chama de "elevado nível de transformação" no que se concebe como área protegida.

Com base em seu exame dos referidos eventos entre 1962 e 2003 expõe um quadro conclusivo no qual enfatiza, em sua análise, quais seriam as principais transformações quanto às variáveis percepção da natureza, valores ambientais, diagnóstico dos problemas, representações das populações locais, soluções e tecnologias, relações de poder e principais influências nas concepções de conservação.

Podem ser observadas transformações expressivas no que tange ao que se compreende como "natureza" e, sobretudo, como conservá-la. De uma

EDUCAÇÃO AMBIENTAL, CONSERVAÇÃO E DISPUTAS DE HEGEMONIA

apreensão apegada a condições naturais idealisticamente mais primitivas, sem contato com seres humanos na década de 1960, para um entendimento de conservação em contextos mais amplos de desenvolvimento. Quanto ao discernimento relativo à problemática ambiental, a compreensão e construção de discursos se deslocam de "superpopulação superior à capacidade de carga da Terra" para desafios associados a noções de governança, a mundialização de um modelo de desenvolvimento e a necessidade de integrar à gestão da conservação atores antes marginalizados. A miséria também é apontada como integrante da problemática que desafia a conservação da natureza. As pessoas, de modo genérico, deixaram de constituir uma ameaça como na década de 1960, e quanto às relações com populações locais, a tônica passou a ser o respeito aos direitos e cogestão com comunidades locais (SOUZA, 2013).

Ao tratar tais deslocamentos na compreensão sobre conservação da natureza ao longo de três décadas, o autor os trata como uma "mudança paradigmática". Assinala em suas considerações finais que "as ferramentas para a conservação deveriam ser tão diversificadas quanto o mundo em que eram aplicadas" (SOUZA, 2013, p. 208).

Antes de se tomar tais transformações simplesmente como uma espécie de evolução linear nas concepções e discursos, é relevante notar a complementaridade das diferentes formas de definir o que é e como conservar a natureza. Nem concepções biocêntricas que dariam margem a decisões autoritárias em nome da preservação, nem a valorização excessiva de corte antropocêntrico que obscureceria a importância de se reservar áreas estratégicas. O fundamental seria dialeticamente enfrentar o desafiador esforço de diálogo, complementaridade e correlação entre ambos (um "clássico" e um "novo paradigma").

É imprescindível assimilar que não é moralmente aceitável que a biodiversidade arque com os custos de um modelo de desenvolvimento hegemônico, assim como não é justo que esse padrão de relações sociais de produção se perpetue às custas de enormes contingentes de seres humanos explorados por ele. Compreende-se, portanto, que o modo de produção e o modelo de desenvolvimento é que devem ser problematizados, negados e superados, e não legitimados para reproduzir-se excluindo contingentes humanos de seus efeitos para "proteger" a natureza, nem mesmo para reeditar-se consumindo bens naturais cada vez mais escassos para supostamente ser socioeconomicamente inclusivo. Daí, portanto, as UC como antítese do modelo de desenvolvimento, requerendo outros projetos societários.

Outro registro sobre a necessidade de mudança paradigmática nos critérios decisórios sobre a criação de áreas protegidas, assim como sua relação com populações residentes é apresentado por Lúcia da Costa Ferreira (2004). Segundo Ferreira, a partir da década de 1980 até a virada do milênio, a concepção de áreas protegidas passou a contar, aparentemente em discursos e documentos institucionais, com a negação do modelo de exclusão de populações dos esforços de conservação.

Uma publicação da UICN pode ser tomada como expressão desses deslocamentos de compreensão, especialmente quanto ao reconhecimento de que injustiças socioeconômicas não superadas contribuem à percepção de insuficiências da criação de áreas protegidas *per se*. Nesse documento se reconhece que, em não sendo possível atestar com segurança que a criação de UC é motivo de reproduzir e aumentar a pobreza, "[...] é mais fácil demonstrar que a pobreza frequentemente tem um efeito nocivo sobre as áreas protegidas" (SCHERL *et al.*, 2006, p. 25). Em suma, para se proteger algo, não se trata de afastar os mais pobres, mas combater o fenômeno da pobreza também em nome de uma sustentabilidade mais ampla do que aquela dos ecossistemas naturais.

O questionamento às concepções de natureza e de como protegê-la: na direção de outros modelos e projetos societários

Há estudos identificados com a necessidade de ponderações mais agudas e em perspectiva crítica sobre a criação de UC como solução eficaz — sobretudo de proteção integral em territorialidades preexistentes. Bernini (2015) em sua tese sobre a "produção da natureza na sociedade contemporânea", expõe uma conclusão divergente da suposta eficácia do modelo hegemônico de área protegida — tanto em termos de "solução" como de seu alcance na conciliação entre modos de vida e UC, especialmente naquelas categorias do grupo de "proteção integral", predominantemente compreendidas — seja em instituições governamentais, seja no campo da conservação — como "eficazes" e "efetivas" quanto ao grau de preservação.

A percepção e a ação de conservação que surge do modo capitalista de organizar a natureza externa da sociedade se volta para aquelas áreas que estão conservadas justamente porque nelas não vingou, por alguma razão de ordem histórica, a mesma lógica e que atualmente recebe investidas do capital (valorização pelo "capital natural" e grilagem de terras). Com isso, os mesmos modos de vidas que "produziram" aquela natureza conservada passam a ser questionados e proibidos na criação de UC de proteção integral.

Observando o que já é instituído no Brasil, o próprio Snuc expressa esse debate a respeito das diferentes maneiras de se entender o que são áreas protegidas, especialmente unidades de conservação, assim como quais os seus "objetos" de proteção. O Sistema Nacional de UC, como já anotado, aponta tanto à proteção da biodiversidade, assim como ao que se denomina sociodiversidade (diversidade de modos de vida e de relacionamento social com os bens ambientais). Também toma as UC como pontos de referência territoriais a demandar outras dinâmicas socioeconômicas e espaciais. Reconhecendo a premência por conservar a natureza como resposta "imediata" ao desenvolvimento capitalista com os modos de vidas de comunidades tradicionais (que há gerações já a conservariam), Bim (2012) compreende a disputa por posições no âmbito da formulação dessa política como um avanço: "Apesar de não oferecer alternativas às comunidades — senão seu reassentamento — é um significativo avanço a presença dessa questão na lei" (BIM, 2012, p. 76).

Convergindo com essas preocupações e coincidindo com o período inicial da discussão pública que culminaria na lei do Snuc, um documento ratificado por 165 países na Rio 92, a *Convenção sobre Diversidade Biológica*, prevê em seu artigo 8 (sobre conservação *in situ*) e especificamente o item "e", que se promova formas de desenvolvimento que seja ambientalmente saudável e sustentável em áreas adjacentes a áreas protegidas, buscando a proteção dessas áreas (ONU, 1992, p. 6). Infere-se que, ainda que seja um documento significativamente dedicado à biodiversidade, há o reconhecimento explícito da ideia de desenvolvimento como forte condicionante das pretensões de proteger atributos naturais em áreas demarcadas para isso.

Nota-se, por conseguinte, movimentos e discussões que demonstram a abertura da gestão das áreas protegidas, mesmo aquelas UC de proteção integral, à participação a partir de espaços como os Conselhos Gestores. Mais do que consultas quanto à criação, categorização das UC e sobre seus planos de manejo, o que se coloca no horizonte é a gestão compartilhada ou cogestão (BERKES, 2009; BORRINI-FEYERABEND; JOHNSTON; PANSKY, 2006) das UC e seus territórios de influência. Direciona-se, inclusive, a transformações de caráter cultural, socioambiental e econômico como condições à sustentabilidade e à proteção da biodiversidade. Disso resulta, portanto, a premência por reflexões, debates e ações na direção de sua construção e consolidação em termos políticos, para além da criação de UC.

Acrescenta-se a essa constatação outra, derivada de um ponto em comum à maior parte das obras consultadas: é fundamental que políticas de criação e gestão de áreas protegidas sejam articuladas a outras, de escalas mais amplas e objetos diversos, vinculadas a um projeto de sociedade, não circunscritos à proteção da natureza. Mesmo autores reticentes quanto a tipos de área protegida mais "permissivos" vinculam sua limitada eficácia, em termos de conservação, à existência de "intenções e diplomas legais", que não se firmam diante da realidade, marcada por políticas de desenvolvimento incompatíveis com quaisquer noções de conservação.

Uma afirmação que subsidia a necessidade de maior deferência à construção cultural, econômica, social e política mencionada é trazida por Irving e Matos (2006). Citando Brandon e coautores (1998), as autoras apontam algumas questões para a efetivação das UC como estratégia de proteção da biodiversidade. Segundo as conclusões do estudo citado, exige-se considerar que a maior parte dos desafios é de ordem política. Além disso, é preciso contextualizá-la socialmente. Por fim, concluem as autoras que há necessidade de uma nova abordagem conceitual sobre essas áreas, dentro e fora delas.

Em outra ponderação, encontrada em material destinado ao fomento da participação qualificada em Conselhos Gestores de UC federais, o Instituto Chico Mendes de Conservação da Biodiversidade (ICMBio) registra que não é suficiente criar novas áreas. É estratégico fazê-las funcionar em termos de gestão e dotá-las de infraestrutura para que se alcance seus objetivos de criação. Tão importante quanto, é chave que sua gestão, necessariamente democrática, tenha uma percepção apurada do contexto socioambiental e geopolítico, interagindo com forças sociais, políticas e econômicas dos territórios em uma perspectiva de justiça ambiental (FERREIRA; MOREIRA, 2015).

Em parte da literatura a respeito da conservação ambiental, especialmente aquela dedicada às UC, há autores que problematizam o que chamam, inclusive, de "rosto humano da conservação" (BROCKINGTON, 2003). Haveria uma mitificação da ideia de que comunidades vizinhas a áreas protegidas envolvidas com a conservação a garantem em longo prazo. Brockington afirma que injustiças e desigualdades precisam ser superadas por uma questão civilizatória, moral, independentemente do modelo de conservação e se superá-las será bom para a natureza. O questionamento é: em que tipo de sociedade isso seria possível? Na do atual e hegemônico modelo de desenvolvimento? Disso emerge outra questão: qual o grau de intencionalidade dialógica das ciências que subsidiam a determinação do que deve ser protegido com outras formas de produzir conhecimentos, estes sobre outras dimensões (sociais, culturais, políticas, econômicas) das mesmas realidades?

Haveria, já no campo da ciência, uma desigualdade que se pode associar ao mesmo pragmatismo que caracteriza decisões essencialmente econômicas e financeiras, talvez porque condicionadas pelo mesmo modo de conceber a realidade. Cernea e Schmidt-Soltau (2003) argumentam que haveria diferenças significativas entre o financiamento de modos de desenvolvimento orientados por interesses sociais e aqueles de proteção de recursos naturais, com nítidas desvantagens aos primeiros, fortalecendo a produção de conhecimento — e de argumentos — em defesa da preservação, por si, do que se considera "natureza", em detrimento de suas necessárias considerações aos fatores históricos de seu contexto.

Outros apontamentos trazem questões sobre a própria aplicação de estudos no âmbito da Ciências Sociais, assim como das Artes e Humanidades. Para Bennett e Roth, em editorial para a revista *Biological Conservation* (2019), enquanto o potencial de contribuições dessas áreas do conhecimento é grande, sua aplicação é destinada a tópicos instrumentalizados pela conservação. Ou seja, serviriam para justificar e, em certa medida, atender às necessidades já reconhecidas, no próprio campo da conservação, de aportes das "humanidades". Assim, "[...] tópicos como governança, cultura, impactos sociais, política, relações de poder, ética, narrativas e conhecimento recebem significativamente menos atenção" (BENNETT; ROTH, 2019, p. A6).

Não teria sido alcançado, ainda, um equilíbrio entre interesses de populações locais (usualmente reassentadas em função da criação de uma área protegida) e os objetivos de conservação, havendo prejuízos a ambos os lados. Talvez por serem tratados habitualmente como antagônicos. Ao abordarem a noção de governança, autores como Grazia Borrini-Feyerabend (2003) a entendem como poder, relações, transparência e confiança. Com relação a tipos de governança, a pesquisadora aponta a necessidade de governos reconhecerem como impossível a tarefa de sozinhos formularem e implementarem políticas de conservação. No entanto, não se trataria de buscar especificamente no setor privado sua companhia, mas em um conjunto mais complexo de agentes sociais da sociedade civil.

Ao observar suas indicações de tipos de governança, é possível identificar aberturas e potencialidades que transcendem soluções restritas ao modelo de desenvolvimento hegemônico. A pesquisadora faz uma afirmação importante que auxilia na justificativa de se pesquisar subsídios a um pensamento em disputa de hegemonia no campo da conservação como contribuição da

EA. Segundo ela, "[...] áreas conservadas comunitariamente são exemplos de efetiva e demonstrável conservação, não exemplos de áreas reservadas com o propósito de conservá-las" (BORRINI-FEYERABEND, 2003, p. 95).

O debate aqui exposto amplia a finalidade de criação de UC para além da proteção da "natureza" *per se* e seus benefícios à qualidade ambiental e de vida de populações. Não prescindindo da proteção de atributos naturais, identifica-se preocupações com a gestão de perímetros mais extensos do que aqueles que definem as áreas protegidas em sentido estrito. Sobretudo, como negação. De forma concreta, porque freia; e imaterial, porque pode simbolizar e referenciar a negação do ímpeto devorador de territórios e recursos (humanos e naturais) que caracteriza fortemente o capitalismo, que de diferentes maneiras é hegemônico no planeta inteiro.

Observa-se que esse amadurecimento na compreensão das áreas protegidas como estratégia não somente de preservação *in situ*, mas também de gestão territorial, associa-se a reflexões sobre a que valores, visões de mundo, modo de produção, modelos de desenvolvimento etc. se filiam a discursos e práticas que disputam hegemonia em diferentes campos e áreas. Além disso, se relaciona a qual mentalidade predomina na orientação das relações entre a sociedade e o território, das UC e seus entornos em escalas maiores.

Quanto aos campos sociais e áreas em que há o embate visando à construção de discursos de disputa de hegemonia, podem ser apontados os da conservação da natureza e da gestão ambiental *lato sensu*, o das políticas públicas governamentais e na própria área de gestão de UC e dos territórios que com elas se relacionam. Essa reflexão deve guiar o processo de atribuição de sentidos às UC e aos espaços de gestão existentes e possíveis na normatividade vigente, como os Conselhos Gestores.

Como observado, as áreas protegidas — e aqui afirmamos a necessidade de se estender essa compreensão às UC no Brasil — influenciam o espaço além de suas divisas, podendo condicionar a organização do espaço geográfico em seu entorno apontando para processos econômicos sustentáveis em função de serem justos e não reprodutores de opressões e desigualdades moralmente inaceitáveis. Essa reflexão deve ser politizada, fortalecida e vetorizada pela gestão das UC, especialmente por meio de seus Conselhos Gestores, fortalecendo seu sentido político na medida em que representem relações efetivas com seu território, dinâmica e agentes sociais.

Para tanto, tornam-se fundamentais e estratégicas contribuições da Educação Ambiental. Fundamentais porque alicerçam a elaboração de outras visões de mundo. Estratégicas porque, ao tomar a participação política como base para suas propostas pedagógicas, a EA não só consolida sentidos transformadores de realidades para si, como os projeta para uma determinada realidade: a da gestão de UC e seus territórios de influência. Uma EA pautada pela práxis, ou seja, pela ação política orientada teleologicamente a determinados fins. Orientação, por sua vez, condicionada por uma compreensão em perspectiva crítica da realidade e sua problemática socioambiental.

3

EDUCAÇÃO AMBIENTAL: *hegemonia como sentido, participação social na gestão pública como estratégia pedagógica e incidência política como horizonte*

Este terceiro capítulo gira em torno da Educação Ambiental. Para tanto, colocamos a EA em diálogo com outros dois campos: das políticas públicas e da participação social. Apresenta-se a EA como campo em formação, com disputas internas tanto no plano material, das práticas, como também naquele mais abstrato, simbólico, dos referenciais e discursos.

Na sequência, um recorte: a gestão ambiental pública e suas especificidades que apresentam desafios e características que demandam da EA não apenas reconhecimento consciente, mas também propostas politicamente pensadas e realizadas. Trazemos assim o diálogo com reflexões sobre a participação social qualificada pela EA para incidir nas políticas públicas, pela via da ocupação e atuação política dos colegiados de gestão pública do meio ambiente, comprometidos e engajados com a construção de alternativas de disputa de hegemonia.

Neste capítulo, assim como nos anteriores, o cotejamento com as categorias gramscianas previamente expostas proporciona um tratamento analítico, conforme a abordagem feita nas seções anteriores. Assim, explicitam-se as contribuições extraídas da obra de e sobre Antonio Gramsci a uma EA que possa assumir compromissos políticos na direção sugerida pelo presente trabalho.

3.1 Educação Ambiental como campo em formação

Desde que as sociedades ocidentalizadas desenvolveram um entendimento sobre as limitações do modelo de desenvolvimento em expansão e hegemônico em todo o mundo, alternativas visando a mudanças de mentalidade, a partir de uma perspectiva ambientalista, começaram a ser fermentadas. Relatórios como o do Clube de Roma no final da década de 1960 e a 1ª Conferência Mundial de Meio Ambiente (Estocolmo), no início da década seguinte, faziam emergir com visibilidade o que se convencionou denominar como Educação Ambiental (EA).

No ano de 1975 o Congresso de Belgrado (antiga Iugoslávia, atual Sérvia) se pronuncia sobre a EA como um processo que visa a desenvolver e fortalecer a consciência e preocupação com o meio ambiente e os problemas associados, favorecendo o acúmulo de conhecimentos, habilidades, atitudes, motivações e compromissos para agir individual e coletivamente, tanto para enfrentar problemas existentes, como também para prevenir novos (SÃO PAULO, 1994).

Chosica, no Peru, sedia no ano seguinte (1976) a Conferência Sub-Regional de EA para a Educação Secundária, na qual se define a EA como ação educativa permanente e voltada à compreensão em perspectiva crítica das relações sociais e, também, dos efeitos de tais relações no meio ambiente. A definição de Chosica aponta, assim, para uma EA comprometida com uma dimensão emancipatória da educação — para além de conhecimentos instrumentais e sobre o que se entende por natureza, sobretudo em seus aspectos biológicos. Sinaliza, portanto, a necessidade de se criar condições, coletivamente, para transformações sociais, superando o quadro de crises que demanda a própria necessidade de se desenvolver a EA. Essa definição é aqui considerada importante, já que remete a um debate latino-americano sobre a percepção de crise ambiental associada a um padrão de relações sociais que precisa ser compreendido criticamente e, sobretudo, superado.

Um ano depois, em 1977, a antiga República Socialista Soviética da Geórgia sediou, em Tbilisi, mais uma conferência, a primeira Intergovernamental de Educação Ambiental, apontada por Lima (2005) como reconhecidamente o marco definidor da EA. Já com a participação de países ricos, a definição de EA parece passar ao largo de uma reflexão mais aguda sobre as relações sociais intrínsecas a um modo de produção e modelo de desenvolvimento pautados pela exploração crescente de recursos naturais e consumo correspondente.

Documento do Instituto Nacional de Meio Ambiente e dos Recursos Naturais (IBAMA, 1997), resgata do informe de Tbilisi uma compreensão de EA parte integrante do processo educativo de forma geral, voltada a buscar solucionar problemas concretos. Observa-se a resolução de problemas ambientais como um sentido atribuído à EA, abrindo margem a uma compreensão prática e instrumentalizada. Ainda assim, percebe-se dos resultados de Tbilisi, de forma geral, a reafirmação da crise ambiental associada a um sistema cultural da sociedade industrial. E, além de tal confirmação, a proposta de trazer "para mais próximo das pessoas" a problemática socioambiental configura um significativo passo visando à percepção tanto quanto ao engajamento.

Além de questões globais e, *a priori*, mais distantes das comunidades, como a derrubada de florestas tropicais, redução da camada de ozônio, a desertificação de grandes territórios e o derretimento de calotas polares, devem ser trabalhadas as que afetam direta e cotidianamente a vida de qualquer cidadão. Falta de acesso à água potável e saneamento básico, poluição de corpos hídricos, áreas degradadas, variações bruscas na temperatura e no clima, eventos climáticos extremos, doenças crônicas causadas por aplicação e alimentação com grandes doses de veneno (agrotóxicos ou "defensivos agrícolas"), processos de gentrificação e periferização urbanas, geração e acúmulo de resíduos entre outras, trazem a problemática socioambiental para mais perto das pessoas em geral, potencializando a percepção, a necessária compreensão e os imprescindíveis engajamento e organização para enfrentá-la.

Layrargues (1999) lança uma ponderação relevante ao amadurecimento do entendimento sobre o sentido da EA. Se Tbilisi avança na direção de situar processos educativos em EA como pautados pela busca de solução a problemas ambientais em nível local, o autor questiona: a resolução de problemas, em EA, deve se afirmar como uma atividade-fim ou como um tema gerador? A pergunta suscita imprescindíveis reflexões, trazidas por Layrargues ao longo de seu texto. A principal delas emerge da constatação de pelo menos duas abordagens possíveis a partir da compreensão de EA para resolução de problemas locais. A experiência a ser examinada no próximo capítulo dialoga com essa questão, uma vez que seu contexto é a fiscalização e os problemas que pressionam as UC, manifestando-se nelas.

Como uma atividade-fim, instrumentaliza a EA direcionando-a a soluções por vezes pontuais e descontextualizadas de determinado problema, proporcionando a restrição da EA ao que Brügger (1994) denominou como "adestramento ambiental". Como tema gerador reconhece o problema local e conflitos associados como "motores" de processos educativos, ou seja, como pontos de partida e provedores de significado a itinerários formativos programados intencionalmente não necessariamente para resolver essas questões, mas, sobretudo, tomá-las como início de processos de compreensão em perspectiva crítica, complexa e contextualizada.

Crítica porque voltada à compreensão das sobredeterminações, razões, conflitos e interesses que estariam na estrutura dos problemas e conflitos, em sua essência e que, inclusive, os motivam. Complexa porque é consciente da necessária mobilização de diferentes saberes e áreas do conhecimento para dar conta de observar causas de diferentes ordens (social, econômica, cultural, política, histórica etc.) na estrutura de sobredeterminações. Contextualizada porque capaz de relacionar tais elementos a uma mentalidade e concepção de mundo hegemônicas, associadas a um padrão de relações sociais que define as maneiras de relacionamento da sociedade com os recursos naturais, seus beneficiários e prejudicados.

Assim como o Tratado de Educação Ambiental para Sociedades Sustentáveis e Responsabilidade Global, Layrargues (1999) afirma, ainda, que a EA não pode ser vista como neutra, mas ideológica — ou está a manter e reproduzir o padrão de relações sociais e consequentes assimetrias na correlação de forças sociais e políticas, ou comprometida com sua transformação. Dessa forma, neutra, definitivamente, não é.

Villaverde (2005) apresenta a necessidade de, ao se tratar de EA, observar a crise ambiental que define a atual — e globalizada — sociedade de risco (citando Ulrich Beck). Para a catedrática de Educação Ambiental da Unesco, se há algo que torna evidente essa crise é a necessidade de uma nova forma de olhar e compreender a realidade, apoiada em novos valores, abordando sua complexidade de forma integradora e buscando o necessário equilíbrio dinâmico entre as demandas materiais de maiorias pobres (que requerem alternativas sustentáveis de atendimento) e os limites físicos do planeta. Essa ética emergente é fermentada em movimentos engajados e comprometidos politicamente no âmbito da sociedade civil.

A autora associa essa "vontade transformadora" a um crescimento de organizações não governamentais e movimentos sociais desde a Eco'92. Como muitas têm finalidades educativas, movem-se no campo da EA não formal e compõem parte importante de um movimento amplo na sociedade civil buscando protagonismo em mudanças a partir da incidência em diálogo com órgãos públicos.

Para Villaverde, a EA sempre se dedicou a promover um novo modelo de desenvolvimento. Fundamentalmente, anuncia didaticamente a urgência por mudanças sustentadas por valores que reorientem as próprias necessidades humanas, parametrizadas pelo senso de justiça e igualdade e pelos limites do ecossistema global. Para tanto, a estratégia anunciada pela educadora apoia-se em um binômio que aponta para uma transição resultante do processo educador da EA: do "cidadão/educando ao cidadão/participante". Isso, para a autora, seria promovido no campo ambiental por organizações da sociedade civil reivindicando outros modos de vida, vem desempenhando papel fundamental para frear o ímpeto da ideologia neoliberal materializar-se em degradação e destruição definitiva de ecossistemas de alto valor ecológico, comunidades indígenas e culturas em risco de extinção.

Essas atuações cidadãs, politizadas e bem articuladas, estariam alimentando-se reciprocamente. Basicamente, seriam "a ação *transformadora* (reivindicações ecologistas, boas práticas de administrações locais, cooperação norte-sul...) e a *educação* (fazendas-escolas, aulas sobre natureza, centros de educação ambiental...)" (VILLAVERDE, 2005, p. 149, grifos da autora). Nesse cenário, torna-se nítida e evidente a importância da EA não formal, configurando-se como um "fermento social de primeira ordem".

Voltado ao que entende ser uma lacuna na historiografia da EA, Gaudiano (2001) apresenta uma perspectiva latino-americana para desenlaçar uma matriz de EA mais identificada e condicionada por marcas socioculturais, históricas e políticas mais próprias do hemisfério sul, especialmente na América. Para Gaudiano, os marcos internacionais que forjaram uma concepção genérica de EA partem principalmente de declarações de cúpulas, correspondendo a uma história sem sujeitos e sem fissuras sociais e econômicas. Apenas "problemas ambientais". Isso, para ele, seria nada mais distante da realidade (GAUDIANO, 2001).

Mirando a década de 1970 e seu contexto internacional e latino-americano, Gaudiano reconhece os grandes impactos trazidos pelos movimentos contraculturais da década anterior, tendo como pano de fundo o auge da Guerra Fria, o existencialismo, os aportes da teoria crítica da Escola de Frankfurt, o movimento *hippie*, feminista, dos homossexuais e dos negros. Todos com contribuições significativas, de natureza política, social e cultural, que influenciaram processos sociais e educacionais, como o ambientalismo e, em consequência, a EA como sua "porta-voz". Contudo, segundo o autor, salvo a Revolução Cubana — ainda na década de 1950 — a incidência de natureza política, econômica e cultural da América Latina permanecia bastante limitada devido à hegemonia exercida sobretudo pelos EUA.

Sorrentino (1988, p. 271) apresenta posição similar a respeito da EA em seu papel originado no movimento ecologista: "Procurando pensar a questão educacional e a questão ecológica chegamos de volta ao movimento ecológico que é, acreditamos, fonte de objetivos perseguidos pela educação ambiental".

No Cone Sul da América foram se consolidando respostas a disputar hegemonia no campo da educação, como reações regionais contrárias à dominação cultural e pedagógica estadunidense. Dois desses expoentes desse enfrentamento são apontados por Gaudiano nas figuras de Paulo Freire, como crítico de uma educação bancária, e Leonardo Boff, na Teologia da Libertação de uma igreja comprometida com os pobres. O autor os inclui dentre os personagens e aspectos que representam a recuperação da noção gramsciana de intelectual orgânico para abrir caminhos ao questionamento de propostas educativas de marxismos dogmáticos, doutrinadores e substancialmente pouco, ou nada, emancipatórios. O faz de modo geral e sem pretender reduzir diferenças e resistências sub-regionais de todo um continente.

Partindo dessa contextualização geográfica do desenvolvimento de concepções educacionais e pedagógicas latino-americanas, razoavelmente distintas daquelas de países tidos como centrais, Gaudiano segue em sua contribuição para um entendimento sobre EA condizente com particularidades da América Latina. Não sem antes apontar a uma sequência de críticas às definições e informes de eventos internacionais. Entre elas uma concepção voluntarista de educação, como se bastasse ensinar as pessoas para que estas melhorassem de vida; a ênfase dada às Ciências Naturais e a uma psicologia comportamentalista (além de uma compreensão essencialmente positivista sobre a Ciência); a aposta em processos educativos voltados à formação de sujeitos sociais para um projeto societário predeterminado e o enfoque excessivo dado a uma educação funcionalista, urbana e escolar.

Ressaltando o encontro aqui já mencionado de Chosica, no Peru, Gaudiano resgata uma contribuição fundamental desse evento para a atribuição de sentidos à EA de um ângulo latino-americano. Para o estudioso em EA, na América Latina os problemas ambientais não surgem do excesso, da abundância, mas sim da falta, do não atendimento de direitos básicos, como à terra, à saúde, à habitação, à nutrição, à alfabetização, ao trabalho digno.

A importância dada pelo autor a esse encontro é tamanha que ele dedica uma imensa citação direta de documento do evento, justificada por ser, em sua leitura, "uma das melhores definições sobre EA", que recupera o sentido gramsciano de entender a educação como prática política para transformar a realidade (no caso, latino-americana).

Tratando a questão ambiental como problema, debate e movimento social, na medida em que movimentos sociais com cortes de classe e populares no Brasil absorvem preocupações ambientais de um movimento

EDUCAÇÃO AMBIENTAL, CONSERVAÇÃO E DISPUTAS DE HEGEMONIA

ambientalista em formação e crescente, Lima (2005) aponta em sua tese a formação e desenvolvimento de um novo campo social: o da EA. Apoiando-se no referencial do sociólogo francês Pierre Bourdieu (que também tomamos como suporte para as disputas de hegemonia), Lima defende a posição segundo a qual a evolução da reflexão, do debate e das práticas em EA teriam conformação suficiente para configurarem um novo campo. Para o autor, o campo, segundo Bourdieu, é o universo social em que diferentes pessoas, grupos e instituições que dele participam (produzindo conhecimento, discursos e práticas) "[...] se definem pelas relações de concorrência e poder que estabelecem entre si, visando a hegemonia simbólica e material sobre esse universo de atividade e de saber" (LIMA, 2005, p. 36).

Em obras anteriores à tese de Lima, Guimarães (2000, 2004) questiona um suposto consenso em torno do que seria e qual o sentido da EA. Ao perguntar se o consenso ocultaria na realidade um embate, Guimarães sugere em seu trabalho duas grandes correntes na forma de conceber EA. Na medida em que organiza um conjunto de argumentos, justificativas, preocupações e práticas de uma EA denominada "crítica", o autor desvela e anuncia a corrente tomada como "conservadora". Um dos seus argumentos reside na percepção de que estaria se consolidando uma perspectiva de EA que se coaduna com uma compreensão sobre educação, práticas pedagógicas e concepção de mundo alinhadas ideologicamente com a manutenção e reprodução da sociedade atual. Carvalho (2004a) corrobora a tese de se fortalecer a demarcação de uma EA crítica. Defendendo o acréscimo do adjetivo "crítica" à EA, a autora afirma que apenas o adjetivo "ambiental" já não é suficiente para definir determinada postura ético-política. Justamente para "[...] situar o ambiente conceitual e político onde a educação ambiental pode buscar sua fundamentação enquanto projeto educativo que pretende transformar a sociedade" (CARVALHO, 2004b, p. 18).

E a partir dessa perspectiva crítica, há, no Brasil, outras adjetivações à EA. Ecopedagogia (GADOTTI, 2004), EA Transformadora (LOUREIRO, 2004), EA emancipatória (LIMA, 2004). Ainda antes, Sorrentino (1993, 2002a) já teria buscado, no âmbito brasileiro, organizar em momentos distintos as diferentes identidades e correntes observadas pelo autor, tais como EA ao ar livre, EA e economia ecológica, EA conservacionista e EA na gestão ambiental. Desde ali, Sorrentino anunciava, com base em sua análise do período entre os encontros em Tbilisi (1977) e Tessalônica, na Grécia (1997), a premência de uma EA voltada à incidência política, como nas políticas educacional e ambiental.

Tais posicionamentos convergem com o debate exposto até aqui. Havendo discursos e práticas de EA apoiados naquilo que Gaudiano caracterizou como positivista, predominantemente escolar e substancialmente alicerçado na transmissão de conhecimentos mais afetos à Ciências Naturais, estaríamos diante de uma EA que mantém e reproduz o *status quo* (no mínimo, ao não o reconhecer como fundamental à compreensão da problemática ambiental). Já em uma corrente batizada como crítica, no estranhamento das relações sociais localizando-as na estrutura — por vezes oculta — de problemas socioambientais, estariam valores, identidades, reflexões e práticas correspondentes que, por partirem da perspectiva crítica em termos de análise da sociedade e de sua relação com o meio ambiente, apontariam para transformações sociais e teriam em seu horizonte a superação do padrão de relações sociais de produção hegemônico.

A formação do campo da EA no Brasil teria sido condicionada por marcos internacionais e iniciativas deles decorrentes. A partir de trechos das entrevistas coletadas por Lima (2005) é possível perceber diferentes elementos que subsidiam a percepção de a EA no Brasil carregarem influências que se iniciam com a contracultura despertada no ápice da Guerra Fria e consolidação do Estado de Bem-Estar Social na Europa e do Keynesianismo nos EUA. Passam pela importância da percepção sensível a direitos de formas de vida não humanas, e mesmo pela luta contra diferentes tipos de opressão advinda dos Novos Movimentos Sociais (LACLAU, 1986) descendentes de todas essas mobilizações anteriores e acrescidos, em nosso país, da resistência à ditadura empresarial-militar (1964-1985) e reivindicações democráticas.

Assim, esse campo da EA se constitui de um conjunto plural de pessoas e grupos que compartilham valores, normas e preocupações comuns. No entanto, têm características que os diferenciam também, como concepções e origem dos problemas ambientais, propostas pedagógicas para tratar disso e com diferentes expectativas formativas — umas mais propensas a não mudar nada estruturalmente na sociedade; outras mais críticas e transformadoras.

Ainda segundo Lima (2009) e também Loureiro (2004), a EA surge como campo entre as décadas de 1970 e 1980 com uma pluralidade de contribuições de diferentes áreas do conhecimento de diferentes disciplinas, matrizes filosóficas, práticas pedagógicas e movimentos sociais. É dessa pluralidade que os autores percebem tendências dominantes que formaram seu perfil, assim como sua trajetória histórica. Tais tendências expressam diferentes perspectivas político-pedagógicas. Não sem antes expressarem também variadas compreensões sobre meio ambiente, educação e, consequentemente, Educação Ambiental.

Ortega (2012), em sua obra a respeito da construção do campo da EA na América Latina, pondera acerca da potencialidade desse campo — por ele reconhecido como "teórico e social" — e da própria prática de EA. Afirma o autor que como campo de conhecimentos, saberes e práticas ainda seria um "campo jovem", mas ao qual se direcionam expectativas de solucionar uma problemática socioambiental extremamente complexa e que deita suas raízes em um modelo de desenvolvimento, onde estariam suas causas estruturais. Daí adviria, segundo Ortega, que sobre a EA se depositem expectativas de melhorar as condições ambientais do planeta (quando isso não estaria ao seu alcance e, portanto, promoveria mais frustrações do que resultados). Isso, no entanto, não a eximiria de responsabilidade na construção de algum entendimento sobre o momento histórico.

O mesmo autor apresenta algumas debilidades apontadas em análises a respeito do campo da EA, tais como a questão do horizonte temporal. Respostas e ações emitidas pelo campo teriam como característica um curto alcance, buscando respostas imediatas a problemas que demandam elaborações mais amplas e de longo alcance. Como perspectivas para a EA, Ortega anuncia que, como campo teórico e social com práticas orientadas à transformação de sujeitos e da vida coletiva, a EA tem o desafio de superar práticas com viés conservador e alienado em relação a elementos históricos, econômicos, políticos e culturais. Outra característica desafiadora residiria na elaboração de contradiscursos sobre as questões socioambientais em diferentes escalas (locais, regionais e planetárias). Um estímulo para tanto estaria em subsidiar a construção e a produção de conhecimentos reconhecendo e problematizando dinâmicas que têm gerado degradação, devastação e produzindo milhões de seres humanos em situação de pobreza e de marginalização em diferentes sociedades.

Diferentes sentidos e perspectivas de Educação, de Meio Ambiente e de Educação Ambiental

Dermeval Saviani (1990) ressalta, no campo educacional, a relevância de o(a) educador(a) compreender-se como sujeito de práticas pedagógicas vinculadas, conscientemente ou não, a alguma concepção de mundo prévia, não havendo margem a uma autonomização entre teoria e prática. Evocando

Antonio Gramsci e sua afirmação de que "todos os homens são filósofos" (porque pensam), Saviani demonstra a necessária "vigilância crítica", ou seja, o amadurecimento da capacidade daquele(a) que se coloca diante dos desafios postos por objetivos educacionais, de assimilar contribuições de diferentes campos do conhecimento naquilo que concebe como educação, como educar, tanto quanto em suas práticas pedagógicas.

Visando a insistir na coerência e consciência empregadas à ação educadora, Saviani trata como imprescindível o que chama de "elevação" do(a) educador(a) em relação ao senso comum. Para o autor, o senso comum se determina por uma concepção "[...] não elaborada, constituída por aspectos heterogêneos de diferentes concepções filosóficas e por elementos sedimentados pela tradição e acolhidos sem crítica" (SAVIANI, 1990, p. 8). Assim, a referida elevação passa pela reflexão sobre escolhas expressas nas práticas pedagógicas, que manifestam o que se entende por educação e por educar, à luz de concepções sistematizadas da filosofia da educação. Saviani (1990, p. 8) então afirma o seguinte: "Com isso será possível explicitar os fundamentos de sua prática e superar suas inconsistências, de modo a torná-la coerente e eficaz".

No que se refere à Educação Ambiental, tratada como substantivo, Carvalho (2004b) traz uma especificidade: a de que a EA apresenta condições de abordar e trabalhar as relações entre sociedade e ambiente ou sociedade-natureza. Aprender e intervir nas relações das sociedades com o ambiente que produzem, reproduzem e de que fazem parte. Compreender tais relações e atuar sobre os conflitos ambientais. Ou seja, segundo Carvalho, uma subjetividade sensível e solidária tanto com a dimensão social como a ecológica, com a capacidade de observar, compreender e agir em questões socioambientais, tendo no horizonte comum o compromisso com uma ética preocupada com a justiça ambiental.

Amorim e Cestari (2013) tratam de evidenciar como o campo ambientalista visa a introduzir na educação valores, preocupações e discursos previamente desenvolvidos e mediados por valores e concepções já consolidados no campo educacional. Ponderam sobre a adjetivação "ambiental" ao substantivo educação e a possibilidade de desengate entre educação e educação ambiental. Ao conter esse substantivo, a EA traz para si diferentes compreensões sobre o que é educar, o que se pretende com isso, quem se pretende educar, para que etc. Ou seja, a EA deve observar e apreender todo um debate e acúmulo próprios ao campo educacional.

EDUCAÇÃO AMBIENTAL, CONSERVAÇÃO E DISPUTAS DE HEGEMONIA

Os autores atestam que a EA não introduz uma reflexão sobre como se deve educar a partir da perspectiva ambientalista. Deve buscar isso no campo educacional. Amorim e Cestari apoiam-se em sentidos atribuídos à EA que a colocam como necessariamente em busca de transformações sociais por meio de processos educadores em perspectiva crítica e vinculados à ampliação da participação social em processos decisórios, o que não seria hegemônico, necessariamente, no campo ambiental.

Segundo os autores, a EA essencialmente faz confluir preocupações ambientais maturadas em seu respectivo campo social — e a partir de determinadas correntes que dialogam com movimentos populares e preocupações democráticas e por justiça ambiental — com reivindicações já tratadas no campo educacional histórica e politicamente por diferentes movimentos sociais no domínio da educação. Contudo, assumem a EA como potencializadora e revigoradora do discurso crítico preexistente no campo educacional. Sua contribuição seria, assim, aportar preocupações contemporâneas e fundamentais à vida, trabalhadas no ambientalismo, e reforçar que para enfrentá-las ou atendê-las, valores e concepções críticas da educação precisam ser mobilizados, tanto quanto subsídios de diferentes áreas do conhecimento humano.

Assim, a pauta ambientalista carrega a potência de somar esforços com uma pedagogia que tem base na cultura popular e que historicamente fornece lastro teórico e metodológico para movimentos de alfabetização e de educação popular (AMORIM; CESTARI, 2013).

Torna-se relevante, todavia, notar que a noção de campo social carrega uma disputa interna material e simbólica, também atravessada pela luta de classes. Quando há referências ao campo ambiental e ao movimento ecológico, é preciso observar que a contribuição do ambientalismo de que tratam Amorim e Cestari se remete a correntes identificadas com a ideia de crise civilizacional motivada pelo modo de produção e modelo de desenvolvimento hegemônicos. Trata-se de uma vertente do movimento ambientalista identificada pela ecologia política como alinhada à esquerda no espectro político-ideológico (ALIMONDA, 2001; MARTINEZ-ALIER, 1995; LÖWY, 1995; FOLADORI, 1999a, 1999b; MONTIBELLER-FILHO, 2000a; 2000b), que compreende meio ambiente também como resultante das relações sociais e destas com os bens ambientais e outras formas de vida — mesmo a partir de ponderações como as de Lipietz (2003).

Alain Lipietz, no artigo "Ecologia política e o futuro do marxismo" elenca uma série do que considera convergências entre a ecologia política e o marxismo. Seriam ambos os "movimentos" materialistas, dialéticos, historicistas, politicamente progressistas: "Entretanto, os verdes possuem uma grande vantagem em relação à esquerda [tradicional]: eles vêm depois" (LIPIETZ, 2003, p. 11). Podemos acrescentar que esse movimento ambientalista tem outro traço distintivo no campo ambiental que o posiciona à esquerda no espectro ideológico: ele é humanista.

Outra observação tomada aqui como importante se refere aos movimentos, valores e a própria concepção filosófica de educação. Todos esses elementos também se reportam a correntes no campo educacional que, como qualquer outro como campo social, é atravessado por diferentes concepções de mundo em sua dimensão simbólica e, materialmente, por práxis políticas vinculadas a projetos societários por vezes antagônicos.

Partindo dessa reflexão sobre EA vinculada intrinsecamente à dimensão emancipatória da ideia de educação, serão destacados dois aspectos aqui depreendidos como elementares ao sentido transformador da EA: a formação em perspectiva crítica e a noção de participação política. Ambos são capazes de conformar uma noção que relaciona dialeticamente as noções de educação, de meio ambiente e de EA.

Quanto à formação em perspectiva crítica, Loureiro (2007), Tozoni-Reis (2007), Trein (2007) apresentam como referencial substantivo o pensamento marxiano. Para Loureiro a contribuição indiscutível, fundamental e legítima da tradição marxista ocorre com relação à necessidade de materialização, no campo ambiental, da crítica radical às relações sociais concretas. O autor aponta como igualmente decisivo que essa mesma tradição marxista se imponha o desafio de reconhecer "[...] a prioridade constitutiva da natureza e conheçam as dinâmicas ecossistêmicas, assegurando a constituição de uma visão complexa da totalidade natural" (LOUREIRO, 2007, p. 60).

Tozoni-Reis (2007) resgata a concepção de EA construída por diferentes participações no Fórum Internacional das ONGs, em 1992, e registrada no Tratado de Educação Ambiental para Sociedades Sustentáveis e Responsabilidade Global. Para a autora, a EA voltada à sustentabilidade, nesse documento, "[...] é uma educação política, na perspectiva democrática, libertadora e transformadora" (TOZONI-REIS, 2007, p. 177). Ao substituir a expressão "desenvolvimento sustentável" — no singular — por "sociedades sustentáveis" — com destaque ao plural —, tal compreensão de EA e atribuição de sentidos a ela configuraria, por si, deslocamentos substantivos de concepções (de desenvolvimento, de sustentabilidade), produzindo implicações teóricas e políticas profundas. Ainda quanto ao Tratado, para Raymundo, Branco e Biasoli (2018), sua grande contribuição foi trazer uma perspectiva crítica à constituição histórica da crise entendida como ambiental, trazendo-a como também civilizatória, em oposição a uma EA conservacionista e despolitizada.

Remetendo-se tanto à Teoria Crítica como também aos estudos do pesquisador estadunidense em educação e pedagogia, Henry Giroux, Tozoni-Reis (2007) rememora a origem do termo "pedagogia crítica" e a expande em termos de referencial, propondo-se pensar a pedagogia crítica de forma ampliada, a partir de um referencial comum às "teorias críticas": o pensamento marxista. Mais adiante, em sua reflexão sobre as contribuições possíveis a uma pedagogia crítica, Tozoni-Reis afirma a EA como uma dimensão da educação cuja intencionalidade coloca ao desenvolvimento individual um caráter social em suas relações tanto com a natureza, como também com os demais seres humanos.

Concluindo sua contribuição a respeito dos aportes fundamentais do pensamento marxista à EA, Eunice Trein (2007) entende que o marxismo apresenta um instrumental significativo e precioso para subsidiar uma análise sobre a realidade contemporânea, além de também fundamentar o empreendimento de uma crítica vigorosa e consistente à ideologia do progresso, da ideia de desenvolvimento e do paradigma científico-tecnológico ainda vigente, todos em relação histórica de reciprocidade com a civilização industrial.

Loureiro (2005) e Pedrosa (2007), além da contribuição marxiana, apontam mais especificamente a Teoria Crítica, vinculada às reflexões e formulações desenvolvidas no âmbito da Escola de Frankfurt. Algumas das razões para se adotar tais reflexões localizam-se em suas características de analisar os processos de legitimação do Estado na sociedade de consumo, a crítica ao uso ideológico da ciência e da tecnologia, a problematização da construção das subjetividades contemporâneas vinculadas a necessidades materiais e simbólicas subsumidas à lógica individualista, competitiva e consumista e à crítica da hegemonia da racionalidade instrumental em detrimento da razão emancipatória.

Pedrosa (2007), apoiando-se em Horkheimer e Adorno, e olhando para o potencial subversivo da EA, pergunta o que afinal seria uma EA subversiva em pleno século XXI? A resposta parte de pistas dos dois pesquisadores sociais da Escola de Frankfurt. A questão não é apenas metodológica, mas teleológica. Para ser subversiva a EA tem que pretender romper o círculo da adaptação.

O autor utiliza termo "adaptação" no sentido frankfurtiano, como contraparte de problematização e emancipação. Adequação/adaptação e crítica/emancipação seriam ambas dimensões da razão e da própria educação. À educação caberia tanto adaptar, pela via do uso da dimensão instrumental da razão, como também emancipar (problematizar, criticar e transformar), pela via da dimensão emancipatória da razão. Em havendo a predominância da dimensão instrumental da razão no processo formativo, ocorreria o que Theodor Adorno denominou de "semi-formação" e de "semi-cultura" (PUCCI, 1998). Para Pedrosa, é preciso criar condições para que o indivíduo reificado recupere sua capacidade de refletir sobre sua própria condição.

Outra expressiva contribuição da Teoria Crítica à EA, para Loureiro (2005), se apoia em sua predisposição em romper com características conservadoras que pressupõem a sociedade como algo dado, sem historicidade, assim como a crença na neutralidade e objetividade do conhecimento para a compreensão de sistemas sociais, ignorando os movimentos da história. O autor indica premissas da teoria crítica que seriam amplamente utilizadas pela EA. São elas: i) a crítica à sociedade e a autocrítica são princípios metodológicos; ii) a comprovação prática da história é o critério de verdade científica e sua finalidade é emancipar as pessoas; iii) a práxis como totalidade (relação dialética entre teoria e prática); iv) a inseparabilidade entre ciência e cultura; v) ciência voltada a conhecer para transformar a realidade; vi) as relações entre fenômenos e a noção de totalidade complexa para compreendê-los.

Quanto à tônica dada à questão da participação como elemento chave de uma EA que entende, por um lado, que a crise ambiental se associa e se alimenta de outras crises, como a política, a econômica e a social, Sorrentino (2002b), afirma a participação como essência da EA. Para o autor, a participação, assumindo um olhar forjado na América Latina significaria dar ênfase à questão educacional, "[...] debatendo liberdades democráticas e modelos de gestão — como administrar nossos espaços comuns, desde os microespaços cotidianos na família, na casa, no bairro, etc. até o planeta" (SORRENTINO, 2002b, p. 98).

Com isso, o autor sinaliza uma reivindicação relevante no campo ambiental: o discurso que politiza a questão ambiental e a entrelaça com as assimetrias e injustiças associadas a um padrão de relações sociais de produção que no hemisfério sul, de modo geral, tendem a ser agudizadas por razões históricas, culturais e pela posição que seus países ocupam na divisão internacional do trabalho (fornecedores de matéria-prima, *commodities*, ou seja, economias extrativistas que exploram intensivamente pessoas e recursos naturais). Tal discurso disputaria hegemonia no próprio ambientalismo, exercendo oposição àquele dominante e mais identificado com a dicotomia humano/natural e com a superação do quadro de crise por meio da tecnologia, no mesmo marco atual do capitalismo, haja vista o conceito de Antropoceno, cuja hegemonia é problematizada em obra organizada por Jason Moore (2022).

Sorrentino ainda sugere cinco dimensões para auxiliar a construção de uma compreensão mais crítica quanto à participação como um sentido forte da EA. Uma primeira, que seria básica à "infraestrutura" da participação e se expressa nas condições objetivas para se participar, como a logística, por exemplo. Uma segunda dimensão se remete à importância da disponibilidade de informações, a fim de afastar-se da possibilidade de entender que a participação se limitaria a dispor diferentes atores e interesses em uma sala para tomar decisões (nem todos eles têm o mesmo grau de conhecimento sobre o que está em discussão, quais são as possibilidades, as alternativas etc.). A terceira dimensão é a existência, construção e/ou conquista de "espaços de locução", para oportunizar a expressão, o diálogo, o debate, a reflexão coletiva, a "troca de ideias", todas capazes de incidir politicamente, a partir do cotidiano vivido, em instituições como políticas públicas. Já a quarta e quinta dimensões estariam vinculadas, respectivamente, às tomadas de decisão e da subjetividade. Esta última dimensão é aqui considerada das mais importantes, já que lida com uma condição tão básica quanto as demais para uma participação efetiva. Também é a dimensão relativa à noção de "[...] pertencimento — do sentir-se pertencente ao local, ao planeta, à humanidade e sentir que tudo isto lhe diz respeito" (SORRENTINO, 2002b, p. 103).

A opção por colocar essas reflexões sobre participação nesta seção dedicada à EA se deve a um sentido advogado aqui neste livro. Trata-se do compromisso, sobre o qual a EA pode e deve exercer seu potencial, de atingir sensibilidades, subjetividades, consciências e mentalidades a partir da criação de condições — objetivas e subjetivas — de percepção de questões ambientais (locais e planetárias), a compreensão delas. Portanto, para então haver o necessário engajamento que impulsiona o envolvimento e organização coletivos para enfrentamento daquilo que se relaciona com a estrutura ou essência das questões em debate.

Nesse sentido, a EA deve assumir o compromisso de criar condições para a elevação de consciências. De possibilitar maior coerência entre o que se pensa e se faz politicamente, assim como a que projetos de sociedade se visa a corresponder. Principalmente, de onde, socioeconomicamente, se parte.

Articulando a EA e a participação social na gestão pública do ambiente, Pastuk (1993) aponta que cabe à EA contribuir para a participação pública, com o grau de informação pela população afetada pelos riscos ambientais, no sentido de poder entender e avaliar de que forma e em que medida está sendo afetada: "[...] esta população terá condições de participar das 'negociações' políticas acerca do encaminhamento dos mesmos na medida em que tiver acesso à tal informação" (PASTUK, 1993, p. 40).

Pedro Jacobi (2005), ainda quanto à questão da participação como fundamento da compreensão sobre EA questiona: participação para que? Por quê? E como? Segundo o autor, a participação deve contribuir para um processo contínuo de democratização na vida das pessoas, com a intenção de reforçar interesses coletivos e reafirmar o tecido associativo e ampliar sua capacidade organizativa.

Ao apontar para objetivos de interesse coletivo e envolvimento em processos decisórios no desenvolvimento de respostas a tais objetivos, o autor indica mais um sentido à EA e seu compromisso, inclusive como estratégia pedagógica, com a participação: mirar a construção de políticas como enfrentamento de problemas ambientais, que são, necessariamente, públicos. Dessa forma, Jacobi afirma a participação como estruturante da noção de EA, sendo instrumento essencial para transformar as relações na sociedade e desta com o meio ambiente. No entanto, reconhece o desafio de, no Brasil, em um contexto de agravamento das desigualdades, a construção da cidadania é atravessada por questões que exprimem a urgência de superação do que chama de "[...] bases constitutivas das formas de dominação e de uma cultura política baseada na tutela" (JACOBI, 2005, p. 234).

Compreendendo a EA como estratégica para enfrentamento de uma crise civilizacional marcada por suas dimensões social e cultural, Sorrentino e coautores (2005) estabelecem que a ela cabe contribuir à relação dialética entre Estado (em sentido estrito) e sociedade civil, possibilitando a construção de políticas públicas dialogicamente. Para os autores, "[...] a urgente transformação social de que trata a educação ambiental visa à superação das injustiças ambientais, da desigualdade social, da apropriação capitalista e funcionalista da natureza e da própria humanidade" (SORRENTINO *et al.*, 2005, p. 287).

Eles reforçam, portanto, um sentido que complementa aqueles já expostos até aqui no debate sobre EA: o de que a participação esclarecida — porque trabalhada em processos formativos com perspectiva crítica — se direciona à ampliação, fortalecimento e qualificação da capacidade de incidir em políticas públicas, seja em sua formulação, incremento, implementação ou acompanhamento/avaliação, tendo como horizonte a transformação da realidade, superando questões que se encontram nas raízes da problemática socioambiental contemporânea. E mais: tem como horizonte ampliar as capacidades de os sujeitos manterem-se nesse processo de construção e reconstrução da realidade, pela via da formação em perspectiva crítica, dialética e dialógica.

Para os autores é fundamental o resgate da política para tratar do que o ambientalismo coloca à sociedade (reconhecendo-se a integralidade gramsciana do Estado) como limites nas relações com a natureza. Como tal resgate se dedicaria à construção de uma nova ética da sustentabilidade advinda de reivindicações ambientalistas, a EA deve ser orientada à cidadania ativa "[...] considerando seu sentido de pertencimento e corresponsabilidade que, por meio da ação coletiva e organizada, busca a compreensão e a superação das causas estruturais e conjunturais dos problemas ambientais" (SORRENTINO *et al.*, 2005, p. 289).

Nesse sentido, para Biasoli e Sorrentino (2018), o campo das políticas públicas é essencial para se buscar a sustentabilidade local e planetária, merecendo atenção de toda a sociedade. Aqui apontamos as políticas públicas como uma espécie de "espaço educador" (MATAREZI, 2005) a ser usado como estratégia pedagógica para processos formativos com possibilidades concretas de intervenção na realidade. Com base nessa concepção de EA que enxerga no horizonte de sua práxis a incidência em políticas públicas, Biasoli (2015) apresenta contribuição significativa pelo debate sobre o que denomina "política do cotidiano".

Em sua tese, a pesquisadora adverte que não se deve conceber política pública essencialmente desenvolvida pela burocracia estatal, nem tampouco com seu enfraquecimento visando a solucionar aspectos ineficientes, substituindo sua presença pela atuação do terceiro setor e mesmo de empresas. Mencionando Boaventura de Sousa Santos, Biasoli afirma que se trata da transformação solidária e participativa do Estado. Há, portanto, uma compreensão sobre o que vêm a ser as políticas públicas.

Segundo Biasoli, para além de abordagens "estadocêntricas" que entendem o Estado em sentido estrito como protagonista na formulação e implementação de políticas públicas, existem concepções mais amplas, que tratam as políticas públicas como uma resposta a um problema construído e compreendido coletivamente como "de todo(a)s, de interesse público". Apoiando-se em Heidemann (2009), a autora destaca que política pública se define como as decisões e ações de governo e de outros agentes, com destaque à capacidade de incidência desses atores não governamentais, atuantes na sociedade civil.

Essa compreensão significativamente ampliada de desenvolvimento de políticas públicas fundamenta o que Biasoli denomina como "política do cotidiano". Sua tese visa a subsidiar o diálogo sobre a importância que adquirem processos de estruturação de coletivos que veem a EA como estruturante de processos educadores, em perspectiva crítica e orientação socioambientalista. Tomando como experiência empírica a formação e consolidação dos Coletivos Educadores (definidos como instâncias representativas de interlocução e de referência para ações educadoras locais) pelo Brasil como política pública que dialeticamente se coloca a construir pontes dialógicas com o Estado para definir outras políticas públicas, Biasoli assim define a política do cotidiano emanada da atuação desses coletivos: "A política do cotidiano está relacionada às subjetividades ou aos componentes subjetivos que motivam a participação individual e coletiva no fazer política cotidianamente" (BIASOLI, 2015, p. 146).

Outra contribuição da pesquisadora para o enfrentamento do desafio de construir uma mentalidade menos tutelada por governos e mais emancipatória na formulação e implementação de políticas públicas se coloca, em sua tese, nas figuras das forças instituídas e forças instituintes. Utilizando-se de dimensões das políticas públicas apontadas por Frey (2000), quais sejam, *polity* (instituições), *policy* (conteúdo das políticas e seus instrumentos) e *politics* (processos de formulação), Biasoli identifica fundamentalmente as duas primeiras com o pilar da força instituída, formal, da legitimidade pela legalidade e normatividade, do poder. Já a terceira, por se referir aos processos de debate público desde a construção da compreensão sobre um problema publicamente reconhecido, até a definição da resposta na forma de uma política pública, Biasoli identifica com o "pilar do instituinte".

Essa terceira dimensão das políticas públicas, *politics*, irá conectar-se com aquelas "[...] forças políticas, com a composição de forças e poderes, numa dimensão processual, e se relaciona aos atores presentes em todo o ciclo da política pública, [...] constituindo a ótica do poder instituinte" (BIASOLI, 2015, p. 145). E, então, pergunta sobre o quanto pode haver de instituído no instituinte, assim como o contrário. Por ser o pilar mais fragilizado, o fortalecimento das forças instituintes configura um acréscimo substantivo de sentido à EA. É possível também aproximá-la da categoria gramsciana de

EDUCAÇÃO AMBIENTAL, CONSERVAÇÃO E DISPUTAS DE HEGEMONIA

"Vontade Coletiva" tratada no capítulo um, apontando no horizonte da EA a incidência política, ainda que na normatividade vigente, pautando-se por uma "ambientalização educadora" da sociedade, sua concepção de mundo e da regulação da vida coletiva.

Tamaio (2007), ao analisar o esforço de se construir políticas públicas a partir do diálogo de saberes, com base em conflitos latentes entre interesses diversos, buscou expor contradições inerentes a essa busca de "atuar na mudança de um paradigma" no fazer política pública. Para isso, partiu da pergunta: como compreender um processo que "[...] não é dado pela política pública do Estado, todavia essa política pode contribuir para a emergência de novas leituras e práticas sociais" (TAMAIO, 2007, p. 160)? O pesquisador (e um dos que participaram da formulação e implementação dessas políticas) identifica em sua análise das políticas de EA no Governo Federal entre 2003 e 2006 pela Diretoria de Educação Ambiental (DEA) do Ministério do Meio Ambiente (promotoras, dentre outras, da política de formação e consolidação dos Coletivos Educadores), a construção de espaços interativos com diferentes atores da gestão ambiental, com a intenção de fortalecer práticas emancipatórias e associando a EA com reflexões e práticas concretas de transformação social. Portanto, observa e confirma que tais políticas, mesmo em um governo que, em sua leitura, adotou e referendou referenciais neoliberais, permitiram ou contribuíram para a emergência de práticas contra-hegemônicas disputando hegemonia e, portanto, com as contradições inerentes a uma EA sendo trabalhada em um Estado (em termos gramscianos) a ser transformado.

3.2 A gestão ambiental pública a contextualizar a Educação Ambiental

Na pesquisa que dá origem a este livro, a experiência sobre a qual se pretendeu trabalhar os sentidos que podem ser atribuídos às funções das UC e aos papéis de seus Conselhos Gestores se desenvolveu em um determinado contexto. Trata-se de iniciativa elaborada e realizada no âmbito de uma política de fiscalização. Essa política foi instituída por órgãos ambientais de um sistema do Estado de São Paulo, conhecido como Sistema Ambiental Paulista (como se verá no capítulo posterior). Compõem esse sistema a administração direta e indireta da gestão pública do meio ambiente no governo do estado. Diretamente vinculados à então Secretaria de Estado do Meio Ambiente (SMA) havia as Coordenadorias (Administração, Educação Ambiental, Biodiversidade e Recursos Naturais, Fiscalização Ambiental e Planejamento

Ambiental), assim como os institutos de pesquisa (de Botânica, Geológico e Florestal — hoje abrigados no Instituto de Pesquisas Ambientais, IPA). Como administração indireta ainda há as fundações (Florestal e extinta Fundação Zoológico de São Paulo) e a Companhia Ambiental Paulista (CETESB). A Polícia Militar Ambiental (PMA) também compõe o sistema, devido a um convênio da SMA com a pasta de segurança pública. O gabinete da SMA exerce controle político-administrativo sobre todo o sistema, exceto a PMA.

Entenderemos esse contexto como de gestão ambiental pública governamental, para o fim de situar a EA nesse cenário e, assim, contribuir ao amadurecimento de sentidos ao seu desenvolvimento e possibilidades de exercer seu potencial crítico, transformador e emancipatório, conforme abordado nas subseções anteriores. No caso do Estado de São Paulo, a gestão ambiental pública governamental, em sentido estrito, pode ser compreendida na atuação desses órgãos do Sistema Ambiental Paulista. Cada um deles operacionalizando um ou mais instrumentos da política de meio ambiente, como a avaliação de impactos ambientais e licenciamento ambiental, o incentivo econômico e orientações técnicas para práticas sustentáveis, o zoneamento ambiental, criação e gestão de áreas protegidas, a fiscalização, entre outros. Todos têm, legalmente, a obrigação de contar com a EA como princípio em suas políticas.

Cada um desses instrumentos define seus objetivos próprios de gestão ambiental e, ao relacionarem-se com a EA, criam expectativas às funções que ela poderia desempenhar para contribuir com as intenções da operacionalização dos instrumentos. Diante de demandas práticas advindas dos objetivos específicos de cada instrumento, torna-se comum a instrumentalização da EA, conforme refletido por Andrade e Sorrentino (2013), que tende a caracterizar-se como conteudística, comportamentalista, conservacionista, biologicista e pragmática. Portanto, esvaziada dos sentidos emancipatórios demonstrados aqui como caros a vertentes de EA com perspectiva crítica. Daí a relevância de perceber os processos de gestão ambiental como repletos de potencial educador, desde que identificada e trabalhada sua dimensão educadora em EA.

A "EA para a gestão ambiental" é apresentada por Layrargues (2000) como uma corrente portadora de conceitos que poderiam responder aos desafios colocados à EA para que ela assuma sentidos identificados com o exercício qualificado da cidadania como estratégia de enfrentamento de conflitos socioambientais. Assim, depreende-se uma EA voltada à participação social na gestão pública, direcionada à qualificação do debate público sobre as questões socioambientais e orientada também à ampliação da capacidade de incidência em políticas públicas, sobretudo, de grupos e segmentos pouco familiarizados com esse tipo de dinâmica, embora afetados por elas.

Sorrentino (1998, 2002a) havia observado a EA como orientada por uma corrente por ele denominada de "gestão ambiental". Ela estaria apoiada em outras duas correntes sendo uma do "desenvolvimento sustentável" e outra das "sociedades sustentáveis". Ambas seriam chave para definir tanto as intenções do ambientalismo, como das práticas de EA a elas associadas. A primeira estaria vinculada à manutenção do modelo vigente; a segunda constituindo oposição à primeira, creditando a ela apenas uma nova aparência para manter o *status quo* (SORRENTINO, 2002). A EA na gestão ambiental visando às sociedades sustentáveis seria orientada pelo *Tratado de EA para Sociedades Sustentáveis e Responsabilidade Global*, assim como por aspectos contidos no *Relatório do Fórum de ONGs Brasileiras para a Eco 92*. Essa vertente de EA seria também caracterizada pelo propósito de se construir uma sociedade justa e ecológica, por partir da premissa de que não se pode respeitar a natureza dissociando-a do ser humano e pela convicção de que para se alcançar esse tipo de sociedade, é preciso que o sujeito do desenvolvimento brasileiro seja o povo (SORRENTINO, 2020).

Em seu texto sobre "EA para a gestão ambiental", Layrargues traz um questionamento fundamental com base em suas observações a respeito de práticas usuais de EA nas quais predominariam preocupações maiores com as consequências de problemas ambientais, mais do que com suas causas. E pondera: quais seriam as causas dos usos incorretos dos recursos naturais? Quais seriam as motivações por trás de tais problemas? Para além de respostas mais simplificadoras, como aquelas que apontariam para o desconhecimento das consequências dos comportamentos tidos como inadequados e a serem devidamente corrigidos por uma EA de perfil mais conservador, o autor expande a complexidade de suas questões e aponta para respostas não menos profundas.

Mirando associações entre o uso incorreto dos recursos e determinado modelo de desenvolvimento organicamente vinculado a um modo de produção e um padrão de relações sociais de produção, Layrargues expõe a necessidade de outras estratégias educacionais. Nelas, seria imprescindível percorrer outros itinerários nos processos formativos, além daqueles que discorrem sobre o funcionamento de sistemas ecológicos, por exemplo. Seriam fundamentais os conhecimentos e reflexões sobre as relações e sistemas sociais, acerca dos conflitos no acesso aos bens ambientais, tornados recursos em função de condicionamentos de tais pressupostos. Para Layrargues, as estratégias de EA mais complexas teriam que dispor em seus horizontes formativos a ampliação da capacidade de interferir nas políticas públicas.

Layrargues (2000) também remete a outros dois autores, José Silva Quintas e Maria José Gualda Oliveira o que denomina como corrente de "EA para a gestão ambiental". Ambos educadores da então Divisão de Educação Ambiental do Ibama, na década de 1990, Quintas e Oliveira desenvolveram no âmbito governamental uma proposta de formação de agentes públicos. Uma das definições mais relevantes é a que compreende meio ambiente como resultante do trabalho humano, vinculando de maneira determinante que natureza e sociedade não expressam uma dicotomia e recomendando que gestão ambiental não pode se restringir ao manejo de recursos naturais.

Em documentos originados de seminário, Quintas (2002, 2005, 2006) ressalta, de partida, que gestão ambiental se faz com Estado e com sociedade civil. Trata-se de premissa constitucional. Ambos não se opõem, mas se complementam. Devem, por conseguinte, trabalhar em conjunto, em ações compartilhadas, orientadas por objetivos comuns. Daí o reconhecimento, em textos de introdução à gestão ambiental pública, da necessidade de se buscar caminhos e práticas que contribuam para processos de gestão ambiental participativos (QUINTAS, 2002, 2005, 2006).

Entre as páginas do documento que se apresenta como introdutório, destaca-se uma definição: de que a questão ambiental se refere a diferentes modos que as sociedades, ao longo da história, se relacionam com o meio físico-natural, do que sempre dependeram para existir e se desenvolver (QUINTAS, 2006).

O meio ambiente, na perspectiva do autor citado, precisa do trabalho humano para ser criado e recriado, não havendo a possibilidade de ideia sobre meio ambiente sem o trabalho humano. No entanto, essa indissociabilidade entre seres humanos e natureza não seria suficiente, se tomada isoladamente. Seria importante também reconhecer que a apreensão das relações entre ambas as dimensões (humana/natural) se dá em processos que ocorrem nas sociedades. Quintas crava: "[...] a chave do entendimento da problemática ambiental está no mundo da cultura, ou seja, na esfera da totalidade da vida em sociedade" (QUINTAS, 2006, p. 21). Portanto, não se faria possível tratar de gestão ambiental ao prescindir da construção de compreensões acerca de como se organizam as sociedades, como se relacionam diferentes grupos, segmentos e classes sociais para acessar a base de recursos naturais, produzir e distribuir (para entender como se consome, por exemplo).

Esse entendimento configura, por sua vez, o contexto do que o autor irá chamar de gestão ambiental pública, em que o termo público caracteriza a atuação da integralidade do Estado (sociedade política + sociedade civil) na mediação de conflitos socioambientais assumida pela gestão ambiental. Portanto, o termo "público" não restringe a governo, mas se refere ao coletivo e pode ser compreendido também como aproximado à noção de bem-estar geral, de interesse público. O que se entende por conflitos, segundo Quintas (2006) apoiando-se em elucidação de Bobbio, Matteucci e Pasquino (1992), tem relação com o choque entre atores sociais e políticos diante do acesso a recursos tomados como escassos, incluindo-se em tais recursos o poder político. O conflito estaria presente, sempre, em qualquer tipo de sociedade, sendo inerente a ela. Nesse cenário, pode-se conceber como conflitos *ambientais* aqueles conflitos sociais e políticos que têm elementos da natureza como objeto que expressam interesses coletivos e interesses privados (SCOTTO; VIANNA, 1997).

Gestão ambiental pública é, então, definida por Quintas (2006, p. 30, grifos do autor) como o processo de "[...] *mediação de interesses e conflitos* (potenciais ou explícitos) entre *atores sociais que agem* sobre os meios físico-natural e construído, objetivando garantir o direito ao meio ambiente ecologicamente equilibrado [...]". O poder público reúne uma série de responsabilidades para exercer esse papel de medição. Seriam, segundo Quintas, um conjunto de instrumentos e normas que servem de parâmetro para buscar o que é previsto na Constituição Federal de 1988. São poderes e obrigações estabelecidos pela legislação, que lhe permitem prover ordenamentos, incentivos e mesmo sanções a danos ambientais.

Essa mediação não prescinde do reconhecimento de que em uma sociedade como a brasileira há assimetrias na distribuição do poder de decidir e intervir para transformar o ambiente. Os benefícios e custos desse poder de criar e recriar o meio ambiente pela ação humana — desigual em uma sociedade estratificada — também são distribuídos, social e geograficamente, de modo desproporcional, afetando mais a uns do que a outros. Diante disso, a gestão ambiental não é neutra e o Estado sempre está definindo quem será beneficiado e que será prejudicado quando toma alguma decisão no campo ambiental. Por isso a importância de ampliar a participação e, sobretudo, trazer outros sujeitos para esse processo deliberativo (QUINTAS, 2006).

Duas questões são aqui tomadas como fundamentais para a EA na gestão ambiental pública, que Quintas (2005) afirma não como uma "nova" EA, mas uma concepção de educação que toma o processo de gestão ambiental como elemento estruturante de processos educadores. Em ambas se observa uma concepção de Estado dissociada da perspectiva liberal, mas também afastada do protagonismo exclusivo do Estado. Uma questão fundamental é, em princípio, mais técnica ou remetente às competências dos profissionais envolvidos: saber criar e lidar com situações de ensino-aprendizagem com jovens e adultos em contextos sociais diferenciados, além de transitarem por diferentes áreas do conhecimento, em uma perspectiva multi e interdisciplinar (com destaque às ciências humanas e filosofia). Outra se refere ao compromisso político com segmentos da sociedade que nas disputas e conflitos socioambientais são por vezes alijados de direitos e dos benefícios de transformações ambientais, ficando mais próximos de seus custos e ônus.

Em síntese, a EA no contexto da gestão ambiental pública, deve se pautar por fornecer condições para que grupos sociais, de diferentes contextos socioambientais participem, se organizem e incidam politicamente com qualidade na gestão dos recursos naturais, quanto em sua regulação na forma de política pública (QUINTAS, 2005).

Quintas se posiciona em determinado "lugar" no campo da gestão ambiental, especialmente do Ibama e dos processos de licenciamento que decidem o que pode ou não ser empreendido e como devem ocorrer os processos de transformação do meio ambiente. No entanto, observa-se com tal citação que a EA na gestão ambiental pública, de modo amplo, pauta-se pela criação de situações nas quais determinados grupos e segmentos sociais — sobretudo aqueles mais vulneráveis — percebam a problemática socioambiental em que estão envolvidos, compreendam as razões de tal problemática se apresentar da forma percebida e, principalmente, desenvolvam coletivamente modos de enfrentamento político das problemáticas compreendidas em suas raízes. Articula-se, assim, com a perspectiva de EA orientada pela incidência em políticas públicas, conforme observamos neste capítulo sobre educação ambiental e que se associa com a seção subsequente, que tratará das relações entre EA, Conselhos, participação e políticas públicas.

Mais especificamente quanto à gestão de UC no campo da gestão ambiental, reconhecemos como significativos os aportes partidos da expectativa de que a EA assuma "[...] um papel estratégico de interlocução prioritariamente com os agentes mais vulneráveis nesta relação" (FERLA, 2018, p. 123). Esse

EDUCAÇÃO AMBIENTAL, CONSERVAÇÃO E DISPUTAS DE HEGEMONIA

mesmo pesquisador, em sua dissertação de mestrado, aponta a disputa por "territorialidades da EA" na gestão de UC federais, em que se reconhece a existência de diretriz de EA em UC — sob gestão do ICMBio — com perspectiva crítica, o que ainda demanda conquista no estado de São Paulo, seja para a formação de agentes públicos, seja para dar sentido claro às ações de EA na gestão de UC e, sobretudo, na existência de condições políticas nas estruturas de governo e adesão na sociedade.

3.3 Conselhos Gestores, participação social e incidência política: estratégias e horizonte de intervenção socioambiental da Educação Ambiental em perspectiva crítica

Esta seção busca tratar do potencial da participação social em espaços instituídos — como os Conselhos Gestores — como uma das principais estratégias pedagógicas da EA, estabelecendo como seu horizonte, de curto prazo, a incidência em políticas públicas. Para tanto, aborda inicialmente reflexões acerca do que se concebe por Conselhos e por participação, dando ênfase àquela adjetivada como "popular", necessariamente uma característica a ser trabalhada culturalmente.

Na sequência, serão trazidas ao debate considerações a respeito do que se pode compreender como incidência em políticas públicas, expondo sua potência de configurar-se como horizonte dessa EA na participação social. Parte-se, portanto, do pressuposto de que as políticas públicas configuram, em uma sociedade como a nossa, importante estratégia — ou tática, de uma estratégia de acumulação de forças políticas visando a transformações radicais em médio e longo prazos — de busca por mudanças na realidade. Sobretudo, de formação de massa crítica em trabalhos que podem ser considerados de base. Ainda que operando na normatividade vigente e contendo limitações severas em termos de *status quo*, se parte do reconhecimento de sua relevância, também estratégica, tanto de intervenção na realidade pela práxis política (marcada por construir compreensões críticas sobre a realidade, organizar-se politicamente e intervir), como construção de outro Estado que dialoga com a transição para sociedades sustentáveis.

Aqui cabe menção à pertinente problematização realizada por Silva (2011) em relação às noções de "democracia participativa" e a tendência de seus intelectuais orgânicos em reproduzir de forma relativamente pacífica a dicotomia entre sociedade civil e Estado, reforçando o entendimento de separação orgânica entre ambos (o que é negado por Gramsci, que as distingue metodológica, mas não organicamente). As aproximações e diálogos com as categorias gramscianas quanto a participação e incidência política a ser realizadas neste livro aceitam esse risco e, ao fazê-lo, também reconhecem a necessidade de reforçar a importância estratégica de compreender a dimensão da sociedade política (que opera, usualmente, as políticas públicas) como expressão da correlação de forças e relações de poder também na sociedade civil. Não se apontará a uma "sensibilização" ou "convencimento" de agentes e setores da administração pública que reflitam em políticas públicas, mas sim a uma disputa e busca pela conquista de hegemonia no Estado integral (na sociedade política e na sociedade civil), expressa inicialmente, entre outras estratégias de disputa de hegemonia, também em políticas públicas.

3.3.1 Conselhos Gestores como espaços de ensino-aprendizagem

A percepção de que é um dado da realidade a ampliação da participação social na gestão de políticas públicas pode ser apoiada a partir do contato com diferentes autores, tais como Dagnino (2004a; 2000b), Abers e Keck (2008), Moroni (2012), Gohn (1999, 2001, 2002, 2006), Szwako (2012), Souto e Paz (2012). Ainda, é reconhecido que tais espaços problematizam questões coletivas e criam demandas ao Estado integral, pois se configuram como direito à participação política permanente para além das eleições. Canais de diálogo entre a administração pública e diferentes segmentos, grupos sociais e respectivas concepções de mundo, perspectivas e discursos. São também tidos como possibilidades ou meios de haver maior transparência, consolidação de noções de democracia e "ajuste fino" no desenvolvimento de políticas com participação dos cidadãos, provocando alterações na normatividade instalada.

Conformam-se, pois, como diferentes espaços de encontro e sobreposição entre sociedade civil e sociedade política, assim como de participação na elaboração, implantação e/ou monitoramento e avaliação de políticas públicas. Os Conselhos teriam se tornado uma possibilidade — permitida ou conquistada — à familiarização com as complexas maneiras de funcionamento do Estado burguês, emissão de sinais (de forma habermasiana) às tomadas de decisão sobre a agenda pública. Szwako (2012, p. 13) afirma o seguinte:

> Ao longo das últimas duas décadas, os espaços e canais institucionais assumiram tantas formas e vêm se alastrando com tamanha força pelos três níveis da administração pública brasileira que se tornaram uma realidade inevitável.

Em havendo tais possibilidades (mesmo que apagadas diante da usual frustração que se abate sobre cidadãos em contato com Conselhos), sua inevitabilidade — ainda que sob ataque desde antes do golpe de 2016 e ao longo do governo de extrema direita entre 2019 e 2022 — aponta à exigência de ocupação e qualificação de tais espaços e o aprofundamento do valor de seu significado e papel pela participação política permanente que proporcionam, para além da presença periódica em eleições.

A configuração desse tipo de fórum para tratar de assuntos considerados públicos ou comuns a determinado grupo ou sociedade não é recente. É provável até mesmo reconhecer que o formato de "Conselhos" e a própria noção de democracia participativa não seriam novidades originadas no processo de redemocratização no Brasil, exclusivamente — ao menos em termos gerais. Para Gohn (2006), há pesquisadores que atestam os Conselhos como uma criação histórica que acompanha agrupamentos e sociedades humanas desde há muito tempo, sendo uma invenção tão antiga quanto a própria democracia participativa e teriam suas origens nos clãs visigodos entre os séculos V e VIII. Esse tipo de espaço, em termos de seu "conteúdo", portanto, não é uma exclusividade de Estados liberais contemporâneos, que definem, isso sim, sua "forma".

Embora seja recorrente conferir à Constituição brasileira de 1988 (adjetivada como "cidadã") a criação de canais de participação como os Conselhos, teria havido experiências participativas, mirando políticas públicas, anteriores à elaboração da Carta Magna. Teriam resistido e amadurecido durante a ditadura empresarial-militar, no período mais obscuro quanto a eventuais aberturas à participação coletiva na política; temporada ainda mais desalumiada para a visibilidade e protagonismo político de movimento sociais ou populares, como nos aponta Dagnino (2004ª, 2004b).

No final dos anos 1970 já havia Conselhos Comunitários direcionados à atuação junto a administrações públicas municipais, assim como os Conselhos Populares, de caráter reivindicativo e presentes até a década de 1980 (GOHN, 1990, 2006). Esses Conselhos Populares, de acordo com Gohn (2006) seriam decorrentes de conquistas de setores de esquerda em oposição ao regime militar. Teriam surgido com diferentes papéis como, por exemplo, atuar com alguma capacidade de incidência junto ao poder executivo a partir de demandas dos grupos sociais a que se vinculavam.

Podemos reconhecer ser comum a compreensão sobre Conselhos que aproximaria a sociedade civil, supostamente "pura", bem-intencionada e homogênea; *a priori* separada e relativamente distante do poder público, de órgãos governamentais que protagonizariam políticas públicas. Isso contribui ao reforço ao entendimento binário que separa mecanicamente sociedade e Estado na reflexão sobre os colegiados. Seria como partirmos de uma concepção de sociedade civil semelhante a uma espécie de "arena livre" e equilibrada em termos de correlação de forças econômicas e políticas, em que diferentes atores dialogam e, em pé de igualdade, produzem consensos (LIGUORI, 2007) e esses são refletidos nas políticas pela via dos Conselhos Gestores. Um ponto de vista filosoficamente idealista.

A participação a partir de Conselhos populares pode ser tomada, em princípio, como uma "abertura" ou concessão por parte do Estado em sentido estrito. Essas experiências e o debate em torno delas, tendo como principais questões seu grau de participação direta, autonomia em relação poder público instituído e se seria um novo poder embrionário, referenciaram a Assembleia Constituinte (GOMES, 2003), caracterizando os Conselhos Gestores como resultantes de um processo histórico de consolidação da participação política direta. Portanto, também conquista.

A Constituição de 1988, no que tange à participação especialmente, teria sido um marco institucional e simbólico (que remete à interrupção brutal do processo democrático no Brasil representado pelo golpe empresarial-militar de 1964) na trajetória política do país como nação. Naquela conjuntura, com uma correlação de forças favorável a um resgate ou reconstrução do processo democrático e de garantia e extensão de direitos sociais teria sido assegurado, institucionalmente, o direito de a sociedade intervir em decisões políticas. A começar do parágrafo único do artigo 1º da Constituição: "todo poder emana do Povo, que o exerce por meio de representantes eleitos, ou diretamente, nos termos desta Constituição" (BRASIL, 1988).

No entanto, ao passo que conquistados como arranjos de participação política da sociedade na gestão de políticas públicas e uma obrigatoriedade aos governos, os Conselhos teriam sido criados pelo país inteiro e, também, se tornado, na grande maioria, criações "de cima para baixo". Ou seja, os governos "obedeceram à Lei". Isso, somado à compreensão de trazer a sociedade civil para a gestão pública sem considerar que ela é atravessada por conflitos de classes, restringe o potencial político dos Conselhos para atender à Constituição e às legislações subsequentes.

Gomes (2003), apoiando-se em alerta feito por Carvalho (1998), sublinha os riscos trazidos pelo que se denominou "febre conselhista".

EDUCAÇÃO AMBIENTAL, CONSERVAÇÃO E DISPUTAS DE HEGEMONIA

Além de fragmentar a participação social em diferentes frentes de atuação por distintas políticas e respectivos Conselhos, esse fenômeno reduziria a capacidade de a sociedade, especialmente de setores populares, ocupar tantos Conselhos em função da cristalização da representação em expoentes dos movimentos e mesmo integrantes de câmaras municipais (GOMES, 2003). Isso deve retrair, inclusive, o desenvolvimento da capacidade de democratização do acesso aos próprios Conselhos.

Esses apontamentos oferecem uma pista para examinarmos os Conselhos de forma geral e especificamente os de UC. Mais do que sua criação e atenção burocrática às suas renovações formais (por vezes mais motivadas por outros condicionamentos, como elaboração de planos de manejo e acesso a recursos), é preciso que se promova políticas de qualificação e aprofundamento da democracia participativa nestes fóruns.

Posteriores à Constituição de 1988, os Conselhos institucionalizados como órgãos de Estado e canais de participação na gestão de políticas públicas, tais como são conhecidos atualmente, vêm tendo suas características engendradas desde a década de 1990. O que marca a diferença entre estes mais recentes, pós 1988 e aqueles, populares e vinculados a movimentos sociais seria sua natureza e composição. Se nos Conselhos Populares e Comunitários, por seu caráter essencialmente reivindicatório e relação com movimentos sociais, a composição era exclusivamente dos grupos sociais, nos Conselhos Gestores institucionalizados o arranjo inclui representação da sociedade política no mesmo espaço. Se os primeiros eram mobilizadores e exerciam poder de pressão junto à administração pública, os Conselhos Gestores configuram "[...] novos instrumentos de expressão, representação e participação; em tese, eles são dotados de *potencial* de transformação política" (GOHN, 2006, p. 7, grifo nosso).

Para Carneiro (2006), os conselhos representam uma ruptura com um arcabouço jurídico e institucional que vigia até 1988. Suas inovações se expressam tanto em termos de como se desenvolvem regras e regulações em normas, como também na participação direta em seus processos decisórios.

Segundo a autora, os Conselhos não seriam simplesmente locais para troca de informações ou comunicações unilaterais. A composição paritária entre representantes governamentais e não-governamentais e seu caráter constitucional definiriam os Conselhos como parte do Estado, não como algo externo a ele. Para Carneiro, os Conselhos são espaços de participação e de controle sobre a ação governamental. São uma instância institucionalizada de comunicação do e com o governo, com poder de agenda e de interferir nos rumos governamentais.

A autora apoia-se na categoria habermasiana de esfera pública que, configurando-se como *lócus* da crítica argumentativa e deliberativa e de distribuição do poder político, distingue-se tanto do Estado (em sentido estrito) quanto do mercado, sendo capaz de conservar uma autonomia própria. Assim, atesta os Conselhos como espaços públicos não exclusivamente estatais que "[...] sinalizam a possibilidade de representação de interesses coletivos na cena política e na definição da agenda pública, apresentando um caráter híbrido, uma vez que são, ao mesmo tempo, parte do Estado e da sociedade" (CARNEIRO, 2006, p. 151). Diferenciam-se, também, de manifestações e movimentos sociais na medida em que são estruturados e instituídos legalmente, além de se caracterizarem pela atuação conjunta com governos para a elaboração e gestão de políticas públicas.

De uma perspectiva gramsciana é possível ler os Conselhos como *lóci* nos quais ambos os momentos do Estado integral estariam materialmente presentes. Nessas presenças, as expressões de hegemonia em ambas as esferas. Ainda assim, um espaço de disputa, do contraditório e que potencializa o encontro de perspectivas em disputa de hegemonia, seja no interior da sociedade política ali representada, seja da sociedade civil (com maiores possibilidades à segunda, uma vez que a primeira usualmente é representada por indicações políticas alinhadas à hegemonia já presente no âmbito governamental, mesmo em governos mais "progressistas" ou democráticos). Disso decorre a relevância da disputa desses espaços por aqueles grupos se configuram e manifestam concepções de disputa de hegemonia na sociedade (de relações sociais, étnicas, de gênero, de classe), de economia, de relações sociedade/cultura/natureza.

De um ponto de vista mais afeto à noção de correlação de forças presentes em uma sociedade assimétrica como a presente,

> [...] a diferença é que eles [Conselhos] são pensados como instrumentos ou mecanismos de colaboração, pelos liberais, e como vias ou possibilidades de mudanças sociais no sentido de democratização das relações de poder, pela esquerda. (GOHN, 2002, p. 10).

A mesma autora (2001), em trabalho sobre Conselhos e participação sociopolítica, os define como espaços que articulam sociedade civil e poder público em discussões e práticas correspondentes à gestão de bens públicos. Teriam sido, para a autora, uma das principais novidades em termos de políticas públicas nas décadas mais recentes, no Brasil. Analisando essa "inovação", Gohn arremata afirmando-os como "agentes de inovação e espaços de negociação dos conflitos".

Visando a compreender o papel dos Conselhos Gestores em período mais recente, Gohn (2006) indica ser recomendável considerar o panorama político-institucional da administração pública na década de 1990, marcado pela reforma do Estado operada naquele período. Com essa reforma e a então denominada nova administração pública foi pavimentado o caminho para a sociedade civil organizada atuar como executora de políticas públicas, ainda dentro de uma noção de participação significativamente diluída.

Diferentemente da década de 1980, em que a sociedade civil organizada tinha um perfil reivindicatório, a partir da década seguinte, um novo associativismo civil se fortalece: as organizações não governamentais (ONGs) — atualmente Organizações da Sociedade Civil (OSC) — com diferentes maneiras de atuar junto a governos. Muitas podem ser compreendidas como prestadoras de serviços, atuando por projetos com propósitos predefinidos, articulando parcerias com os governos e com o setor privado.

Assim, depreendemos que, em um primeiro período histórico, a sociedade civil organizava-se para reivindicar participação nos processos decisórios dos quais surgem e amadurecem as políticas públicas. Já posteriormente (década de 1990) observamos inclusive uma disputa por recursos do orçamento público na sociedade civil para executar — prestando serviços de natureza pública — programas e projetos alinhados a políticas concebidas, decididas e gerenciadas por grupos dirigentes, orientados por segmentos dominantes da sociedade civil (e pela classe social hegemônica) por vezes com acesso direto a tomadores de decisão que galvanizam seus interesses na estruturação do Estado — porque seus representantes também atuam na sociedade política.

Mesmo contando com tais características presentes no associativismo civil e nos processos de tomada de decisão no âmbito do poder público, os Conselhos Gestores precisariam — e, eventualmente, podem, como se pretende indicar neste livro — despontar como espaços a partir dos quais pode haver conquista da participação — seja pela influência, seja diretamente. Além disso precisariam trabalhar formas de essas contradições emergirem de uma compreensão em perspectiva crítica da sociedade e suas relações com a natureza. Portanto, em disputa de hegemonia.

Nas disputas de hegemonia, aspectos sobre o papel da sociedade civil (se essencialmente participante nas decisões e no controle de um Estado em sua concepção integral, ou se executora de funções de governo em uma nova administração pública de corte liberal), e o próprio processo de participação em espaços como os Conselhos, resguardam o potencial de promover o debate, a experiência consciente e, com isso, a formação em perspectiva crítica, dialogando em boa medida com o repertório gramsciano. Isso no que diz respeito ao potencial de tais colegiados assumirem funções similares às de intelectuais coletivos organicamente vinculados a uma concepção de mundo associada a outra hegemonia.

Também, como um espaço de formulação de bandeiras políticas a aglutinar diferentes grupos e segmentos sob alguma forma de opressão na sociedade, ou com interesses e valores compartilhados e que apontam à necessidade de transformações sociais estruturais. Um tipo de ajuntamento político em torno de algo, também similar, à noção de partido em sentido ampliado, atuando para incidir em políticas públicas e fazer trabalho de base, essencialmente formativo, pelo caminho. Teríamos no horizonte a transformação da própria estrutura do Estado, para além de sua orientação governamental e contrapondo-se à ideia de democracia liberal-burguesa, realizando isso dialeticamente a partir de um mecanismo desse mesmo tipo de democracia (os próprios Conselhos Gestores e a incidência em políticas públicas).

Furriela (2002), ao tratar especialmente do Conselho Estadual de Meio Ambiente no estado de São Paulo (Consema), identifica, dentre outras questões desafiadoras, aquela relativa ao papel e às funções exercidas por esse colegiado. Desde sua criação, em 1983 — portanto, anterior à Constituição cidadã, às unidades de conservação como tais e seus Conselhos, além da própria SMA — o Consema lida com uma espécie de dilema: dedicar-se politicamente à discussão pública sobre problemas coletivos que demandam posições e ações públicas na forma de políticas de Estado, ou executar funções associadas às políticas já instituídas, como despender demasiado tempo na análise de processos de licenciamento.

Com isso observamos, até aqui, tanto um avanço em relação ao espaço de interseção dos momentos do Estado integral gramsciano, quanto uma tendência, conservadora, de compreendê-los como distintos e separados "que se encontrariam" nos Conselhos. Contudo, a possibilidade de participação pela interlocução com outros grupos, segmentos e parcelas da sociedade política guarda elementos que identificariam os Conselhos como espaços de ensino-aprendizagem, de formação pela EA e de socialização da política. Nesse diapasão, requerem incentivos na direção de amadurecer a qualidade da participação como percurso educador na formação de cidadãos esclarecidos, emancipados, politizados e conscientes do alcance e das limitações seja do Conselho, seja da própria ação pública. Conquistar e galvanizar isso (normativa e culturalmente) de dentro de aparelhos da sociedade política torna-se um desafio substantivo.

Assim como Gramsci compreendeu os Conselhos de Fábrica como espaços nos quais a classe trabalhadora do início do século XX começaria a se apropriar da ideia de autogestão dos processos produtivos, Conselhos Gestores de Políticas Públicas, especialmente de políticas ambientais, como a gestão de UC, são aqui tomados como fóruns nos quais pode-se construir compreensões em perspectiva crítica e socioambientalista e, diante disso, formular estratégias de atuação política de disputa de hegemonia. Diferentemente dos Conselhos de Fábrica, constituídos essencialmente por trabalhadores, os Conselhos de participação na gestão pública, com a tendência de participação de representantes governamentais do que é hegemônico no Estado integral e no Bloco Histórico e daquilo que está em disputa de hegemonia na sociedade civil caracterizam-se, assim, como arena de disputa, que carece de tomada de consciência. Tomando outra categoria de Gramsci, catarticamente o "ser coletivo em si, ao ser coletivo para si".

Uma disputa que, ao se apresentar, em princípio, entre sociedade civil e sociedade política, aparenta a fantasiosa clivagem maniqueísta negada por Gramsci, mas que deve revelar a necessidade, também estratégica, de identificação mútua e alinhamento político entre representantes de projetos societários de aprofundamento da democracia e superação do modelo de desenvolvimento hegemônico na disputa por espaços como os Conselhos. Grupos em disputas de hegemonia presentes em ambas as esferas do Estado integral. Daí seu caráter formativo — que demanda uma EA à altura dessa complexidade e compromisso político —, ao expressar a disputa por hegemonia que se deve buscar à luz da concepção de Estado integral. Esse caráter formativo passa, inexoravelmente, pelo reconhecimento e compreensão do que Evelina Dagnino (2004b) trata como "confluência perversa". Essa expressão é utilizada pela pesquisadora para denominar o fenômeno de disputa ideológica entre dois projetos societários antagônicos: um de corte neoliberal e outro de aprofundamento da democracia. Ambos atravessam o Estado em sua totalidade, expressando-se dentro de aparelhos da sociedade política e em disputas também na sociedade civil.

O processo de tomada de consciência das desigualdades e o julgamento, a partir de determinados valores, de que são manifestações de injustiça aproximam esse sentido educador pela participação em Conselhos das concepções formuladas por Antonio Gramsci, devido à noção de catarse por ele desenvolvida. Tal itinerário de esclarecimento e de politização com intencionalidade pedagógica, caminharia *pari passu* com o entendimento de que a incidência em políticas públicas — ou na normatividade existente — não é suficiente diante do horizonte de superação do próprio capitalismo ou da sociedade burguesa, ainda que configure um passo consistente do ponto de vista educativo e de interferência na realidade. Uma experiência de "utopia concreta", conforme Eric Ollin Wright (2019).

Para Gohn (2006, p. 9), "[...] faltam cursos ou capacitações aos conselheiros, de forma que a participação seja qualificada, por exemplo, à elaboração e gestão das políticas públicas". Além dessa premência por qualificação da participação social, torna-se também necessário diminuir as desigualdades no que se refere às condições de participação se comparados os representantes governamentais com aqueles da sociedade civil em termos de acesso a informações e instrumentos, infraestrutura e mesmo acesso às reuniões.

No entanto, não se deve esperar essa qualificação sendo promovida por gestões alinhadas a um projeto neoliberal de sociedade. Isso será objeto de conquistas, sucessivas ou intercorrentes, que demandam articulação política entre setores da sociedade civil desejosos de transformações sociais estruturais com grupos atuantes na sociedade política comprometidos com isso. Ambos, setores e grupos em disputa de hegemonia nas duas esferas do Estado integral, coadunados com a perspectiva de um outro Estado.

Daí mais um elemento que coloca à EA os Conselhos como espaços de ensino-aprendizagem e a participação social como estratégia pedagógica, fornecedores de sentidos quanto a incidência política como horizonte, tendo, ainda, o "inédito viável" de Paulo Freire (1992) e o "ainda-não consciente" de Ernst Bloch (2006) como "utopia concreta" (WRIGHT, 2019). Conselhos, portanto, compreendidos como espaços educadores de socialização da política.

Ponderações sobre Conselhos no contexto da gestão ambiental pública

A perspectiva que capta a potencialidade política dos Conselhos é reforçada por documento elaborado pelo Instituto Pólis, quando revela que "[...] dependendo da força política de seus integrantes e da centralidade do tema para um projeto de governo, um conselho consultivo pode ser mais efetivo do que um conselho deliberativo" (SOUTO; PAZ, 2012, p. 6). A ponderação sugere que, independentemente do grau de competência decisória sobre ações governamentais, a capacidade de incidência desses colegiados não se retrai, principalmente em função da qualidade política que se pode alcançar.

Haveria também elementos que aproximam os Conselhos Gestores no Brasil. Abers e Keck (2008, p. 100) destacam que, no Brasil, embora haja diferenças de origem legal, composição e outros aspectos, há um certo padrão. Os membros representam algum segmento e são espaços que contam sempre com a parte da sociedade civil e a parte do governo.

A força política dos Conselhos passa a ser problematizada ao considerarmos outras contribuições de Abers e Keck. Se a representatividade é um dos componentes que sustentam a legitimidade e alinhamento a compreensões sobre a realidade, se observa que, de um lado, os participantes da sociedade civil são sujeitos indicados por organizações escolhidas, por sua vez, por outras organizações. Por outro lado, cerca de metade dos assentos são ocupados por agentes governamentais indicados por governantes. Esses são indicados para "representar" a posição dos órgãos governamentais envolvidos, o que reforça uma tendência à manutenção daquilo que já é hegemônico.

A provocação colocada pelas autoras — "quem estes atores representam?" — surge assim que membros indicados por associações civis adquirem responsabilidades formais na definição de políticas públicas. Grande parte das associações da sociedade civil é auto organizada; seus líderes não são escolhidos ou autorizados diretamente por um público mais amplo que alegam representar. A questão que emerge, portanto, é saber como as associações, e principalmente grupos e segmentos sociais por elas representados podem participar de forma legítima de processos de tomada de decisão na esfera pública (ABERS; KECK, 2008).

Gomes (2003) sintetiza os desafios à efetividade dos Conselhos em três aspectos: a paridade, a representatividade e publicização desse tipo de colegiado. Quanto à paridade, deve haver igualdade "[...] de condições de acesso a informações, de capacitação técnico-política dos conselheiros e de disponibilidade de tempo e recursos físicos, humanos e tecnológicos" (GOMES, 2003, p.42), além de disponibilidade de tempo e condições de acesso às reuniões (GOHN, 2006), transcendendo o senso comum apegado à quantidade de membros do poder público e sociedade civil. Em relação à representatividade, se exigiria que os indicados pelo poder público detenham capacidade decisória. Já aqueles membros da sociedade civil devem ser eleitos democraticamente e passíveis de controle e responsabilização.

Gomes (2003) pondera que, ainda assim, assistimos a um processo de mudanças nas relações entre governo e sociedade em que outras formas de interlocução e negociação são construídas. Ainda que não estejam eleitos por maiorias, conselhos e conselheiros são instituídos, possuem legitimidade e vínculos com a população.

Já no que diz respeito à publicização dos Conselhos, sua importância residiria na necessidade de suas deliberações auferirem força política ao recorrerem ao apoio e mobilização da sociedade civil. Nesse sentido, Gomes (2003, p. 43) afirma: "Assim, é necessário enfatizar a publicização do conselho, a divulgação das suas ações e a discussão pública da sua pauta". Por outro lado, é fundamental compreender que os Conselhos são espaços que expressam, em alguma medida, territorial e politicamente a concepção de Estado integral, embora se apresentem como essencialmente um lugar de esclarecimento e negociação, não um espaço exclusivo dos movimentos sociais, que têm maior autonomia em relação a governos. Os Conselhos também disputam o governo na estrutura de governança de políticas públicas. São um instrumento de políticas públicas e são um órgão de Estado. São, portanto, espaços a serem disputados. Podem aproximar-se da conotação de aparelhos de hegemonia, da função de intelectuais coletivos orgânicos e alimentar a perspectiva de alinhamento de grupos subalternizados — por aquilo que são e por seus modos de vida — e posicionamentos que disputam hegemonia.

Segundo Suppa (2017, p. 343), para Gramsci o termo governo não deve ser reduzido ao seu sentido imediatamente executivo: "[...] governo é ligado à hegemonia de uma força política, já que esta última, na condição de que já se tenha tornado hegemônica, poderá em seguida aspirar à efetiva ação de governo".

Abers e Keck expõem questões como a representatividade e a legitimidade dos Conselhos como arenas de discussão e deliberação na esfera pública. Não seriam "[...] mais privilegiadas como espaços de identificação dos interesses comuns, mas sim como espaços para expressão e disputa de diferenças e conflitos" (ABERS; KECK, 2008, p. 108).

Na trilha dessa "inovação" na maneira de compreender a formulação, implantação e monitoração/avaliação de políticas públicas, também o campo da gestão ambiental lança mão desse dispositivo constitucional para suas políticas de conservação da biodiversidade, mais especificamente quanto às unidades de conservação.

Da mesma forma que, no Brasil, a criação de áreas protegidas (especialmente UC) parte de antecedentes internacionais, a "convocação" da sociedade civil à conservação também dialoga com marcos desenvolvidos no debate entre diferentes perspectivas no plano internacional. Souza (2012) e Dantas (2015) estão entre pesquisadores dedicados ao tema da participação social na gestão da biodiversidade. Ambos resgatam axiomas amadurecidos no bojo da discussão sobre conservação da natureza. Souza retoma o que pode ser tido como uma disputa discursiva sobre o risco e o potencial do envolvimento de diferentes atores nas formas de conservar bens ambientais. Assim como Dantas (2015), Souza (2012) expõe a concepção de proteção da natureza na qual se defende a centralização, a cargo do Estado ou de proprietários da terra. A teoria advogada pela "Tragédia dos Comuns", de Hardin (1968), teria subsidiado as políticas de conservação da natureza mundo afora, no Brasil expressando-se como a tutela do Estado quanto à gestão de áreas protegidas.

Partindo dessa referência, as pessoas que usam determinado recurso seriam incapazes de regular esse acesso, levando o recurso ao seu fim, em função de cada pessoa buscar tirar seu proveito ao máximo. Assim, a saída para esse dilema seria ou o Estado cuidar dos recursos, ou uma pessoa proprietária fazer isso (SOUZA, 2012). Layrargues (2000), citando Morrison (1995), esclarece que Hardin tão somente teria trazido à tona que os comunitários, em realidade, não levariam necessariamente a tragédia alguma. O que Garret Hardin demonstrou foi que a liberdade individual precisa ser restringida de maneira a se evitar a anunciada tragédia.

Mencionando a *Estratégia mundial para a conservação* (IUCN, 1984), Dantas (2015) assinala que o discurso defendendo uma chamada à sociedade em geral para a gestão compartilhada de recursos naturais passou a se tornar comum. Pesquisadores como Elinor Ostron nos dão contribuições significativas para a sedimentação da noção de que a gestão compartilhada se configura como estratégica à conservação, contradizendo o discurso alimentado pela Tragédia dos Comuns (SOUZA, 2012; DANTAS, 2015). Para Souza (2012, p. 34), Ostrom teria demonstrado que em determinadas situações elementos da dinâmica local podem ser "[...] mobilizados por usuários de um dado recurso que promovem seu uso de forma coletiva, excluindo a ação de agentes externos e regulando a exploração entre os membros da própria comunidade".

Segundo o autor, as diferentes concepções sobre estratégias de conservação da natureza teriam dado origem a quatro tipos de regime de gestão de recursos naturais: livre acesso em que, não havendo constrições no acesso e uso de recursos escassos, as consequências se aproximam das previsões da Tragédia dos Comuns; propriedade privada, em que a regulação existe, mas é de responsabilidade dos detentores da terra; propriedade comunal, na qual a ideia de exclusão se aplica àqueles indivíduos ou grupos que não pertencem à comunidade que compartilha o uso dos recursos; e propriedade estatal, a partir da qual o Estado define e se responsabiliza pela aplicação e fiscalização das regras.

A Conferência das Nações Unidas sobre Meio Ambiente e Desenvolvimento de 1992, no Rio de Janeiro, também conhecida como Rio'92, teve entre seus principais resultados a Convenção sobre Diversidade Biológica. Seu décimo princípio define que a participação dos cidadãos interessados é a melhor forma de tratar das questões ambientais, com a responsabilidade do Estado em proporcionar e garantir essa participação.

O Snuc incorporou em seu texto a participação social na gestão das UC. Após sinalizar nos incisos IV e V do artigo 4º que dentre seus objetivos estão os de vincular as UC a políticas mais amplas como a de desenvolvimento, visando à sustentabilidade e à proteção da biodiversidade, o Snuc exige no artigo 22 (parágrafo 1º) que haja consultas públicas para a criação de novas UC.

Na sequência o artigo 27º impõe os planos de manejo para orientar a gestão das UC. Na esteira desse comando, encontra-se mais uma disposição relativa à participação social: os planos devem assegurar, em seu processo de elaboração, a ampla participação da população residente. A sociedade civil organizada institucionalmente também é potencializada pelo Snuc a gerir diretamente as UC, conforme disposto no artigo 30º. Antes, no artigo 29º, já aponta que cada UC deverá contar com um Conselho, presidido pelo órgão gestor e composto por representantes da sociedade civil e do poder público.

Como visto, nas unidades de conservação o Conselho é uma exigência da Lei Federal n.º 9.985 de 2000, que instituiu o Sistema Nacional de Unidades de Conservação (Snuc). No Decreto Federal n.º 4.340 de 2002 a composição, competências e outros detalhes foram regulamentados em um capítulo do decreto destinado especificamente à orientação sobre Conselhos. Dentre as competências dos Conselhos, o referido decreto afirma que são desde sua auto-organização em se tratando de como funcionará, a acompanhar a elaboração, implantação e revisão dos Planos de Manejo, buscar a integração da UC com outras áreas protegidas e o território como um todo, buscando articular e compatibilizar os interesses de distintos segmentos atuantes no território e entorno das UC com seus objetivos de conservação da natureza.

Compete aos Conselhos também observar o orçamento e sua execução a cada exercício, manifestar-se sobre a gestão eventualmente repassada a alguma Organização da Sociedade Civil (OSC), bem como sobre atividades que causam ou podem causar impactos à unidade ou a seu entorno. A derradeira competência dos Conselhos que é estabelecida pelo decreto de regulamentação do Snuc demanda que esses espaços se dediquem à proposição de diretrizes e mesmo de ações voltadas compatibilizar, otimizar e integrar a relação da unidade com a população habitante no entorno ou no interior das UC (BRASIL, 2002).

Esse mesmo decreto estabelece no sexto parágrafo do artigo 17 — sobre Conselhos — que aquelas UC que eventualmente não contarem com seus próprios Conselhos Gestores podem, desde que atendidos os comandos do decreto sobre competências e composição, designar o Conselho Municipal de Meio Ambiente (ou órgão equivalente).

Registre-se que a lista de competências pode cumprir funções distintas. Propiciam guiar e evitar um vácuo de orientação aos conselheiros e órgãos que os presidem, facilitando o entendimento e participação nos Conselhos. Por outro lado, podem configurar uma lista restrita daquilo que é permitido aos Conselhos fazerem, tendo, assim, um caráter restritivo ao seu alcance político. Ou seja, o quanto os Conselhos podem incidir em decisões políticas se "apenas" observam, propõem, acompanham, elaboram e buscam integrar.

Santos (2008a) identifica o que denomina "lacunas" da lei federal que cria o Snuc e o Decreto que o regulamenta, no que se refere aos "poderes dos Conselhos". Assinala o autor que os verbos utilizados nas competências atribuídas aos Conselhos de UC sinalizam suas atribuições, mas tais "[...] poderes conferidos para os conselhos gestores das unidades de conservação federais em momento nenhum possibilita que eles definam, aprovem, deem a última palavra na gestão da unidade de conservação" (SANTOS, 2008a, p. 121). A interpretação e decorrente posicionamento do pesquisador a respeito das competências dos Conselhos de UC demanda reflexões sobre a relação direta entre questões de representatividade, legitimidade e responsabilidade, fundamentais ao debate a respeito das competências.

O que pode delimitar a atuação e alcance político dos Conselhos guarda também possibilidades devido à sua institucionalidade. Em praticamente todos os incisos do decreto federal em tela é concebível fundamentar um papel ativo a Conselhos de UC, mesmo aqueles de natureza consultiva e ainda que os verbos utilizados não deem margem a definições, aprovações e "palavras finais". A partir das competências dos Conselhos instituídas por um instrumento como um Decreto federal, é significativa a legitimidade de papéis ativos na busca por construção de agendas que visem a incidir em políticas setoriais vinculadas ao modelo de desenvolvimento, à compreensão que se tem sobre o território e à própria UC. Embora restritas a uma concepção liberal que dualiza Estado e sociedade e limitadoras da atuação decisória dos Conselhos em relação à gestão das UC, tais competências não encerram, mas abrem o debate e as possibilidades de se trabalhar com esses colegiados em perspectiva educadora, crítica e politizadora de sua atuação, seja em se tratando dos grupos sociais marginalizados social, econômica e politicamente no interior dos Conselhos, seja dos próprios colegiados em suas relações com a ideia de Estado integral.

Conselhos de UC fortalecidos e atuantes, conscientes de sua problemática socioambiental e envolvidos com o território podem reunir condições para interferir em agendas governamentais, acumulando e incrementando os repertórios de conhecimentos das pessoas envolvidas. Simões, Ferreira e Joly (2011, p. 23), em artigo dedicado a relatar e analisar uma experiência com o Conselho Gestor do Núcleo Picinguaba, do Parque Estadual Serra do Mar, no litoral norte de São Paulo, ressaltam que ainda que o núcleo Picinguaba seja consultivo, seus processos deliberativos com relação às suas compreensões e posições políticas incorporáveis pelas instituições componentes do Conselho o aproximavam de uma atuação política mais efetiva.

A participação no Conselho ocorre, ainda segundo a Lei n.º 9.985/2000 e o Decreto Federal n.º 4.340/2002: (a) de forma consultiva — voz, orientação, opinião e influência nas tomadas de decisão; formação de opinião: traz o conhecimento e os interesses do local e/ou do grupo, da instituição para o Conselho e leva os assuntos tratados e decididos no Conselho para o grupo, comunidade ou instituição; monitora e fiscaliza a gestão da UC; (b) de forma deliberativa — da mesma forma, com uma diferença. O Conselho deliberativo tem maior poder na decisão em dois itens: 1) aprova o Plano de Manejo das UC; 2) ratifica contratação e os dispositivos do termo de parceria com OSC, na hipótese de gestão compartilhada da unidade.

Para Palmieri e Veríssimo (2009), os principais benefícios da existência de Conselho Gestor de UC à administração pública seriam que: i) amplia o diálogo e a confiança entre o órgão gestor e os membros do Conselho; ii) qualifica a governança e o apoio à UC junto às comunidades locais e outros segmentos; iii) aprofunda o conhecimento sobre a região e sobre o contexto político-institucional; iv) pode aumentar os recursos destinados às UC.

Embora possa ser observada como uma leitura idealista e essencialmente positiva a respeito dos Conselhos de UC, os autores citados trazem possibilidades que estariam postas a esses colegiados. Sinteticamente, observa-se os seguintes papéis dos Conselhos Gestores de UC: gerir e/ou colaborar com a gestão da UC; refletir e decidir sobre os meios de proteger a UC; dialogar com diferentes formas de entender a UC; mediar o diálogo com o território da UC e respectivos agentes sociais; identificar os problemas da UC e atuar, politicamente, tendo no horizonte sua superação.

Castro e Moura (2009) apontam que a participação nos conselhos de UC acontece de diferentes maneiras e em variados níveis, tais como diálogos, discussões, articulações e negociações entre grupos, comunidades e instituições, compartilhamento de informações, expressão de posicionamentos políticos e recomendações à gestão. O mesmo se dirige aos segmentos e entidades representadas e pela autogestão dos Conselhos.

Mais uma vez, a narrativa sobre os Conselhos de UC parece ser idealizada, já que em nenhuma das referências seus autores mencionam a palavra "conflito". Daí a importância, sem abrir mão dessas possibilidades positivas, de identificar que por trás dessa composição e superposição de sociedade política e sociedade civil — ou um tipo de "amostra" do Estado integral extremamente recortado em termos de território e campos sociais, mas ainda assim importante do ponto de vista da representação — devem estar presentes concepções de mundo que dialogam, de forma consciente ou não, com os interesses, posicionamentos e práticas dos sujeitos, grupos sociais e instituições ali representados. Isso aponta, portanto, à questão sobre como esses Conselhos de UC têm sido compostos e conduzidos pelos órgãos gestores e aqueles que respondem pelas unidades.

No estado de São Paulo, além do previsto na lei do Snuc, outros instrumentos normatizam a instituição e gestão de Conselhos de UC sob responsabilidade da esfera estadual. Um decreto (49.672/2005), que dispõe sobre a criação e composição, bem como determina que todos os Conselhos do estado são consultivos (com exceção de Resex e RDS). Para essas categorias de UC de uso sustentável os Conselhos são deliberativos. Por conta disso, a resolução SMA 25/2018 define que devem ser compostos por representações da administração pública, das populações tradicionais e de organizações da sociedade civil com atuação considerada "relevante" no território da UC, sendo definidos pela Fundação Florestal e pelas populações tradicionais. A presidência é exercida pela chefia da unidade. No parágrafo único do artigo 2º dessa resolução é afirmado que "[...] os Conselhos Deliberativos das Reservas Extrativistas e das Reservas de Desenvolvimento Sustentável serão responsáveis pela gestão da unidade de conservação e pela aprovação de seu Plano de Manejo [...]" (SÃO PAULO, 2018a, s/p).

Outros dois decretos, 51.246/2006 e 48.149/2003, têm disposições especificamente àqueles Conselhos de Áreas de Relevante Interesse Ecológico — de domínio público — e de Proteção Ambiental, respectivamente. A Resolução SMA n.º 88 de 2017 dispõe sobre os procedimentos para instituição de Conselhos Gestores de UC sob gestão de órgãos estaduais, vinculados à pasta de meio ambiente.

Essa resolução do gabinete governamental de meio ambiente define a paridade entre membros da sociedade política (nominados como "entes públicos" na norma) e da sociedade civil nos Conselhos. Em seu artigo 5º o instrumento apresenta os segmentos que devem ser mobilizados pelo órgão gestor da UC para ocupar as vagas destinadas à sociedade civil. Devem ser organizações não governamentais ambientalistas com atuação comprovada na região da unidade, comunidade residente no entorno e representantes do comitê de bacia hidrográfica. Quando houver, representantes de residentes ou proprietários de imóveis no interior da UC e trabalhadores do setor privado com atuação no entorno da unidade.

São os órgãos gestores das UC que indicam quais segmentos deverão compor os respectivos Conselhos, com manifestação fundamentada que as justifique. No caso de representantes de comunidades tradicionais, segundo a resolução SMA 88/2017, "a participação é obrigatória" (SÃO PAULO, 2017, s/p). Esses representantes devem ser eleitos a partir da divulgação de edital publicado pela pasta de meio ambiente. O 9º parágrafo do artigo 6º determina que populações tradicionais, residentes no interior da UC (e somente elas), que não tiverem organização formal, estão dispensadas da entrega de documentos que comprovem essa formalidade institucional. A quantidade de membros de cada Conselho, bem como sua distribuição fica a cargo de instrumentos específicos, editados em portarias da Fundação Florestal.

Nota-se que, apesar de alguns pontos razoavelmente predetermina-dos, como a dispensabilidade de associação civil apenas para populações tradicionais residentes dentro de UC e um rol específico de segmentos da sociedade civil aceitas para compor os colegiados, é possível vislumbrar uma composição com potencial de representar disputas de hegemonia. Ao menos entre os membros da sociedade civil. Ao compreender os Conselhos de UC como espaços abertos, em reuniões públicas das quais qualquer interessado e interessada pode participar com direito a voz (portanto, ao debate), abre-se uma margem para se trabalhar sua composição e convidados. E isso é um uma função estratégica do(a) gestor(a)/chefe de unidade, de sua assessoria no órgão gestor e, indiretamente, chefias imediatas, mediatas e dirigentes das instituições.

Disso decorre a importância de, ao se tomar tais instituições da administração pública como uma espécie de "fortalezas" ou "casamatas" no interior da sociedade política (estendendo a elas a condição de aparelhos produtores de hegemonia), buscar disputá-las na formação e na mentalidade desses profissionais configura-se como tão estratégico quanto a mesma contenda na sociedade civil. São eles que mapeiam os agentes sociais dos territórios das UC onde trabalham, justificam os segmentos e, principal-mente, presidem as reuniões, conduzindo os debates e encaminhamentos. São atores-chave no momento sociedade política do Estado integral na perspectiva gramsciana.

Partindo dessas considerações torna-se premente a necessidade de identificar, valorizar e trabalhar a dimensão educadora presente na gestão das UC e respectivos Conselhos, pela participação. O sentido é o de promover a gestão participativa e compartilhada na UC. A formação e organização desses profissionais, gestores e assessores técnicos é fundamental, e a dis-puta se acirra na medida em que gestores/chefes de unidade são cargos que prescindem de concurso público. São similares àqueles de livre provimento no âmbito da administração pública direta. Por isso, além de poderem advir de indicações político-partidárias vinculadas a governos alinhados com o que é hegemônico no Bloco Histórico, também guardam a fragilidade de sua condição de admissão e demissão. Além disso, podem ser dispensados sem um processo administrativo que implicaria o direito ao contraditório.

Mais uma vez, não se deve esperar que isso parta organicamente de dentro de um Estado predominantemente liberal. Não é interessante à manutenção do estado de coisas vigente a formação de massa crítica dentro de aparelhos governamentais. É preciso, novamente, apontar para as coalizões estratégicas entre setores da sociedade civil e grupos no interior da sociedade política no sentido de criar espaços políticos e situações concretas para essas formações.

É também indispensável a reflexão e a ação a respeito da condição de trabalho desses servidores e a natureza do cargo. Seria expressiva a conquista de uma mudança na natureza desses cargos, sendo obrigatória a condição de servidor público concursado, como ocorre no âmbito federal. Isso diminuiria o risco de submissão a conveniências político-partidárias de governos avessos à participação social e de alta rotatividade de gestores, além de reduzir o alto grau de vulnerabilidade do profissional conforme apontam Souza e coautores (2015). Os autores de artigo publicado nos anais de congresso de UC afirmam que nos anos de 2012, 2013 e 2014, por exemplo, o período médio dos gestores era de apenas 7,6 meses. Além disso, apontam que o modelo de contratação não tem como garantir mínima estabilidade, estando os gestores sempre vulneráveis a decisões essencialmente subjetivas (SOUZA *et al.*, 2015).

Diminuir esse risco de submissão não significa evitá-la, uma vez que o perfil desse servidor continua sendo forte condicionante da qualidade de seu trabalho na condução da gestão da UC e respectivo Conselho. No caso de um perfil conservador, em vez de submissão ocorre alinhamento às formas atualmente hegemônicas de conceber as UC em suas relações com seus territórios.

Retornando ao trabalho com Conselhos em UC, Loureiro, Azaziel e Franca (2007) prestam, além do reforço às características bastante lembradas em obras correlatas, uma contribuição de ordem analítica sobre o funcionamento dos Conselhos de UC. Afirmam os autores que os Conselhos são uma obrigação à gestão das UC. Estabelecidos, o trabalho deve ser o de identificar as diferenças e desigualdades nas condições de participar de forma equivalente nos processos de tomadas de decisão, sejam elas quais forem (LOUREIRO; AZAZIEL; FRANCA, 2007).

Ao considerar-se as diferenças de recursos, econômicos, políticos, cognitivos e culturais entre os conselheiros e demais participantes do espaço de participação na gestão ambiental pública denominado Conselho Gestor de UC, depreende-se a necessidade de se construir processos formativos que almejam não nivelar, mas sim oportunizar a participação de todos os presentes. Sobretudo, daqueles que, além de usualmente distantes das decisões sobre a gestão da UC e afetados por sua existência, são historica-

EDUCAÇÃO AMBIENTAL, CONSERVAÇÃO E DISPUTAS DE HEGEMONIA

mente oprimidos pelo modelo de desenvolvimento ora hegemônico. Cada um do seu modo, a seu tempo, mobilizando seus próprios repertórios e perspectivas sobre determinado tema. Formação, reforça-se, também dos gestores de UC e equipes.

Se, segundo os mesmos autores (LOUREIRO; AZAZIEL; FRANCA, 2007, p. 36) "[...] a palavra participação diz respeito a 'tomar parte', mas é preciso entender que isso não é algo espontâneo ou dado, e sim aprendido e conquistado [...]", é possível vislumbrar um processo razoavelmente longo, mas progressivo, no qual os agentes envolvidos desenvolvem aprendizagens no sentido de tomar parte: i) da problemática socioambiental que envolve a UC e o território em que ambos estão inseridos; ii) dos instrumentos de que dispõem para interferir conscientemente em tal problemática; iii) do alcance possível e aquele necessário para desenvolver o papel político do Conselho Gestor.

O estado de São Paulo possui o que se pode chamar de antecedentes próprios de participação social da gestão de UC, que ainda servem de baliza quanto ao seu potencial na consolidação das unidades em seus respectivos territórios. Souza (2012) se dispõe a traçar uma linha do tempo entre 1996 e 2010, destacando as políticas que teriam incidido no processo de consolidação da participação na gestão de UC paulistas. Em 1996 houve, em função de parceria entre a SMA e o governo da Alemanha, a implantação do Projeto de Preservação da Mata Atlântica (PPMA), cujos objetivos eram consolidar nove UC e melhorar a conservação florestal na região do Vale do Ribeira e litoral sul do estado. O PPMA teria promovido a participação social de outros agentes sociais na implantação do projeto.

A participação como diretriz de projetos socioambientais passou a integrar iniciativas governamentais na década de 1990 a partir de sua consolidação no âmbito da sociedade civil e projetos conduzidos por ONGs ambientalistas (RODRIGUES, 2001). A pesquisadora demonstra, com base em trechos do projeto disponibilizados, à época, na página virtual da SMA, que sua ênfase estaria dividida em dois dos quatro de seus componentes: fiscalização e subsídios à aquisição de veículos, equipamentos e materiais permanentes para a gestão das unidades. Evidencia-se, portanto, um forte viés preservacionista do projeto, coerente com sua denominação.

Contudo, no mesmo documento, se prevê a maneira como devem ser desenvolvidos os planos de gestão de cada UC envolvida: "[...] os Planos de Gestão Ambiental são o resultado de **processos dinâmicos, interativos e participativos** para a definição dos objetivos, metas e atividade de uma

Unidade de Conservação [...]" (SMA, 2000, s/p *apud* RODRIGUES, 2001, p. 184, grifos da autora). Além disso, o mesmo documento prevê que instrumentos como o zoneamento devam lidar com a solução ou minimização de conflitos socioambientais.

Tais menções e diretrizes à participação na gestão das UC experimentadas pelo PPMA originaram os Comitês de Apoio à Gestão. Segundo Sidnei Raimundo e coautores (2002), esses Comitês seriam os atuais Conselhos Consultivos das UC paulistas. Os mesmos autores concluem, em seu estudo sobre o processo de condução da implantação dos Comitês de Apoio à gestão da UC posteriormente ao Snuc denominados Conselhos Consultivos, que estes demandam "[...] acompanhamento e avaliação periódicos, com apoio de equipe multidisciplinar que não esteja envolvida com aspectos operacionais e administrativos da unidade" (RAIMUNDO *et al.*, 2002, p. 229). Pode-se observar que se trata de demanda por políticas de fomento e qualificação da participação nos Conselhos, diante da apreciação positiva pelos pesquisadores mencionados no mesmo artigo.

Rodrigues (2001) revela embates no interior da própria SMA, evidenciando o caráter conflituoso da questão da participação social na burocracia estadual e sugerindo a contenda entre narrativas sobre conservação da natureza. Aparelhos de Estado, ainda que dirigidos por grupos hegemônicos, configuram, portanto, uma arena na qual se disputa hegemonia, cuja existência incide sobre a elaboração de diferentes normas.

Realizando uma breve digressão sobre essas tensões e disputas que também ocorrem nas dinâmicas do momento sociedade política, Pinto e Balanco (2014, p. 41, grifos nossos), trazem argumentos apoiados no filósofo grego Nicos Poulantzas (1985) sobre o Estado (em sentido estrito) como "[...] *locus* político em que se manifestam as lutas políticas das frações das classes dominantes, *bem como as dos segmentos populares*", ainda que funcionando como um "[...] grande organizador tanto da acumulação como da ordem capitalista". Faz isso na medida em que constrói e coordena esforços normativos, institucionais, coercitivos e econômicos que favorecem a reprodução desse modo de produção.

Essas disputas abrem contradições que são exploradas por trabalhadores, agentes públicos, que buscam assim utilizá-las em sentidos não previstos pelas camadas dirigentes. As contradições abertas dão margem para tais agentes públicos, apoiados na normatividade vigente, busquem trazer aos fóruns ou arenas públicas outros segmentos e representações de classes sociais subalternizadas e organizações comprometidas com seg-

EDUCAÇÃO AMBIENTAL, CONSERVAÇÃO E DISPUTAS DE HEGEMONIA

mentos populares, formulem outras normas e incrementem e/ou revisem a implementação de políticas públicas.

Pinto e Balanco (2014, p. 46) explicam que há uma "[...] unidade contraditória entre distintas classes e/ou frações de classes, sob a hegemonia no seu interior de uma dessas frações ou classes, em suas relações com o Estado capitalista". A essa unidade se dá o nome de "bloco no poder". Aqui é possível observar a noção de hegemonia sendo aplicada tanto no âmbito da sociedade política quanto àquele da sociedade civil da concepção de Estado integral de Gramsci (quando essa hegemonia alcança o conjunto do Estado apoiado concretamente nas relações sociais de produção, contribuindo à formação de um Bloco Histórico). Os autores citados denominam como "hegemonia restrita" aquela que ocorreria no "bloco no poder" (no Estado/ sociedade política); de "hegemonia ampla" a que alcança consolida uma unidade orgânica entre dominantes e dominados.

Segundo Pisciotta (2019), aqueles agentes seriam denominados agentes públicos militantes da conservação. Representam perspectivas para contribuir à disputa de hegemonia também desde o interior dos aparelhos governamentais com atuação na área ambiental e buscam incidir nas políticas públicas no interior dos aparelhos governamentais (portanto, situados também no momento sociedade política), desde a concepção dos problemas, passando pela constituição de alternativas e, eventualmente, participando das tomadas de decisão.

Um exemplo desse tipo de certame entre interesses para além de frações do "bloco no poder" do Estado pode ser observado, no caso da gestão de UC, a partir do texto do decreto estadual que regulamenta a participação social na gestão de UC prevista no Snuc. Nele, nota-se uma tentativa de inserção — por parte do grupo de agentes públicos envolvidos em sua redação — de perspectiva de atuação dos Conselhos na direção de incidir na dinâmica da UC em suas relações com o território.

Outro exemplo dessa disputa no interior da base da sociedade política se revela na Resolução SMA 189 de 2018 (SÃO PAULO, 2018b). Esse instrumento possibilita o acesso de comunidades tradicionais e pequenos agricultores a recursos naturais nativos do Brasil, inclusive em UC. Ao normatizar positivamente esse acesso, o grupo de agentes públicos — membros da anterior Coordenadoria de Biodiversidade e Recursos Naturais (CBRN), hoje removidos na Secretaria da Agricultura, em uma manobra administrativa de neutralização — demonstraram a possibilidade de contraditoriamente utilizar instrumentos identificados com o Estado liberal para afirmar outro paradigma de organização da sociedade e de relação com a terra, ao passo que negaram a narrativa segundo a qual haveria uma incompatibilidade intrínseca entre sociedade e natureza. Também não o fizeram de forma isolada, mas sim em diálogo com organizações da sociedade civil, movimentos sociais e setores da universidade, além de norma desenvolvida a partir de consultas públicas.

E aqui se abre uma perspectiva também estratégica, tanto no que diz respeito à conformação de um conjunto de agentes públicos "militantes da conservação" a ser ampliado quanti e qualitativamente, como também em relação à sua coesão e alinhamento. Esses grupos de agentes públicos militantes da conservação não atuariam isolados. Dialogam permanentemente com setores da sociedade civil, seja em movimentos sociais, seja na universidade, seja em organizações partidárias. Além de dialogar, eles também atuam nesse momento sociedade civil do Estado integral gramsciano.

Retornando da digressão sobre as disputas na sociedade política e voltando aos colegiados, em nível estadual o Decreto n.º 49.672, de 2005, define a composição e as diretrizes do funcionamento dos Conselhos em UC de proteção integral do estado. O referido Decreto Estadual traz em seu artigo 4º princípios que apontam para possibilidades de atuação efetiva dos Conselhos Gestores de UC na gestão ambiental do seu território de influência. Dentre eles, destacam-se desde inserir a UC no contexto regional até a busca por alternativas de desenvolvimento econômico e social, sugerindo a incidência positiva da UC nas dinâmicas do território de que faz parte.

Novamente, os destaques, neste caso da norma que visa a regulamentar no estado de São Paulo a participação prevista no Snuc, também apontam na direção de Conselhos ativos no papel de articular as UC com seus respectivos territórios de influência, ainda que consultivos. A questão, novamente, é haver gestores/chefes de unidade e instituições para isso, e mesmo uma sociedade civil que compreenda essas normas como instrumentos de controle social.

3.3.2 Participação social como estratégia pedagógica

No que concerne à participação — não somente como essência da EA, mas como exercício de cidadania nos espaços previstos na legislação, os Conselhos podem ser associados à democracia deliberativa, bem como

EDUCAÇÃO AMBIENTAL, CONSERVAÇÃO E DISPUTAS DE HEGEMONIA

à existência de espaços públicos que envolvam a cidadania com esse tipo de atuação política na sociedade.

Contudo, apontam-se algumas questões já tidas anteriormente como significativas: participação em que? para quê? como? Jacobi (2013) reforça que a participação configura uma forma de buscar garantir o desenvolvimento e execução de políticas públicas, para além de afirmar-se como referencial de fortalecimento de mecanismos democráticos. Ainda assim, restrito à compreensão que separa sociedade civil e Estado, demonstrando a necessidade de se incorporar e, dialeticamente, superar tal cisão teoricamente e nas ações decorrentes, uma vez que, conforme demonstrado por Gramsci, o Estado é uma totalidade, constituída organicamente por dois momentos, sociedade civil e sociedade política que se sustentam política e reciprocamente.

A participação popular e o compartilhamento dos processos decisórios mostrar-se-iam como caminhos mais adequados para o enfrentamento dos graves e complexos problemas de países em desenvolvimento (BORDENAVE, 1986). Entende o autor que a participação popular, em sentido amplo, quando disseminada em associações e entidades daria equilíbrio e afastaria a tendência de rupturas existentes quando canalizada pela via exclusiva dos partidos políticos.

Participação, para Bordenave, constitui-se como uma necessidade fundamental, inerente à condição humana, para além de instrumento para solução de problemas comuns de determinado grupo, segmento ou sociedade. Para subsidiar tal afirmativa, o autor recorre ao que define como "duas bases complementares": a base afetiva, porque haveria prazer em ter contato e interagir; a base instrumental, porque fazer junto, interagindo, seria mais eficaz. E arremata: "[...] tudo indica que o homem só desenvolverá seu potencial pleno numa sociedade que permita e facilite a participação de todos. O futuro ideal do homem só se dará numa sociedade participativa" (BORDENAVE, 1986, p. 17).

Participar é afastar-se da marginalidade, em se tratando de estar fora de algo, às margens de um processo sem nele intervir. Ao problematizar o modelo de desenvolvimento hegemônico, Bordenave (1986) assinala que existem deturpações também quanto à ideia de marginalidade, quando associada exclusivamente a déficits cognitivos e materiais. Tal concepção induziria a equívocos como a busca por "incluir" indivíduos, grupos e segmentos considerados atrasados na mesma lógica que os marginaliza. Não haveria, portanto, "marginalidade", mas sim "marginalização". Compreendida desta forma, a participação "[...] não mais consiste na recepção passiva dos benefícios da sociedade, mas na intervenção ativa na sua construção, o que é feito através da tomada de decisões e das atividades sociais em todos os níveis" (BORDENAVE, 1986, p. 20).

Em termos de origem da expressão, participação diz respeito a fazer parte, a ter parte, a tomar parte. Poder-se-ia fazer parte de alguma organização ou processo presenciando-o, sem necessariamente ter parte nele. Da mesma forma que se pode ter parte, interesse, sem tomar parte, posicionar-se. Não teriam, assim, o mesmo significado. Pode-se fazer parte de um espaço como um Conselho, sem necessariamente haver motivação ou concessão de momentos em que seus membros ou participantes tenham parte em algum debate, ou mesmo que tomem parte na discussão e de processos decisórios. Tendo algum contato com Conselhos de UC, por exemplo, não é necessariamente incomum que suas reuniões se pautem por informações transmitidas, usualmente pelo responsável pela gestão da unidade.

Bordenave aponta à "macroparticipação" ou participação social, distintas daquela em nível micro, na escala da família, de uma associação ou clube. Podem ser associadas à participação na "macropolítica" e "micropolítica" ou "grande política" e "pequena política" gramscianas. Segundo Coutinho (2017b), a "grande política" se concentra em questões estruturais de uma sociedade e à fundação de outro Estado, já a pequena política compreende questões parciais e cotidianas que se expressam no interior de uma já dada estrutura. Assim, a "grande política" seria um "momento catártico", a passagem de um momento particular a outro mais amplo e universal; do econômico-corporativo ao ético-político.

A sociedade não seria um conjunto de associações, demandando, portanto, de cada indivíduo ou grupo a intervenção "[...] nas lutas sociais, econômicas e políticas de seu tempo" (BORDENAVE, 1986, p. 24). A ideia de participação é transferida e elevada do ativismo imediatista para o cerne de questões estruturais da sociedade, da política e da economia: "Uma sociedade participativa seria, então aquela em que todos os cidadãos têm parte na produção, gerência e usufruto dos bens da sociedade de maneira equitativa" (BORDENAVE, 1986, p. 25).

Antes que se manifeste alguma interpretação que qualifique as afirmativas do autor paraguaio-brasileiro como utópicas, por isso inviáveis, Bordenave expõe didaticamente que a construção de uma sociedade participativa se configura como ideia-força e mesmo na utopia que dá sentido à participação, seja em nível cotidiano, seja na escala da sociedade.

EDUCAÇÃO AMBIENTAL, CONSERVAÇÃO E DISPUTAS DE HEGEMONIA

Sherry Arnstein (2002), em artigo de fins da década de 1960, alerta que o debate público "acalorado" sobre participação cidadã e controle social e máximo envolvimento dos pobres, pode estar encoberto de retóricas e eufemismos enganosos. Com base em seu envolvimento com programas federais estadunidenses direcionados ao combate à pobreza e à reforma urbana, Arnstein advoga que participação social é aclamada como unanimidade, mas rompida quando aqueles que a reivindicam são os que a autora denomina "os sem-nada". Trilhando o mesmo itinerário que aponta participação como algo que vise a transformar sociedades injustas — e, acrescente-se, insustentáveis —, Arnstein (2002) afirma que participação é redistribuir poder político, permitindo àqueles membros da sociedade sem poder algum serem incluídos nos processos decisórios. Essa participação é a estratégia pela qual esses membros se envolvem na deliberação sobre as políticas públicas, desde sua origem e concepção, até seu monitoramento e avaliação.

Compreende-se atualmente que a participação política no Brasil vem sendo sublinhada por dois fenômenos tomados como substantivos: o já assinalado aumento das instituições participativas e a ampliação da presença da sociedade civil nas políticas públicas (AVRITZER, 2007). O mesmo autor levanta que à medida em que foram criadas diferentes instituições de participação social na formulação e gestão de políticas públicas, entre elas as de meio ambiente — proporcionando, inclusive, um maior número de conselheiros do que de vereadores no país — inescapavelmente emergiu um problema. Tal volume e extensão da participação social teriam trazido consigo novas formas de representação política.

"Não é difícil, no entanto, perceber que a representação realizada pelos atores da sociedade civil é diferente daquela exercida na instituição representativa por excelência, isto é, no Parlamento" (AVRITZER, 2007, p. 444). A partir da constatação da diferença, o autor pergunta: seria essa proliferação de formas de representação social uma distorção do funcionamento da representação ou seria mais um caso que demanda repensar a própria noção de representação? Buscando responder, Avritzer reexamina os fundamentos do debate sobre representação e analisa criticamente abordagens que visam a lançar novas luzes à questão. No mesmo artigo, o autor defende o que denomina "representatividade relacional", apartando representação de autorização e associando-a a um vínculo simultâneo entre atores sociais, temas e fóruns capazes de agregá-los. Essa representação por afinidade fundamentaria sua legitimidade não pela autorização estritamente eleitoral, mas pela representação de atores que atuam da mesma maneira que o representante.

Aprofundar a democracia implica ampliar canais de participação que deem voz a um número cada vez maior de pessoas que compartilhem o poder sobre o Estado nas tomadas de decisões e fortaleçam a representação política (CASTRO, 2010). A participação se configura também tanto em uma estratégia de legitimação de políticas originadas nas burocracias governamentais, quanto, ao mesmo tempo, um canal de interlocução e de incidência — ou direcionamento, influência, construção conjunta e mesmo decisão — nas mesmas políticas. Para Valla (1998), a participação popular, também subsidiada cultural e ideologicamente pela separação artificial entre Estado e sociedade, é uma participação que legitima a política do Estado diante da população.

Lavalle, Houtzager e Castello (2006), analisando organizações civis no Município de São Paulo, atestam a diversidade nas noções de representação existentes nesse campo: "As dinâmicas de representação política no terreno das organizações civis ocorrem não de forma paralela ou alternativa aos canais tradicionais da política, mas em estreita conexão com eles" (LAVALLE; HOUTZAGER; CASTELLO, 2006, p. 44). Apontam os autores que as organizações civis exercem um papel ativo, não necessariamente positivo, nos circuitos tradicionais da política e nas inovações institucionais participativas, como os Conselhos Gestores de políticas públicas. Operando "[...] como instâncias de intermediação entre partidos e diferentes segmentos da população [...]" (LAVALLE; HOUTZAGER; CASTELLO, 2006, p. 59) as organizações civis apresentam argumentos que conciliam esses espaços de participação com exigências democráticas. Um deles seria uma noção nova de representação política, que carregaria características e inovações institucionais.

Tais organizações, segundo considerações dos autores citados com base na referida análise, não reivindicariam autenticidade nem representação genuína, mas declarariam compromisso com a intermediação entre representantes e representados. Ou seja, "[...] segmentos da população mal ou sub-representados, de um lado, e Estado e circuitos da política eleitoral, de outro" (LAVALLE; HOUTZAGER; CASTELLO, 2006, p. 59), reforçando a interpretação de que seriam uma nova instância de mediação, ainda carentes de critérios de legitimidade.

Diante do questionamento sobre em que participar, ou tomar parte de que, há reflexões sobre o papel da participação sociopolítica. Souza e Novicki (2010) advertem às simplificações existentes na identificação imediata da ideia de democracia com todo e qualquer processo de maior atividade da sociedade civil na prestação de serviços públicos. Os autores se referem à tendência fortalecida na década de 1990 no Brasil de, na esteira de redução do Estado em sentido estrito pela nova administração pública e consequências à extensão e qualidade dos serviços públicos, retirando-o desse tipo de obrigação, políticas descentralizadoras teriam sido desenvolvidas com ênfase em sua dimensão instrumental. O significado desse uso teria sido a abertura à sociedade para que assumisse atribuições antes exclusivas do poder público. No lugar de uma descentralização pela transferência do poder decisório com características emancipatórias, emergiria na prática um processo de desconcentração, com a ocorrência de um simples deslocamento de atribuições, problemas e encargos.

Tratar-se-ia de movimento característico do que Dagnino (2004a, 2004b) denomina de projeto neoliberal instalado nos países latino-americanos na última década do século XX. A ele, a autora contrapõe o que reconhece como projeto de aprofundamento da democracia. A concorrência de ambos os projetos na disputa político-eleitoral de narrativas sobre três categorias, tidas como centrais à autora — Sociedade Civil, Participação, Cidadania — é avaliada por Dagnino como uma "confluência perversa". Para a autora, esse "[...] processo de construção democrática enfrenta hoje no Brasil um dilema cujas raízes estão na existência de uma confluência perversa entre dois processos distintos, ligados a dois projetos políticos distintos" (DAGNINO, 2004a, p. 196).

No itinerário desse projeto de redemocratização do país, dois marcos teriam se destacado. O primeiro marcado pelo restabelecimento da democracia, de eleições livres e reorganização dos partidos: "Assim, os anos [19]90 foram cenário de numerosos exemplos desse trânsito da sociedade civil para o Estado" (DAGNINO, 2004a, p. 197). Como consequência desse marco histórico na redemocratização do país teria ganho densidade a aposta na possibilidade de atuação conjunta entre sociedade civil e Estado, superando o confronto e o antagonismo das décadas anteriores. Essa aposta, segundo Dagnino, deve ser situada em um contexto de esforços de criação de espaços de compartilhamento do poder político do Estado em sentido restrito.

Por outro lado, desde a eleição de Fernando Collor de Melo na primeira eleição pós ditadura e sob influência e orientação do modelo neoliberal organizado a partir do Consenso de Washington no fim da década de 1980, teria havido a emersão de um projeto de Estado mínimo que o isentaria progressivamente de seu papel de garantidor de direitos pelo encolhimento de suas responsabilidades sociais, que seriam transferidas para a sociedade civil. A perversidade dessa afluência estaria, portanto, no fato de que, indicando direções opostas e mesmo antagônicas, os dois projetos requerem uma sociedade civil ativa e propositiva.

A perversidade residiria, ainda, nos dilemas causados tanto pela participação em canais e espaços de interlocução, como na atuação conjunta da sociedade civil nas responsabilidades do Estado em sentido estrito. Ela é exposta na forma como movimentos sociais e representantes da sociedade civil avaliam suas experiências de criação e participação em Conselhos: perguntam-se sobre a finalidade desse envolvimento; se estariam atuando em benefício de algum projeto societário que queriam negar e mesmo se não seria mais estratégico investir esforços em outros meios de mobilização social para transformações mais estruturais (DAGNINO, 2004a).

A clivagem entre Estado e sociedade civil (tendo o primeiro como "encarnação do mal e obstáculo à participação e à democratização" e o segundo como "polo de virtudes democratizantes") obscurece compreensões sobre a complexidade na relação entre ambos ao simplificá-la. Essa noção de projetos políticos subsidia a reflexão que aponta para a existência, portanto, de um e outro projeto que buscam constituir-se, inicialmente porque mais fraco politicamente, como contra-hegemonia e de disputa de hegemonia na totalidade do Estado integral. Não se trataria, portanto, de tomar como parâmetro uma suposta secessão entre Estado e sociedade civil, mas sim os dois projetos político-eleitorais, ideológico-discursivos. Tais projetos não coincidiriam com Estado e/ou sociedade civil, mas os atravessariam, disputando hegemonia simbólica e material em ambos os momentos do Estado integral gramsciano.

Em linha similar, Sorrentino e coautores (2005) ressaltam o paradoxo em que o poder público se encontra, considerando a contribuição de Gramsci sobre a sociedade civil germinar um novo Estado: em seu interior são congregados setores e atores que se aliam a também setores, áreas, grupos da sociedade civil alinhados a um projeto de aprofundamento da democracia "[...] na transformação cultural e social e na função de estimular a transformação do próprio Estado nessas novas direções" (SORRENTINO *et al.*, 2005, p. 287). Direções opostas, portanto, ao projeto neoliberal que reduz sociedade civil a organização não governamental, representatividade política a competência técnico-administrativa, participação a transferência de responsabilidades e execução de decisões políticas já tomadas e cidadania a uma individualização da noção de solidariedade moral (DAGNINO,

EDUCAÇÃO AMBIENTAL, CONSERVAÇÃO E DISPUTAS DE HEGEMONIA

2004a). Esse debate remete, necessariamente, à reflexão e à ação a respeito de como a sociedade germina e se relaciona com o que se convencionou chamar de Estado, visando a transformá-lo.

3.3.3 Incidência política como horizonte imediato da prática pedagógica da Educação Ambiental

Aqui trataremos da incidência política compreendida taticamente como "espaço educador" (MATAREZI, 2005) para o trabalho de base e a formação de massa crítica, em um horizonte imediato da EA e dentro de uma estratégia política mais ampla de acumulação de forças. Isso torna oportuno trazer a esse debate alguns modelos teóricos sobre políticas públicas que dialogam com a abordagem aqui pretendida. Modelos como o de "múltiplos fluxos" (KINGDON, 2003), o de "coalizões de defesa" (SABATIER; JENKINS-SMITH, 1993) e do "equilíbrio pontuado" (BAUMGARTNER; JONES, 1993, apud RUA; ROMANINI, 2014).

De acordo com o modelo de múltiplos fluxos haveria diferentes agendas, como a sistêmica, a governamental e a agenda de decisões. Para Kingdon (2003), algumas questões adentram a agenda governamental e figuram no radar político de governantes. No entanto, algumas delas integram a agenda de decisões, outras não. Para compor essa agenda decisória, além de ter se tornado um problema político (que desperta o interesse e atenção dos formuladores de políticas), é preciso que haja a convergência de três outros fluxos, configurando a chamada janela de oportunidade: o fluxo de problemas, o fluxo de alternativas ou soluções e o fluxo da política. Torna-se relevante observar que as alternativas, cujo fluxo é condicionante das respostas que serão formuladas na forma de políticas públicas, são desenvolvidas em espaços sociais que o autor denomina comunidades de políticas ou *policy communities*, segundo Kingdon. Essas são compostas por especialistas em determinado campo, como acadêmicos, consultores, funcionários públicos, assessores dos parlamentos, organizações da sociedade civil etc.

Usando como lentes o referencial teórico e as categorias gramscianas para olhar para essas comunidades e respectivos atores, é nítida a percepção de que a discussão em âmbito público é subsidiada por valores e concepções de mundo. Forjam tanto a compreensão sobre a problemática sentida e/ou percebida conscientemente, assim como definem a maneira como as sociedades entendem o que constitui a melhor resposta. Compreensão sobre o problema e da resposta mais adequada são, portanto, originados daquilo que se observa aqui como hegemônico nas mencionadas comunidades de políticas públicas, condicionando os processos deliberativos e determinando as decisões. Essas comunidades, assim, dialogam com a noção de "aparelhos produtores de hegemonia". Demandam conquistas de posições nos processos de formulações (de problemas e de respostas políticas) para disputa de hegemonia, as quais, por seu turno, dependem culturalmente da construção de outras éticas apoiadas em valores diversos daqueles que predominam atualmente.

Buscando responder a lacunas de compreensão quanto às mudanças no decorrer da implementação das políticas públicas, o "modelo de coalizões de defesa" aponta para os valores, as ideias e crenças de diferentes atores como condicionantes de mudanças ocorridas nas políticas públicas. As coalizões seriam formadas justamente por indivíduos e grupos de indivíduos que se alinham em termos de crenças, ideais e valores. Essas coalizões disputam, a partir de seus referenciais próprios, desde a concepção dos problemas e das respostas necessárias, para a formulação de políticas públicas, articulando-se, inclusive, com quadros de funcionários de organizações governamentais.

No caso da política ambiental ser tomada como setorial ou paralela a outras políticas como de desenvolvimento econômico, de saúde, infraestrutura, produção industrial, cultural, educacional, agrícola, habitacional etc., o modelo tem sua contribuição no sentido de insinuar a possibilidade de coalizões que extrapolam o campo ambiental em sentido estrito, articulando atores em outros campos, mais afetos às demais políticas setoriais e, portanto, imprimindo uma feição de projeto societário de inspiração socioambientalista que agregue diferentes pautas identificadas como anticapitalistas. Traz, ainda, a potência de articulação política de diferentes frentes de lutas sociais e políticas em disputa de hegemonia porque antagônicas às variadas formas de opressão em sociedades hegemonicamente capitalistas.

Outro modelo teórico sobre formulação e mudanças em políticas públicas é denominado por seus criadores (BAUMGARTNER; JONES, 1993, *apud* RUA; ROMANINI, 2014) como "modelo do equilíbrio pontuado". Parte-se de questionamentos sobre as razões pelas quais há continuidade e por que há mudanças nas políticas públicas. Por que haveria estabilidade na condução de políticas e por que, em dados momentos ou períodos, ocorreriam alterações significativas que, na sequência, se estabilizariam? Por que haveria ora mudanças incrementais em dados momentos e em determinadas políticas, ora transformações expressivas, estruturais?

EDUCAÇÃO AMBIENTAL, CONSERVAÇÃO E DISPUTAS DE HEGEMONIA

Para esse modelo, governos operam em dois grandes níveis: o macrossistema e os subsistemas. O primeiro se refere ao núcleo governamental, já os subsistemas se remetem àquelas áreas específicas desenvolvidas pelas políticas públicas, podendo também ser compreendidas como setoriais (conforme já abordado anteriormente quanto à política ambiental no Brasil). Em torno de cada subsistema grupos similares às *policy communities* (comunidades de políticas públicas compostas por representantes de diferentes segmentos da sociedade) vão se organizando, congregando interesses alinhados ou disputando hegemonia.

Os autores desse modelo nominam "monopólio de política pública" o que aqui também pode ser compreendido como hegemonia de determinados grupos constituintes de uma mesma classe (que dirige e exerce domínio por meio da coerção propiciada pela normatividade vigente). Há, disseminados pelos monopólios de política pública, sentidos e concepções nos processos de percepção e entendimento de problemas, de elaboração de respostas e alternativas, nos procedimentos decisórios. A expressão que define tal monopólio é *policy images* ou imagens de uma política pública. São fortemente condicionantes da maneira de entender a realidade, baseando-se em valores, interesses e concepções de mundo compartilhadas pelo grupo hegemônico em determinado subsistema. Com isso facilitam a tradução e a comunicação com parcelas organizadas da sociedade buscando imprimir legitimidade àquela compreensão.

Rua e Romanini (2014) subsidiam a apreensão do modelo teórico do equilíbrio pontuado quanto à sua dinâmica. A depender de como se apresenta uma *policy image*, se define a configuração de um problema político, ainda que focar nele não determine a adoção de determinada resposta ou alternativa de solução. Problemas e soluções são independentes. Esses processos demandam disputas em torno da *policy image*, e qualquer consenso depende da atuação de "empreendedores de políticas públicas", que buscarão relacionar determinado problema a determinada resposta ou solução, chamando a atenção de quem governa: "A macropolítica é, então, o *lócus* da política (*politics*) de mudanças de larga escala, as quais acontecem quando um problema político rompe os limites de seu subsistema *policy monopoly* ali estabelecido, e alcança o macrossistema" (RUA; ROMANINI, 2014, p. 23-24).

Torna-se possível aproximarmos o papel exercido pelas *policy communities* e mesmo por esses "empreendedores de políticas públicas" daquele descrito aos intelectuais orgânicos no que diz respeito à formulação, desenvolvimento e disseminação de uma perspectiva, fundamentada, para compreender a realidade. Não pretendemos aqui afirmar que são equivalentes, membros das comunidades de políticas públicas e intelectuais orgânicos tal como desenvolvido por Gramsci e analisado por seus intérpretes. A aproximação ora realizada se remete a um horizonte possível da atuação dos intelectuais quanto à compreensão da problemática socioambiental e a formulação de alternativas de superá-la em suas causas estruturais. Essa aproximação também há de reconhecer os limites impostos pelas regras de uma dinâmica estabelecida por uma democracia de corte liberal, o que não a torna menos estratégica quanto à transição para sociedades sustentáveis.

É relevante observarmos, com base nesses modelos teóricos, que as origens e processos de incidências na formulação e em mudanças nas políticas públicas caminham de escalas menores, mais específicas e identificadas com determinados campos (discursivos e de práticas sociais) na direção de escalas maiores, de concepção de mundo, de projeto societário, de política e de governo. É nessas escalas menores, mas política e conscientemente mirando aquelas maiores, estruturais, de escala ampliada, que processos educadores de uma EA em perspectiva crítica têm sua latência observada nesta pesquisa. É na escala do cotidiano dos grupos sociais, sobretudo aqueles subjugados a alguma forma de opressão, que a EA tem como materializar suas contribuições ao orientar-se por construir dialogicamente uma compreensão problematizadora da realidade, desnaturalizando desigualdades, injustiças e uma ética essencialmente utilitarista em relação à natureza — portanto, insustentáveis, além de hegemônicas — e a formulação de alternativas a disputar hegemonia. Ambos os movimentos podem configurar, para a própria EA, um horizonte marcado pela intervenção na realidade, utilizando-se de instrumentos imediatamente postos pela normatividade vigente, visando, dialeticamente, a alterá-la.

Outro elemento aqui considerado pertinente para a reflexão é trazido pela pesquisadora Celina Souza (2006). A autora traz noções mais usuais quanto à maneira de se "olhar" para as políticas públicas. Dentre a tipologia apresentada, há o incrementalismo, em que as políticas se caracterizam como uma espécie de fluxo, sendo periodicamente acrescidas de elementos que a (re)formulam, (re)adequam e mesmo (re)orientam ao longo do tempo. Há também o "ciclo da política pública", formado por diferentes etapas, estágios ou momentos/espaços, tais como: definição de agenda, alternativas de resposta aos problemas, avaliação e seleção das opções, implementação e

EDUCAÇÃO AMBIENTAL, CONSERVAÇÃO E DISPUTAS DE HEGEMONIA

avaliação. Esse segundo tipo ou modelo aparenta maior utilidade analítica do que para representação teórica de como se desenvolvem as políticas públicas.

Observamos, com base no debate realizado até aqui, que tratar de incidência em políticas públicas como horizonte imediato da prática pedagógica da EA visa a sinteticamente expor abordagens distintas sobre o que significaria interferir no incremento ou em fases do ciclo de políticas públicas como estratégia de intervenção na realidade, orientando-se tanto por uma compreensão crítica dessa realidade, como pela superação de suas condições estruturais (apreendidas em processos essencialmente educadores e socioambientalistas). Nesse ínterim, a intenção explicitamente educadora é ampliar repertórios, promover deslocamentos de compreensão e contribuir à organização política dos envolvidos no processo. Assim, nossa intenção aqui é articular essa reflexão com as demais já realizadas até este ponto, além de também colocá-la em diálogo com as contribuições de Antonio Gramsci a respeito das relações entre os momentos do Estado integral, assim como a descrição do trabalho de EA com Conselhos Gestores e UC no âmbito da gestão pública da sociobiodiversidade (inter-relação entre a diversidade biológica e a diversidade de sistemas socioculturais).

Tal articulação e aproximação se mostram importantes na medida em que o debate sobre as políticas ambiental e de conservação da natureza pela estratégia de concepção e criação de UC demonstram mobilidade em termos de sentidos atribuídos e expressões nas normas e instituições, além de o debate sobre Conselhos e participação apontarem no horizonte justamente a ampliação da capacidade de interferência de atores sociais em disputas de hegemonia na gestão pública em sentido amplo. Outra evidência dessa relevância é a discussão trazida do campo da EA, em que a ela são atribuídos sentidos e desenvolvidas concepções carregadas de intencionalidade política na defesa e construção de projetos societários orientados por perspectivas socioambientalistas que ajudem a fundar outro Estado.

Dentre os significados do termo incidir, destacamos aquele voltado a "manifestar-se sobre", "ter efeitos sobre", "obter resultados", "transformar". Tais realces às definições registradas se devem ao caráter que se pretende atribuir às perspectivas tratadas até aqui, sobretudo quanto aos modelos expostos sobre políticas públicas. Neste texto, tomaremos o termo incidência como uma espécie de abrigo para expressões mais especificamente abordadas pela literatura, como *advocacy* e *lobby*. Compreenderemos *advocacy* e *lobby* como formas, estratégias ou recursos de incidência em políticas públicas. Contudo, há autores que utilizam o termo incidência e inclusive o diferenciam de outros a depender de quem a realiza e em nome de que tipo de interesse, como será exposto a seguir.

Em manual sobre "como incidir em políticas públicas", Choy (2005) sugere um entendimento sobre incidência em políticas públicas como a busca por materializar mudanças e, ainda que sejam poucas as organizações que existem para realizar campanhas de incidência, quase todas promoveriam novas formas de cidadãos e cidadãs comuns participarem dos assuntos tidos como públicos. Tais organizações desenvolveriam também inovações nas relações entre Estado e sociedade civil, em uma lógica valorosa, mas também reprodutora da clivagem já significativamente abordada anteriormente no debate sobre Conselhos e participação social.

De todo modo, incidir em políticas públicas se refere, para esta autora, em interferir nos processos decisórios sobre a definição de problemas, sua inserção nas agendas, na escolha, construção e implantação de alternativas. Mily Choy não apresenta restrições ao entendimento do *lobby* (*cabildeo*, como a autora trata em espanhol) como simplesmente uma estratégia de incidência em políticas públicas. No entanto, esclarece o que, em sua leitura, caracteriza as diferenças entre o *lobbing* e o *advocacy*. *Lobby* seria um recurso mais utilizado quando se defendem interesses corporativos diante de ameaças de regulação ou intervenção governamental de algum tipo, aproximando-se, portanto, de uma identidade mais liberal do ponto de vista econômico. *Advocacy* se identificaria com uma estratégia mais próxima a organizações caracterizadas por interesses considerados públicos, independente de questões econômicas, a princípio.

Afirma a autora que a diferença entre eles é simples. Quando o que se busca é o benefício privado, de grupos econômicos ou mesmo políticos, trata-se de *lobby*. Já quando o que se pretende são acordos políticos que beneficiem à cidadania em geral, que visam a envolver grandes grupos sociais e diferentes segmentos da sociedade, trata-se de *advocacy*. Em resumo, a contraposição entre bem-estar público e benefícios privados é apresentada como chave para esse tipo de avaliação.

A associação direta entre incidência e *advocacy* se refere a uma definição particular trazida pela autora em seu manual: a "incidência política cidadã". E apresenta outras denominações, como *abocacía* (advocacia), *lobby* cívico, defesa e promoção de causas, *policy advocacy*. Incidência seria o desenvolvimento de estratégias de aproximação, persuasão e influência naquelas pessoas que têm algum poder de decisão — e/ou poder de comunicação e difusão de informações — para que, em suas funções, interfiram nas políticas públicas. Para Choy (2005), podem se configurar em dar voz àqueles que não a têm, desenvolver ações pontuais que buscam causar impactos de curto, médio ou longo prazos. Mas é taxativa: tais ações devem estar orientadas ao bem-estar geral. Fazer incidência seria, ao mesmo tempo, buscar informações de interesse da causa ou projeto intencionado, assim como produzir dados, informações e conhecimento visando a fundamentar tanto um determinado discurso, como também as decisões que se pretende que sejam tomadas. Esse documento chama a atenção justamente por sua pretensão não acadêmica, mas necessariamente de popularização, fundamentada, de conhecimento organizado, elaborado, sobre incidência política.

Há também diálogos elaborados entre diferentes autores dedicados à práxis política. Reflexões pautadas reciprocamente por práticas. Para Bonnefoy L. (2007), incidência política, em uma perspectiva latino-americana associada à educação popular representa uma estratégia para situar no espaço público problemas ligados à ausência ou não atendimento de direitos.

Já Lopez (2007) expande a concepção de incidência, apontando-a para além da influência junto a tomadores de decisões. Para o autor, também se considera incidência política as ações de sensibilização orientadas à população para que se aproprie de ideias e propostas de organizações que fomentam as ações de incidência. Ou seja, o caráter comunicativo, formativo e cultural do processo de incidência aqui é tão valorizado quanto o sentido que esse movimento assume ao buscar influenciar as tomadas de decisões. Isso aproxima mais a noção de incidência política com a compreensão de Estado integral de Gramsci, uma vez que aparenta transcender a binariedade estado/sociedade civil, ao menos no que concerne ao reconhecimento da necessidade de lutar por hegemonia em ambas as suas esferas constituintes em seus aspectos culturais.

Puga (2007) define a incidência política como expressão do direito à participação política. Associando fortemente a ideia de incidência à "vigilância social", o autor (2007, p. 70) arremata seu artigo sobre democracia, ações coletivas e incidência, afirmando que a vigilância, para além da denúncia, se "[...] converte também em uma ação que provoca o diálogo entre partes e impacta nas formas de gestão e governo [...]". Esse "para além da denúncia" pode implicar dois aspectos, em princípio: um sobre o papel político da sociedade ultrapassar a denúncia e a sinalização ao momento de sociedade política do mesmo Estado integral; outra, decorrente da primeira, de potencializar o reconhecimento da sociedade civil como esfera do mesmo Estado.

Choy expõe que há um(a) personagem que assume a função central de realizar o *cabildeo* (ou lobismo): "Ele ou ela, deve ser capaz de transmitir facilmente a demanda da organização ou do grupo que representa, deve fazer bom uso de seu senso comum e perceber e aproveitar as oportunidades que se apresentem em cada encontro" (CHOY, 2005, p. 7). Isso demanda algum grau de conhecimento e de especialização, sem descolamento entre essa pessoa e o grupo com o qual se compromete; função semelhante àquela já associada ao intelectual orgânico de Gramsci.

Esse(a) profissional, portanto, deve ter e estar inserido(a) em um plano de incidência nas políticas com que se preocupa o grupo ou segmento que representa, do qual se origina e se compromete politicamente e com o qual deve manter permanente diálogo em seu processo de elaboração ideológica, de uma nova concepção de mundo, uma nova ética. Assim, depreendemos que *cabildear* exige a previsão de um mapeamento de tomadores de decisão ou pessoas influentes com os quais se planeja encontrar. E aqui se acrescenta: não apenas no âmbito da sociedade política, mas também da sociedade civil e seus aparelhos, privados, de hegemonia.

A justificativa apresentada por Choy (2005) ao questionamento de por que incidir em políticas públicas reconhece que, mesmo sendo lamentável, a representação política característica de uma democracia burguesa falha ou simplesmente não é capaz de expressar os interesses dos cidadãos. Caso conseguisse, a própria ideia de incidência não teria sentido e o sistema político se encarregaria disso com sucesso. Outra razão se localiza na possibilidade, criada pela ideia de incidência, de superar barreiras ou gerar apoio a causas ou projetos específicos, visando a modificar, criar, aprovar, anular, rejeitar dispositivos ou instrumentos legais conforme os valores e interesses dos grupos que se organizam para disputar influência conforme suas visões de mundo.

Tomada como processo, a incidência em políticas públicas, permite o envolvimento de indivíduos e organizações em um movimento aberto e democrático. Mais ainda, segundo a autora: capacita cidadãs e cidadãos a articularem-se discursiva e politicamente, para expressarem-se e manifestarem suas concepções de mundo, seus valores (CHOY, 2005). Há, portanto, um potencial educador emancipatório significativo associado à noção de incidência concebida até aqui.

EDUCAÇÃO AMBIENTAL, CONSERVAÇÃO E DISPUTAS DE HEGEMONIA

Denise Carreira (2007) trata da importância de se reconhecer avanços e retrocessos no processo de incidência em políticas públicas por meio do uso de indicadores. Seu artigo sobre afinar olhares e perspectivas sobre o assunto traz relevante contribuição tanto ao entendimento sobre o que vem a ser incidir em políticas públicas, como, principalmente, de que maneira realizar tal empreendimento de acompanhar e aferir se o que vem sendo desenvolvido está alcançando algum tipo de resultado no próprio percurso.

Assumindo a alta complexidade da noção de incidência em política pública — e justamente apoiando-se nisso — a autora dá relevo àqueles indicadores que usualmente seriam menosprezados em nome de outros essencialmente ligados aos resultados, se foram ou não atendidos os objetivos. Carreira propõe a valorização da incidência como um processo, não apenas um produto. Com isso, apresenta indicadores que correspondem à compreensão do ciclo das políticas públicas como suporte, analítico, para se localizar no tempo e no espaço das políticas, bem como para definir o que indicaria os passos conquistados na direção dos objetivos de aprovação, alteração, rejeição e anulação de dispositivos legais.

Além do ciclo, Carreira aponta para outra área sobre a qual é importante adquirir consciência sobre a capacidade e alcance da incidência, como na criação de uma "esfera pública institucionalizada" de participação, exposição de diferentes agendas e negociação de pautas públicas. Carreira expõe um quadro que trazemos no Quadro 1, contendo didaticamente sugestões do que seriam indicadores a cada fase do ciclo de política pública.

Quadro 1 – Fases, estratégias e indicadores de efetividade na incidência em políticas públicas

Fases	Estratégias	Indicadores de sucesso
1. Construção do problema	1. Produção de conhecimento 2. Trabalho com os meios de comunicação. 3. Desenvolvimento de campanhas públicas	Quantidade de documentos elaborados acerca das temáticas específicas que se busca dar visibilidade; quantidade de contato com os meios; quantidade de envio de informações aos meios; quantidade de aparições do tema nos meios; produção de peças para diferentes meios; indicação e referência da organização na temática

· 159

2. Incorporação do problema na agenda	4. Construção de associações, mesas e alianças e formação de redes. 5. Desenvolvimento de capacitação e fortalecimento de pessoas e ou organizações que trabalham o tema 6. Identificação, desenvolvimento e participação em eventos	Associações, mesas ou redes construídas sobre o tema; quantidade e tipo de ideias-força incorporadas na fala de atores significativos; atores que têm incorporado as ideias; quantidade de capacitações desenvolvidas no tema; lista de organizações e pessoas capacitadas no tema
3. Desenho ou formulação da política	7. Demonstração dos resultados das experiências. 8. Ações de *lobby* 9. Qualidade da política pública	Resultados que têm servido de modelo para a política pública; experiências que têm sido tomadas como referência para a política pública; quantidade de menções da política pública à experiência; reuniões com funcionários públicos; transformação de uma política pública em função das propostas de organização e projeto; pontos em comum entre a política pública e as propostas de organização ou projeto
4. Implementação de uma política	10. Participação, apoio e cogestão na implementação da política	Execução de estratégias, ferramentas e atividades; quantidade de leis [instrumentos] aprovadas
5. Monitoramento, avaliação e controle.	11. Ações de controle e monitoramento de programas, leis etc. durante e ao finalizar a implementação	Lista de ações de controle e monitoramento realizadas; observação se as metas da política estão sendo cumpridas

Fonte: Carreira (2007, p. 82)

É possível observarmos, de uma perspectiva gramsciana a partir de categorias como Estado integral e intelectuais orgânicos, a relevância que assumem processos educadores desde movimentos cognitivos de compreensão da realidade (percepção, entendimento e apontamento dos problemas que deverão orientar o processo de incidência política). Aqui a atuação de intelectuais orgânicos, conforme identifica Ralph Miliband (1970), autor de referência na reflexão sobre o Estado e políticas públicas, assume função estratégica no itinerário de criar e facilitar situações formativas que tenham como propósito reconhecer e compreender a realidade em perspectiva crítica, subsidiando assim formas subsequentes de intervenção transformadora.

Carreira parte do reconhecimento necessário de que o processo de desenvolvimento de políticas públicas não é linear. Assim, da mesma forma que Kingdon (2003) anuncia o que entende serem fluxos, Carreira os toma como momentos. Em sendo fluxos ou momentos não lineares ou sequenciais, tais fases tornam-se dimensões ou processos simultâneos, permitindo — ou demandando — atuações correspondentes utilizando-se das mesmas estratégias de incidência.

Com relação às noções sobre *advocacy*, Brelàz (2007) aponta a ausência de um consenso teórico na definição do termo. Mesmo assim, a autora também traz essa noção como a adoção e promoção de uma causa, tendo como finalidades desde moldar a percepção pública sobre determinada questão, até provocar alterações na legislação. No entanto, esse entendimento se dá a partir de um conjunto de estudos realizados nos EUA.

No Brasil, Brelàz registra a reduzida atenção de pesquisas sobre a *advocacy*, havendo maior dedicação a pesquisas sobre participação da sociedade civil. Essa temática da democracia participativa, na compreensão da pesquisadora, pode ser observada como associada àquilo que se entende por *advocacy*, embora não a substitua, denotando a necessidade de situá-la melhor no debate sobre participação, democracia participativa e influência sobre políticas públicas. Também buscando diferenciar suas intenções, motivações, alcance político e procedimentos quanto ao *lobby*, Brelàz atesta que é muito associado a pressões políticas, tráfico de influência e corrupção, uma vez que faria parte do expediente de grandes corporações privadas que usam seu poder econômico. Isso, segundo Brelàz, seria um equívoco. Haveria atividades de *lobbying* realizadas sem violar leis.

Mesmo que sejam atividades legais, Brelàz não rejeita a interpretação de *lobby* como recurso ou estratégia comumente utilizada por corporações na defesa de interesses privados, por vezes dissonantes de qualquer noção de "bem-estar geral". Se fazer *lobby* é insuficiente para significar "atividade ilegal", a estrutural desigualdade econômica e interesses societários por vezes antagônicos que exercem implicações de ordem política em uma sociedade como a atual (maior poder político a determinados grupos concentradores de capital), faz com que "atuar dentro da lei" também seja insuficiente para associar tais práticas de incidência (a partir de interesses corporativos) ao bem-estar geral. Seriam, portanto, ações usualmente desenvolvidas pela manutenção do *status quo*, porque mais "agudas", mais objetivas e, por vezes, pontuais em termos de provocar alterações na normatividade.

O termo *advocacy* também se remete à influência nos processos de desenvolvimento de políticas públicas. Contudo, assim como os autores já abordados sobre incidência política, o uso da expressão de língua inglesa decorrente do latim *advocare* (ajudar alguém, ou algo, que está em necessidade) buscaria corresponder a algo mais amplo do que simplesmente *lobby*. Libardoni (2000) o associa à defesa e à argumentação em favor de uma causa, uma demanda ou posição, visando a fortalecer determinada perspectiva ou concepção de mundo que orienta determinado ponto de vista em uma esfera pública. *Advocacy* estaria além, inclusive, da própria noção de incidência na política pública em sentido estrito ou vinculado especificamente às suas dimensões de *polity* e *policy* (conteúdos, instrumentos, instituições), já que poderia ser situada em um contexto político maior do que os parlamentos ou legislativos — na esfera pública habermasiana ou, de maneira mais alinhada com o referencial teórico aqui utilizado, no contexto do Estado integral gramsciano.

Haveria uma diferença sensível entre ambos os referenciais supra-mencionados, para além das denominações esfera pública e Estado integral. Se o primeiro reconhece uma *distinção orgânica* — e estratégica — entre Estado e sociedade Civil, o segundo os diferencia metodologicamente e, pelo contrário, compreende ambos em uma mesma *totalidade orgânica*.

Isso marcaria uma acentuada distinção entre ambas as teorias de longo alcance sobre as relações entre Estado e sociedade. Depreendemos, com base na obra de Gramsci — assim como de seus intérpretes — que as relações entre os momentos de sociedade política e de sociedade civil, do mesmo Estado integral, ocorrem a partir da noção de hegemonia exercida em ambas as esferas, compondo o que o pensador elaborou sobre outra categoria, a de bloco histórico, que requer as relações dessa superestrutura com a infraestrutura das relações sociais de produção concretas. Sendo assim, grupos organizados na sociedade civil não buscariam incidir em políticas públicas pelo "convencimento" de setores governamentais mirando conquistas pontuais na normatividade vigente, apenas. Essa incidência em políticas públicas ocorreria, também e, talvez principalmente, na direção cultural pelo desenvolvimento de uma nova ética, materializada em outros projetos societários, de outro Estado.

EDUCAÇÃO AMBIENTAL, CONSERVAÇÃO E DISPUTAS DE HEGEMONIA

Para Libardoni (2000), a estrutura de oportunidades políticas fornece um espaço — com possibilidades e limitações — para a incidência política, ao mesmo tempo em que permite que esse mesmo espaço seja ampliado, a depender das ações de *advocacy* da sociedade civil: "A criação de novos espaços de participação e as mudanças constitucionais de leis e de políticas públicas promovidas pela ação das organizações da sociedade civil vão redefinindo a estrutura político institucional" (LIBARDONI, 2000, s/p).

Se na esfera pública habermasiana haveria um movimento similar ao de "eclusas" no qual, após incidir no "sistema" o "mundo da vida" retorna, sem tornar-se sistema, na concepção de Estado integral gramsciano, o que se busca é construir, exercer e ser outro Estado. Nesse percurso de transformação do Estado, histórico e revolucionário, depreendido da perspectiva gramsciana, é possível vislumbrarmos a desconstrução do Estado contemporâneo, ao passo que constrói outro. A incidência em políticas públicas assume nesse quadro ao menos dois sentidos: um, mais forte, de constituir-se como processo formativo revolucionário — uma EA transformadora, revolucionária (LOUREIRO, 2003; SORRENTINO, 2023) — que se utiliza do horizonte da incidência em políticas públicas para problematizar o Estado burguês, formar e organizar pessoas e coletivos, em um processo consciente e articulado de acumulação de forças; também o sentido da incidência se pautar por essa desconstrução do Estado burguês, ainda que haja limitações evidentes dessa operação.

A depender do contexto e da abertura do sistema político, as ações de *advocacy* podem, inclusive, concentrar-se naquelas identificadas como *lobby* diretamente junto aos tomadores de decisão. Podem também enfatizar a presença e participação em espaços de participação institucionalizados, como fóruns, conselhos, comissões, comitês etc. Ou então concentrar esforços em desencadear processos comunicativos, educativos e/ou persuasivos e mesmo ações de enfrentamento e contestação com o poder ou compreensão hegemônica de algo. Em seu horizonte podem figurar, inclusive, transformações nos processos deliberativos e até mesmo nos personagens que tomariam decisões. Ainda assim, segundo Libardoni, quando se trata de *advocacy*, se fala de política e de processos de transformação cultural, de transformação de valores e de crenças, de consciência.

Trata-se de estender o que se entende por democracia, abrigando principalmente segmentos historicamente excluídos dos processos deliberativos, incorporando seus valores, interesses e visões de mundo, reduzindo assimetrias, no mínimo. *Advocacy*, com base em tal perspectiva, aproxima-se, portanto, de determinada concepção de mundo, de valores e de um projeto societário de aprofundamento da democracia e superação de desigualdades e injustiças. Portanto, contribuindo à disputa de hegemonia.

Considerando os apontamentos trazidos do debate sobre incidência política, torna-se mais tangível a relação entre essa intencionalidade política — de organizar-se, formular uma leitura da realidade sensível e disputar por espaço político reivindicando tomar parte no debate público que se materializa em normatividade da vida coletiva — e processos educadores. Sendo a EA um processo formativo a partir do qual se buscam criar diferentes situações e condições de apreensão da realidade socioambiental, há aqui uma contribuição estrutural. A EA torna-se condição fundamental para um comprometimento crítico com a vida em sua totalidade, desde as relações entre indivíduos, em sociedade e desta com a natureza e o planeta. Não haveria, portanto, como vislumbrar a qualidade dessa incidência política sem contribuições efetivas da EA (em suas vertentes comprometidas com perspectivas não reprodutivistas e associadas à disputa de hegemonia).

3.4 Antonio Gramsci, disputa de hegemonia e contribuições para uma Educação Ambiental em perspectiva crítica e transformadora

O pensamento de Gramsci reconhecidamente contribui para o campo educacional. Um dos motivos é por tomar a cultura como dimensão estratégica de luta pela superação do capitalismo, restabelecendo a importância que possui a compreensão sobre o mundo na forma como indivíduos, grupos sociais, classes e sociedades lidam concretamente com ele, reproduzindo, contestando ou transformando-o. Tratou a educação e a cultura, portanto, de forma ampliada, para além do senso comum que as restringe à escola e à erudição. Afirmou todos os seres humanos como filósofos, como intelectuais, como sujeitos e "dirigentes" (de sua própria vida, no coletivo, na sociedade, no Estado). Portanto, emancipados.

Ainda assim, outra forte razão se relaciona com a potencialidade de espaços escolares — por conseguinte, formais, de educação e formação da cultura — não se limitarem a "Aparelhos Ideológicos do Estado" (ALTHUSSER, 1987). A partir de Gramsci a escola assume a potência de germinar — ou ao menos exercitar — outras sociedades, deixando de ser mera reprodução mecânica do capital (DORE, 2006).

Gramsci, no Brasil, tem no campo educacional terreno dos mais férteis à apropriação de seu pensamento. Afinal, afasta, fundamentando filosófica e politicamente, a ideia segundo a qual as concepções hegemônicas de mundo, que dirigem a sociedade capitalista — e garantem o tão importante consenso ou consentimento sobre o "lugar" de cada um e de cada classe social no mundo — somente poderiam ser transformadas quando, um dia, o próprio capitalismo se desintegrasse, apenas em função do acirramento de suas contradições. O entendimento nada dogmático do repertório marxiano por um militante marxista italiano do início do século XX impacta a educação de maneira substantiva. Sem volta. A valoriza, na medida em que a coloca em um patamar elevado na luta política.

Para Paolo Nosella e Mário Luiz Neves de Azevedo (2012), educação e escola tiveram a atenção de Gramsci por duas razões: i) ele acreditava na transformação da sociedade e via a educação e a cultura como causas e efeitos dessa mudança; ii) enxergava a escolarização como uma forma massiva de formação de quadros dirigentes e de cidadãos.

Dois dos mais importantes pensadores na área da educação no país, Paulo Freire e Dermeval Saviani, tiveram em Gramsci referência notória em suas obras. Ambos os educadores assumem funções típicas de intelectuais orgânicos, tendo em seus horizontes pedagógicos a formação de outros intelectuais orgânicos, também com capacidade dirigente na sociedade (educadores, protagonistas populares, lideranças trabalhadoras, comunitárias). Nos dois pensadores brasileiros influenciados por Antonio Gramsci, a busca por uma educação que eduque para a capacidade de decidir, de incidir, para fortalecer a responsabilidade social e política da sociedade. Embora se reconheça uma disputa simbólica no campo educacional entre as correntes pedagógicas que Saviani e Freire subsidiam, sobretudo na escola — respectivamente, histórico-crítica a partir dos conteúdos e educação popular (GOUVÊA DA SILVA; PERNAMBUCO, 2014) —, optamos aqui por ressaltar aquilo em que convergem dois dos maiores pensadores contemporâneos da educação no Brasil e América Latina.

Freire por seu método de alfabetização política como processo catártico, com ampliação da capacidade — ou retirada do estado de "dormência" — de leitura crítica do mundo, em comunhão com outros seres humanos (FREIRE, 1987), dentro e fora da escola, nos Círculos de Cultura — aliás, os Círculos de Cultura de Conselhos de Fábrica têm em Gramsci seu idealizador e promotor. O reconhecimento humanista do ser humano e sua vocação ontológica para ser sujeito (FREIRE, 1967). Ou mesmo na utilização do senso comum dos educandos — suas realidades vividas e apreendidas — como recurso pedagógico de sua pedagogia como prática da liberdade, buscando seus "núcleos sadios", que Gramsci chamou de bom senso.

Ou, ainda, o momento pedagógico de problematizar a realidade buscando a mudança na percepção e compreensão do mundo, superando uma visão ingênua em direção a uma perspectiva crítica. Sobretudo, o entendimento de que educar e educar-se são atos políticos, e que a educação transforma pessoas que, por sua vez, interferem na História e mudam o mundo. Uma educação que, "gramscianamente", tem consciência da necessária luta com forças que não irão aceitá-la pacificamente, uma vez que seu interesse maior se encontra na alienação da sociedade. E que também sabe que, para produzir o consenso de que precisam para naturalizar diferentes manifestações de opressão, estendem seus interesses, na forma de ideologia, às camadas mais "ingênuas" da sociedade. Deixam em cada pessoa, segundo Freire (1967), a sombra da opressão que a esmaga: "Expulsar esta sombra pela conscientização é uma das fundamentais tarefas de uma educação realmente libertadora e por isto respeitadora do homem como pessoa" (FREIRE, 1967, p. 37).

Já Saviani, de forma mais explícita, na sua formulação da Pedagogia Histórico Crítica, cujo método, também "gramscianamente", parte do senso comum dos educandos, de seu conhecimento ainda desorganizado, sincrético, da realidade vivida, para uma apreensão mais ampla, contextualizada, coerente, organizada, consciente e, por isso, sintética. Para tanto, um itinerário marcado por passos determinados, que fazem emergir do repertório dos educandos um conjunto de apontamentos sobre dada realidade comum a alunos e professor, que na sequência problematizam-se, identificando lacunas de conhecimentos necessários para lidar com as questões surgidas. No momento catártico desse percurso, promove uma reelaboração — mais consciente, coerente e organizada — sobre a mesma realidade, a que o aluno ascendeu na medida em que se apropriou do conhecimento universalmente construído pela humanidade. Tal itinerário tem, como ponto de chegada, a mesma prática social do ponto de partida, compreendida, contudo, não mais sincreticamente, e sim sinteticamente, de forma mais "elevada" (SAVIANI, 2005).

Partindo dessas considerações breves sobre as significativas contribuições de Gramsci à educação no Brasil, partimos para uma análise das

EDUCAÇÃO AMBIENTAL, CONSERVAÇÃO E DISPUTAS DE HEGEMONIA

contribuições de categorias conceituais gramscianas à educação ambiental. Tomamos como pressuposto que tais contribuições são determinantes para que a própria EA se qualifique de maneira a realizar aportes relevantes, críticos e intencionalmente emancipatórios à gestão de UC, tomando seus Conselhos como espaços de ensino-aprendizagem e estas áreas protegidas como antíteses do capital. Partiremos das categorias abordadas no primeiro capítulo, para então expormos suas contribuições à EA.

***

Com relação à noção de bloco histórico, a questão ambiental não está acima e muito menos "descolada" das relações de produção. É, portanto, decorrente do padrão hegemônico nas relações sociais de produção e do modelo de desenvolvimento que, por um lado, geram injustiça e desigualdade no acesso aos bens ambientais e, por outro, reproduzem uma dependência crônica de crescimento econômico frente às limitações físicas dos recursos naturais. Em síntese, superexploração de recursos naturais em benefício de poucos, com distribuição desigual dos impactos e seus desdobramentos.

Limitaremos nossa compreensão sobre a questão ambiental se não tratarmos de refletir e agir no sentido tanto de experimentar e praticar alternativas concretas, assim como compreendê-las necessariamente como associadas à disputa de hegemonia também do ponto de vista cultural, observando a relação dialética, sobretudo de reciprocidade, entre ação concreta (em aspectos estruturais das relações sociais e econômicas — condições objetivas, forças materiais) e a imprescindível correspondência em termos superestruturais (condições subjetivas, forma ideológica e mesmo sua expressão na normatividade). O ato, na EA, de conhecer os elementos estruturais da questão ambiental abordada, desnaturalizando as relações sociais de produção e suas decorrências socioambientais já configura uma intervenção (embora essa intervenção não se restrinja à construção desse entendimento; é fundamental experimentar e colocar concretamente algo "no lugar" daquilo que se critica).

Intervenção tanto ao nível da consciência de mulheres e homens, via consenso, como também quanto à construção e conquista de garantias e espaços no seio da sociedade política (via coerção de grupos sociais que antes privilegiados passam a ser contrariados), visando à transformação necessária no alinhamento entre estrutura e superestrutura.

Trata-se, em suma, de uma EA comprometida "praxicamente" com a "grande política", promovendo a passagem do particular ao universal (catarse). E, no que se relaciona a essa "alta política", está em jogo a construção de uma nova hegemonia (uma concepção de mundo, nova filosofia, nova mentalidade etc., mas também uma nova maneira de produzir, de distribuir, de consumir, de viver). Esse compromisso político se orienta pelo horizonte de compreensão e problematização desse alinhamento entre estrutura e superestrutura, entre valores e padrões éticos e como subsidiam relações sociais e entre sociedade e natureza, entre modos de pensar o mundo, a sociedade e como se organizam socioeconomicamente para manejar, produzir, distribuir, consumir, enfim, metabolizar enquanto sociedade/natureza.

A categoria Estado integral — sociedade civil/sociedade política — contribui na medida em que permite compreender que a localização da sociedade civil na superestrutura a traz para o campo da produção de ideologia em termos de concepção de mundo que galvaniza o que predomina na estrutura — também se nutrindo dela. Capaz de elevar-se, portanto, ao grau de consistência de filosofia (para além de ideologia). Essa concepção de mundo produzida no âmbito da sociedade civil não se faz de maneira desarticulada das condições objetivas ou forças materiais, da produção em si. Sociedade civil, assim, não se restringe às relações de produção material. Também — e sobretudo — abrange as concepções que se fazem a respeito de padrões de relações sociais de produção, em um processo essencialmente educador, na medida em que subsidiado (não restrito) à perspectiva da crítica à economia política.

A EA, portanto, passa a se orientar por tomar a problemática ambiental como aquilo que se "sente" para daí se desdobrar em compreensões sobre os problemas ambientais percebidos principalmente em suas origens não imediatamente entendidas ou mesmo observadas no senso comum. Com isso a EA assume o papel de produção de compreensões que sustentam práticas e concepções de mundo a partir da crítica às relações sociais de produção concretas que se desdobram em problemas ambientais (não sem antes serem sociais e econômicos). Uma EA que parte do concreto e possibilita a construção dialógica de compreensões abstratas que demandam, por sua vez, intervenções no concreto compreendido, definindo sua práxis.

Outra contribuição relativa à sociedade civil é o reconhecimento de sua complexidade em sociedades de "tipo ocidental" (nas quais há um processo avançado de socialização da política). A identificação das "trincheiras

EDUCAÇÃO AMBIENTAL, CONSERVAÇÃO E DISPUTAS DE HEGEMONIA

e casamatas" que cercam — e mesmo compõem — o Estado (em sentido estrito) possibilita compreendê-las como espaços estratégicos a serem disputados por concepções contra-hegemônicas que visam a outra hegemonia. Desde espaços midiáticos e comunicacionais, aqueles de sociabilidade, até diferentes campos sociais e aqueles espaços burocráticos e normativos, passando pelos de formação em diferentes níveis e escalas. A contribuição de uma leitura conjuntural ampla desses aparelhos de hegemonia da sociedade civil (também no interior da própria sociedade política) torna-se, em si, recurso e pauta da EA.

Sendo um outro momento da concepção de Estado integral, a sociedade política gramsciana também faz parte da superestrutura, galvanizando condições subjetivas e objetivas já hegemônicas em seu outro momento, da sociedade civil. Sociedade política como expressão da sociedade civil e vice-versa. Aqui a contribuição à EA ocorre em termos de ampliação de horizonte de sua prática política.

Para além de promover deslocamentos de compreensão sobre a realidade socioambiental baseados em — e orientando — intervenções nessa mesma realidade apreendida, a EA também se guia por mirar na sociedade política. Ou seja, disputa "corações e mentes" na sociedade civil, sem renunciar à disputa pelo Estado *strictu senso*, seja articulando agentes associados a ambos os momentos desse Estado integral, seja buscando transformações na esfera da sociedade política e em como opera e legitima as relações sociais de produção (seus aparelhos jurídicos, coercitivos, formas de relação com a sociedade civil). Assim como não há priorização entre teoria e prática na filosofia da práxis (mas sim uma relação permanente e dialética), não haveria uma ordem de prioridade tal como "primeiro atuar junto à 'sociedade civil' e depois de uma suposta hegemonia nessa esfera, buscar atuar junto à 'sociedade política'". São atuações a ser realizadas juntas e combinadas considerando a totalidade do Estado integral.

Com o conceito de hegemonia, Gramsci afirma que seu desenvolvimento político configura um grande progresso filosófico, já que implica transformações intelectuais e éticas alinhadas a uma compreensão da realidade que já superou o senso comum e tornou-se crítica. Tais compreensões nessa perspectiva se associam a uma mudança de valores e uma outra ética na convivência em sociedade e desta com o que entende por natureza.

Precisam tornar-se consenso, produzir alianças. Precisam "dirigir" intelectualmente a sociedade, não em termos de condução alienada por um grupo dirigente e esclarecido, mas em termos de ideias-força, valores compartilhados coletivamente que sustentam uma compreensão hegemônica daquilo que se quer como sociedade e aquilo que não se admite nas relações com a natureza (seja por razões éticas ambientalmente orientadas ou mesmo pragmáticas, utilitárias e antropocêntricas, relativas à sobrevivência da espécie humana).

Por outro lado, a fórmula gramsciana para hegemonia, qual seja, "consenso + coerção", aponta para um aspecto de dominação que se torna indeclinável à medida em que nenhum consenso é absoluto. Mesmo havendo eventual conquista da predominância de uma concepção de mundo que é esteio de relações sociais emancipadoras, sustentáveis, não haveria garantias de que grupos sociais antes privilegiados, não flertariam com impulsos individualistas e promotores de injustiça, desigualdade, extrativismo predatório, degradação socioambiental seja na relação entre as pessoas ou dessas com a natureza. Daí a necessidade de mecanismos de controle — necessariamente coletivos — e de obrigatoriedade (disso a importância de atuação junto à sociedade política, que se constitui de aparelhos burocráticos, normativos e coercitivos).

Assim, a contribuição à EA se dá na forma de recomendar que assumamos o papel de promover situações formativas, em diferentes escalas, voltadas à construção desse consenso dialeticamente forjado a partir do senso comum, mas visando a superá-lo, tornando-o coerente, consciente (do sincrético ao sintético, de Dermeval Saviani). Esse consenso não se caracterizaria como uma espécie de "bricolagem" entre diferentes perspectivas de atores com interesses distintos e invariavelmente condicionados pela assimilação acrítica e naturalização do atual padrão de relações sociais de produção e modelo de desenvolvimento.

Trata-se de processos eminentemente formativos, trabalhados por intelectuais orgânicos que se assumem como educadores — assim como educadores que se assumem como intelectuais orgânicos comprometidos com os grupos sociais alijados do modelo de desenvolvimento hegemônico e desigualmente impactados por desequilíbrios socioambientais e manifestações de crises desse mesmo modelo. Assim sendo, sua intencionalidade pedagógica está apoiada em uma questão ampla de método (dialética materialista, ou, ao menos, problematização das condições objetivas e forças materiais, o modo como se produz concretamente) e por uma questão ampla de horizonte político (desconstrução do Estado burguês, transformação social e construção de outros projetos societários). Em suma, uma EA que se comprometa em compartilhar a premissa de que o sistema capitalista é incapaz de produzir respostas à crise civilizatória que ele provoca, demonstrando essa incapacidade de maneira empiricamente relacionada à sensibilidade e realidade vivida dos educandos. Uma EA que busca compartilhar e trabalhar o entendimento de hegemonia como síntese de desenvolvimento econômico, de formas de organização da natureza (incluindo primatas humanos) e de consciência crítica.

Com relação à categoria que aborda os denominados por Gramsci como aparelhos "privados" de hegemonia, depreendemos que são, na análise gramsciana a partir da sociedade de seu tempo, órgãos, instituições, organizações, enfim, espaços sociais de alcance público. Produzem e reproduzem concepções de mundo alinhadas aos interesses da classe fundamental com a qual se identificam — ou, ao menos, os valores nos quais se reconhecem. A partir deles se desenvolve a reforma filosófica, novas concepções de mundo, novas mentalidades.

Ao tomarmos a crise civilizatória que se apresenta como concreta e implacável, atualizações possíveis se remetem à percepção de contribuições significativas trazidas por diferentes movimentos que, conscientes e articulados, identificam-se como lutas anticapitalistas. Casos dos movimentos socioambientalistas alinhados àqueles que lutam contra qualquer tipo de opressão (lutas antissexista, antirracista, pela terra, pela conservação de modos de vida e territorialidades, pela produção limpa de alimentos que não reproduza opressão e exploração pessoas e de animais não humanos, por habitação e trabalho dignos dentre tantos outros que emergem nas sociedades contemporâneas).

O aporte da categoria aparelhos "privados" de hegemonia à EA, para que se contribua com novos sentidos, por exemplo, à existência de UC e atuação política de seus CG, não é menor que os demais. A começar pela possibilidade de os próprios CG assumirem-se — e serem assumidos por quem trabalhar com eles — como aparelhos que atuam na guerra de posição na disputa de hegemonia. Aqui se sugere outro papel à EA diante desse tipo de espaço colegiado de participação social: contribuir para que nele estejam predominantemente grupos sociais usualmente afastados do conhecimento, da gestão pública e da política. O protagonismo dos CG na direção de sociedades sustentáveis adviria fundamentalmente da qualidade de sua composição (não apenas em termos formais, de cadeiras, mas também de quem os frequenta e condiciona sua atenção, seus debates, decisões e atuação política). Ao tomar os CG como aparelhos de hegemonia (ou, *a priori*, de resistência como parte da disputa de hegemonia), a EA assume a função não apenas de consolidar uma compreensão em perspectiva crítica de determinada realidade.

Isso, por certo, transgride a noção consolidada no senso comum sobre Conselhos — tomá-lo como espaço formal constituído por membros devidamente nomeados por uma autoridade. Sob a ótica gramsciana, aos CG reconhecemos a importância da institucionalidade e legitimidade da nomeação, mas não nos restringimos a ela. Compreendemos, sim, os CG como espaços públicos, de participação aberta àqueles agentes sociais interessados no diálogo, até mesmo como expressão de interesse político em suas reflexões e posicionamentos, condicionando suas composições. Um espaço de gestão e lugar de encontro; de diálogo para compreender a realidade em perspectiva crítica e projetar incidência política com orientação socioambientalista.

Um espaço e uma EA que assumem, ainda, o dever de subsidiar a projeção concreta de tal compreensão nessa mesma realidade, enfeixando-se com outros campos sociais e outros campos de luta e/ou resistência anticapitalista, tais como aqueles já mencionados, compreendendo que se trata de uma luta a ser unificada pela identificação com outros projetos societários, sustentáveis (logo, anticapitalistas, não sexistas, não racistas, não acumuladores, não econômica e politicamente concentradores, não predatórios, não exploradores de animais não humanos etc.). Uma EA, portanto, comprometida com a criação de um novo terreno ideológico, que agregue a uma reforma das consciências e dos métodos de conhecimento, configurando-se um fato filosófico. Que contribua à germinação de uma nova moral e de outra ética conforme a uma nova concepção do mundo. Uma EA que torne evidente a possibilidade de inserir-se no debate público a partir de maneiras de conceber os problemas socioambientais em perspectiva crítica, suas causas e efeitos e, consequentemente, as maneiras de enfrentá-los visando à sua superação.

Intelectuais orgânicos talvez seja uma das categorias conceituais de Gramsci mais significativas à educação e à EA. Ao afirmar todos os homens e mulheres como filósofos e filósofas, Gramsci reconhece todas e todos como intelectualmente capazes não apenas de pensar sobre o que fazem e como vivem, agindo de acordo com alguma concepção de mundo — por

EDUCAÇÃO AMBIENTAL, CONSERVAÇÃO E DISPUTAS DE HEGEMONIA

mais sincrética que seja. São também competentes para pensar o mundo, construir e produzir socialmente conhecimento.

Mesmo reconhecendo haver aqueles cujo trabalho especializado seja pensar e compartilhar — os intelectuais orgânicos — Gramsci entende que todos e todas pensam e agem dialeticamente no mundo. Ao afirmar isso, o pensador sardo questiona sobre o que seria melhor: pensar sem disto ter consciência crítica, sem refletir sobre a concepção de mundo meramente "transmitida" ou repassada de diferentes modos e reproduzida de maneira alienada? Ou participar da elaboração e reelaboração de uma concepção de mundo, sendo o guia de si mesmo e não aceitando, do exterior, passiva e servilmente, a marca da própria personalidade?

Trata-se, sem dúvida, de um processo educador e emancipatório, coadunando-se com intenções já existentes no campo educacional e bem apropriados nas reflexões, debates e mesmo práticas de EA. É o caso, pois, de reforçar esse comprometimento. A contribuição mais efetiva à EA não seria, como visto, associada exclusivamente ao horizonte emancipatório da prática educativa com orientação socioambientalista. É, também, quanto ao fundamento dessa orientação, que não se furta de reconhecer que se trata de superar o capitalismo como modo de produção, de organização da sociedade, de modelo de desenvolvimento e, tão importante quanto, maneira de conceber o mundo, as relações entre as pessoas e destas com a natureza, enfim, a vida.

No campo da EA, seriam os educadores ambientais aqueles com funções de intelectuais orgânicos, utilizando-se das situações e espaços formativos como *lóci* para sua prática de mobilizar os repertórios preexistentes, as compreensões sincréticas sobre questões ambientais vividas e, em diálogo com o devido aporte de elementos constituintes de uma perspectiva crítica e socioambientalista, facilitar a construção, organizada, coerente e sintética, de outra compreensão, mais elevada filosoficamente e apontando para a superação do *status quo* hegemônico. E mais, na condição de intelectuais orgânicos, promover o que será abordado mais adiante com a categoria catarse.

Já no campo da gestão de UC, seus CG podem ter no horizonte atuar como intelectuais orgânicos nos respectivos territórios, mais uma vez transgredindo a concepção de CG limitada à sua composição formal. Intelectuais coletivos, capazes de tanto produzir sínteses como intervir na realidade (por exemplo, incidindo na normatividade vigente), atuando de forma similar à compreensão gramsciana sobre a missão dos "Partidos" (não restritos a agremiações políticas formais, mas como frentes de lutas identificadas por valores e projetos societários alinhados). Também por sua função de elaborar e disseminar concepções de mundo e tornarem-se "experimentadores históricos" dessas concepções. Filippini (2017), apoiando-se em Gramsci, recorda que ninguém se encontra desorganizado e sem partido. Para tal é preciso que se entendam organização e partido em sentido amplo, e não formal.

Segundo Gramsci (2001b), o partido é um mecanismo que realiza a mesma função da sociedade civil que o Estado exerce na sociedade política. Faz associações entre intelectuais orgânicos de um dado grupo dominante e os intelectuais tradicionais. Faz isso até que elementos do grupo social e econômico se transformem em intelectuais políticos, dirigentes, organizadores de atividades e de funções do desenvolvimento de uma sociedade integral (civil e política).

Em se efetivando a possibilidade de os CG consolidarem-se como produtores de hegemonia resultante de processos educadores críticos e emancipatórios, sua projeção nos territórios de influência das UC de onde partem recomenda assumir funções semelhantes às de um *intelectual orgânico coletivo*. *Intelectual* porque elaborador de uma compreensão sobre a problemática socioambiental e de como superá-la em diálogo com o senso comum e comprometido não exclusivamente com uma fração de classe social (operário ou da esfera produtiva, por exemplo), mas com todo um conjunto de grupos sociais reconhecidamente subordinados a uma lógica humana e ecologicamente opressora e degradante. Essa seria a "classe" — aqui tomada como fundamental —, subalterna, com a qual haveria o compromisso desse intelectual coletivo vinculado, por isso *orgânico*. *Coletivo* em função de sua condição de organismo politicamente estruturado e que compartilha em grande medida de uma concepção de mundo, uma ética e projetos societários comprometidos com a superação do *status quo*.

Uma das principais funções da noção de partido seria, com a atuação estratégica dos intelectuais, contribuir para elevar o patamar de consciência dos grupos sociais subalternizados, daquele mais econômico e corporativo àquele de classe, ético-político, em função da necessidade de superação de movimentos espontâneos, mirando o patamar de direção política consciente. Isso pode ser aproximado da elaboração de Sorrentino (1988) que, embora trate diretamente sobre entidades ambientalistas, é aqui colocado em diálogo com a atuação política a partir de colegiados como os Conselhos de UC impulsionados por ações de EA em perspectiva crítica. Afirma o autor que, ao gerar um fato social, canalizar e ecoar reivindicações e, com isso expressar a necessidade de mudanças, as entidades ambientalistas tornam-se movimentos sociais que engajam mais pessoas na luta por transformação social.

Esses intelectuais teriam uma função estratégica, que é a de estarem na sociedade civil e na sociedade política (portanto, atuando em ambas as esferas na superestrutura), elaborando/legitimando a ideologia elaborada pela filosofia da práxis, tornando-a a uma concepção de mundo que lhe fornece sua consciência de classe. Teriam, ainda, a função não menos estratégica de fazer permear pelo corpo social tal filosofia, ideologia (inclusive àquelas classes contrariadas) — pela via do consenso, fazendo com que classes não dominantes apreendam, elaborem e compartilhem dessa nova concepção de mundo para torná-la dominante. No entanto, sem prescindir de eventuais medidas coercitivas, já no momento de sociedade política, àqueles grupos dissonantes, porque contrariados em seus valores afastados de uma nova ética.

Na atuação dos intelectuais orgânicos, sua elaboração, embora espiritual no sentido intelectivo, não é meramente abstrata, mas sim construída de modo concreto, com base no real e na experiência efetiva dos grupos sociais com os quais trabalha. Assim, em reforço àquilo já apontado em relação às demais categorias gramscianas, há a necessidade de a EA pautar-se por situações práxicas, teóricas a partir da prática e vice-versa, tomando-se como prática a experimentação concreta de alternativas ao modelo hegemônico de desenvolvimento.

Quanto ao senso comum, podemos compreendê-lo, *a priori*, como a concepção de vida mais difundida, assemelhando-se a uma "colcha de retalhos", dadas as diversas origens e referenciais distintos entre si e que subsidiam um entendimento sobre a realidade. Fragmentos que mesclam conhecimentos científicos, de economia, valores, opiniões de caráter filosófico, posturas e posicionamentos perante o mundo com grande diversidade de origens, desde a religião e a convivência com o grupo social de que se faz parte. Trata-se de um conjunto de conhecimentos difundido pela classe ou grupos sociais que dirigem culturalmente uma sociedade e, assim, pelo consenso, a dominam, tendo o Estado como legitimador dessa hegemonia, principalmente, pelo Direito.

Ainda assim, esse senso comum, por mais que tenda a reproduzir valores e entendimentos que sustentam um estado de coisas a ser necessariamente superado, não deve ser tomado exclusivamente como uma adversidade. Deve ser compreendido como um ponto de partida, um reservatório de conhecimentos e referências que, pela via do diálogo e da maiêutica, seja transformado e se transforme em um novo senso comum, a que é necessário chegar no âmbito da luta pela hegemonia.

A contribuição desta categoria à EA se assenta na observação de que o senso comum ou a compreensão distorcida, incoerente, desorganizada que se tem sobre determinado fenômeno socioambiental é ponto de partida para um processo verdadeiramente emancipatório (intelectual e politicamente), organizador, intelectual, cultural, enfim, educador da filosofia da práxis ao qual intelectuais orgânicos se entregam. É desse senso comum e aproveitando seus "núcleos sadios de bom senso" que se extraem elementos a serem problematizados e questionados à luz da crítica à economia política, do materialismo histórico, pela filosofia da práxis, (re)organizando tal compreensão, já em perspectiva crítica.

A categoria catarse é aqui tomada como sendo tão central quanto hegemonia, sobretudo em se tratando de seu potencial de contribuição à EA. Trata-se de um movimento de primeiro reconhecer criticamente o contexto e causas de problemas tomados como socioambientais, percebidos ou não pelos grupos sociais trabalhados e, na sequência, compreendê-los como associados a questões estruturais da sociedade. Problemas também sociais, porque coletivos. Um movimento essencialmente práxico, no qual as condições objetivas nas quais vivem as pessoas servem de esteio a um processo, educador, de compreensão e elaboração abstrata que se configura já como intervenção na realidade (por compreendê-la de maneira crítica), dando suporte a outros tipos de intervenções concretas.

Sua contribuição à EA se dá à medida em que o movimento catártico pode ser entendido como uma passagem do objetivo ao subjetivo, retornando ao objetivo sob outra perspectiva e provocando outras relações entre o concreto (antes apenas vivido, agora pensado) com a subjetividade dos indivíduos no contexto do coletivo. Da vivência das condições socioambientais materiais e concretas à compreensão e intervenção em perspectiva crítica sobre elas. Movimento, portanto, eminentemente educador, cultural e político, sobre a relação dialética entre estrutura e superestrutura na consciência de mulheres e homens, que se desdobra em intervenção consciente, em um processo práxico.

A categoria guerra de posição subsidia a resposta à reflexão que Gramsci faz a respeito de sua pergunta original (sobre o porquê de revoluções não terem logrado êxito nos países da Europa ocidental). Alinhando-se àquilo já identificado como contribuições das demais categorias conceituais à EA, traz à tona a importância de: 1) reconhecer a sociedade civil como uma espécie de momento de germinação de outro Estado, que demanda um processo histórico — dilatado no tempo e no espaço — de lutas e conquistas de diferentes posições (as trincheiras e casamatas cercando o Estado em sentido estrito). 2) reconhecer que tomar o Estado de assalto não é suficiente em sociedades de capitalismo mais desenvolvido. 3) reconhecer que tal disputa por posições implica também buscar construir elementos para outra hegemonia no interior de aparelhos governamentais, com a necessária aliança entre setores da sociedade civil e aqueles no interior da sociedade política (seja no executivo, legislativo, judiciário).

Ao reconhecermos que essa disputa demanda movimentações táticas visando a conquista de posições, "casamatas" e "fortalezas" avançando por diferentes trincheiras até se criarem condições mais objetivas — e subjetivas — de se conquistar, transformar, ser e manter outro Estado, inferimos que o "fôlego" de qualquer projeto societário em disputa de hegemonia precisa ganhar terreno significativo, senão predominante (acumulando condições econômicas, sociais e políticas), também e principalmente na sociedade civil. Portanto, a guerra de posição é válida para os Estados democráticos modernos.

A contribuição dessa categoria à EA também sugere a assunção de uma espécie de missão, de construção e elaboração permanentes, pela filosofia da práxis, de compreensões sobre a realidade socioambiental e, também, de meios concretos de superá-la. Isso deve ocorrer em diferentes campos sociais e de lutas. Como já dito, alinhavando lutas e frentes diversas que se identificam na premência pela superação do Capital e suas manifestações opressoras.

Das categorias observadas no capítulo um, a de vontade coletiva também pode ser colocada em diálogo profícuo com o horizonte aqui posto à EA: a incidência política. Como observado em sua aproximação com a noção de "Política do Cotidiano" de Semíramis Biasoli (2015), a vontade coletiva pode e deve ser trabalhada na relação dialética entre a vontade de uma perspectiva ética e a vontade advinda das causalidades históricas e, portanto, materiais.

Tais causalidades permitem a compreensão de questões estruturais intrínsecas ao modo de produção atualmente hegemônico, que sobredeterminam manifestações de questões socioambientais vividas concretamente e sentidas, por vezes literalmente, "na pele". São questões que atingem em cheio a qualidade ambiental e de vida a que estão sujeitos mulheres e homens de classes subalternas e grupos sociais oprimidos pela lógica do capital. No processo educador e socioambientalista de formação de vontade coletiva, estes sujeitos passam então a desvelar uma sociedade estruturada em classes fundamentais e diversos grupos sociais oprimidos, identificando-se e localizando-se nessa estrutura.

Compreendem, ainda que em noções básicas, a força das sobredeterminações exercida pela dinâmica da acumulação privada no acesso àquilo que deve ser público, coletivo, comum. Servem de ponto de partida para processos educadores socioambientalistas em perspectiva crítica. Essa compreensão torna-se, ainda, substrato muito rico para a germinação e o florescimento de algo além da consciência crítica somada àquela socioambientalista: a consciência política, abrindo espaço, portanto, à construção de uma vontade coletiva direcionada — como aponta Gramsci — a ações e metas concretas, organizadas, planejadas e conscientes, visando a intervir da realidade apreendida.

Considerando a afirmação de Martinez-Alier mencionada no capítulo anterior, sobre haver nas classes subalternas um terreno fértil para o ambientalismo e formação de ambientalistas, retoma-se a associação ali já feita, com o acréscimo de que os agentes dessa formação de ambientalistas em perspectiva crítica e relação dialética com a compreensão dos sistemas sociais são os educadores e educadoras ambientais. É função da EA construir bases para que se desenvolva essa vontade coletiva, tendo como sujeitos mulheres e homens de classes subalternas oprimidas pela lógica capitalista, e orientadas a um horizonte em que se visualize outro projeto de sociedade.

Aqui vale o testemunho de Chico Mendes que, em depoimento citado por Michel Löwy em seu livro "Ecologia e Socialismo" se apresenta surpreso com a alcunha de ambientalista atribuída a ele a suas lutas em defesa dos povos da floresta. De ecologista. Teria dito a sua companheira de luta à época, Marina Silva: "Nega velha, isso que a gente faz aqui é ecologia. Acabei de descobrir isso no Rio de Janeiro" (LÖWY, 2005, p. 16). Cabe também a noção sobre intelectuais orgânicos que compreendem, mas não sentem, apontando a necessidade de associar conscientemente sentimento — vivência, sensações — à compreensão e à práxis.

4

POTENCIAL DA EDUCAÇÃO AMBIENTAL NA GESTÃO DE UNIDADES DE CONSERVAÇÃO NA DISPUTA DE HEGEMONIA

O presente capítulo relata a experiência compreendida em determinado período, denominada Formação Socioambiental, ocorrida entre 2013 e 2016, assim como expõe o contexto em que se desenvolveu. A primeira seção dará conta do ambiente institucional e das movimentações feitas visando à afirmação da EA na fiscalização ambiental. Compreendemos essa afirmação como conquista de posição discursiva e prática da EA na seara da conservação em espaços tomados aqui como "aparelhos" que podem ser identificados no momento sociedade política. Buscaremos tornar evidente a procura por caminhos para efetivar uma incidência política — no caso, da própria EA e seus agentes — no âmbito de instituições governamentais.

Incidência potencializada pela porosidade contemporânea de tais aparelhos, condição que pode ser tributada ao processo de redemocratização do país, de seu marco constitucional e do próprio processo de socialização da política e aspectos importantes de "ocidentalização" da sociedade brasileira. Há maior heterogeneidade entre agentes públicos que, conforme aponta Pisciotta (2019), ao menos na gestão ambiental pública há os que a pesquisadora denomina "agentes públicos militantes da conservação", cujas características são a reflexão em perspectiva crítica e a identificação e compromisso com o sentido público do que fazem e com valores como a justiça socioambiental. Situam-se na ponta operacional das políticas, em escalões médios de sua elaboração e, ainda que eventual e temporariamente, no alto escalão, de tomadas de decisão.

Antes, duas ressalvas. Primeiro, que aqui a EA é compreendida tanto como uma espécie de sujeito que visa a incidir na realidade em que é trabalhada e com a qual interage. Também é entendida como campo social, a partir do qual, conforme exposto no capítulo três, se buscam referências naquelas vertentes críticas e contextos de políticas públicas em termos conceituais, teóricos e metodológicos para promover processos formativos e de incidência política. Todas as vezes que estiver escrito EA, é esta compreensão a ser tomada em conta. A segunda ressalva é que as categorias gramscianas trabalhadas no capítulo um estarão presentes como perspectiva de aproximação e análise, residindo no viés analítico dos elementos e aspectos trazidos ao longo deste capítulo. Anuncia-se desde já o caráter exploratório dessa aproximação e análise, ambos sujeitos a revisões e amadurecimentos posteriores e por quem tiver interesse.

Na sequência, a segunda seção deste capítulo traz evidências do potencial da EA para subsidiar disputas de hegemonia a partir de Conselhos de UC. Disputas de hegemonia nos campos da EA e da conservação, visando a que ambos contribuam à disputa de hegemonia em nível da macropolítica, tendo a transformação do Estado em sua totalidade. Com base no registro e reflexões sobre seus produtos e resultados, fornecendo suporte à possibilidade de se trabalhar a incidência política (*a priori* em políticas públicas) como horizonte imediato de uma prática pedagógica de EA no contato entre ambas as dimensões do Estado integral no recorte da gestão de UC.

4.1 A construção de situações educadoras no contexto da fiscalização ambiental em unidades de conservação

A contextualização a seguir apoia-se em evidências colhidas tanto em documentos que registram o trabalho da ação de EA em análise no contexto da fiscalização ambiental em UC, como em depoimentos de agentes públicos formuladores e implementadores dessa ação de EA. Os principais documentos são o relatório de uma pesquisa realizada no âmbito da SMA e uma publicação posterior à sua implantação. O primeiro relata e avalia toda a experiência de campo entre os anos iniciais de 2013 e 2015; o segundo materializa o que se convencionou chamar de metodologia para envolver os Conselhos de UC com sua gestão, partindo de problemas de fiscalização. Houve, ainda, cotejamento com informações de outras fontes de evidência (também documentais), para fins de complementação. No processo de pesquisa foi organizado um grupo focal com representantes de três órgãos ambientais do Sistema Ambiental Paulista, a Coordenadoria de Educação Ambiental (CEA), Coordenadoria de Fiscalização e Biodiversidade (CFB – antiga CFA) e Fundação Florestal (FF).

Esse contexto, de acordo com as participações de agentes públicos que podem ser identificados como "militantes da conservação" (PISCIOTTA, 2019), seria marcado por uma contradição contingente tomada como brecha para desenvolver ação de EA com aspectos de disputa de hegemonia. A proposta de EA em Conselhos de UC foi compreendida como alternativa de trabalho (e de resistência política de uma concepção de EA que disputa hegemonia) em um contexto ruim do ponto de vista da gestão ambiental, especialmente da EA e das UC. Uma aparente contradição em termos de construção de caminhos em contextos supostamente desfavoráveis, somada a outra, associada à origem da proposta inicial: a fiscalização ambiental, em uma política de comando e controle (plano de fiscalização de UC). O referido período ruim recebe esse adjetivo em função do início das investidas para desestruturar o órgão executor da política Estadual de EA no estado, assim como de significativa instabilidade no órgão gestor de UC, a FF.

Essa política de fiscalização ambiental no estado recebeu, em setembro de 2012, a denominação de "Plano de Fiscalização Integrada de Unidades de Conservação de Proteção Integral (UCPI)". De acordo com documento dos "Planos de Fiscalização", interno à SMA, esse plano voltado às UCPI tem como objetivo estabelecer ações integradas de fiscalização e monitoramento dentro e fora de UC geridas pela esfera estadual, integrando diferentes órgãos que atuam nessa área e nesses territórios (SÃO PAULO; CFA, 2012).

Em seu objetivo geral, se propõe diretamente executar ações de fiscalização daquilo que as normativas consideram crimes e infrações ambientais nos territórios das UCPI (incluindo suas Zonas de Amortecimento), geridos por órgãos gestores de UC, tais como a FF e os então Instituto Florestal (IF) e Instituto de Botânica (IBt), ambos substituídos pelo Instituto de Pesquisas Ambientais (IPA). O mesmo objetivo geral aponta também à "prevenção e antecipação às ações degradantes" como intenções explícitas. Dentre aqueles objetivos específicos, estão presentes, para além da prevenção e repressão tanto dentro como no entorno das UCPI, a pretensão de padronizar conceitos e procedimentos tidos como essenciais ao exercício da fiscalização, estabelecer metodologia para planejar ações de fiscalização, monitorá-las e avaliá-las, organizar o fluxo de informações decorrentes das ações repressivas e articular-se com instituições como prefeituras, Ministério Público, Procuradoria Geral do Estado entre outros.

Observamos nessas intenções duas oportunidades que foram aproveitadas. Uma relativa à consideração da necessidade de prevenção sem predefinir o que vem a ser prevenir, embora se possa crer que no senso comum predomine a linha de disseminar as normas vigentes como função da EA na fiscalização, tendo isso como forma de prevenção, assim como na vigilância policial que se anteciparia a eventuais infratores e criminosos.

Outra oportunidade estaria no esforço previsto de articulação entre instituições que elaboram e reproduzem concepções de proteção de atributos naturais e conservação ambiental. Portanto, espaços produtores de hegemonia e, assim, a serem disputados em termos de discursos e práticas. Ou seja, quanto àquilo que se concebe por proteção, prevenção, conservação ambiental, em relação de reciprocidade com o que se elabora, se materializa e se executa em termos de políticas públicas.

O documento técnico sobre o referido plano de fiscalização expõe vetores de pressão e ameaças à integridade das UC. São listadas desde aquelas mais reconhecidas e comuns (como a caça, a extração de produtos florestais e outras como o desenvolvimento urbano, atividades econômicas como o turismo) até as que configuram intervenções infraestruturais, inclusive as de "interesse público" (como a instalação de linhas de transmissão e estradas). Todas alinhadas a uma concepção de conservação ambiental e de proteção que foca essencialmente nas manifestações de fenômenos que pressionam as UC, embora sejam questões com raízes econômicas, sociais, culturais, históricas etc. Portanto, manifestações sobredeterminadas estruturalmente, ao passo que também decorrentes de nossa formação social e vinculadas intrinsecamente ao modelo de desenvolvimento hegemônico. Assim, a percepção dos vetores de pressão concentra-se nas aparências de problemas que tangem a uma noção específica de conservação ambiental.

Como instâncias para a execução do plano de fiscalização o documento prevê a criação de "grupos de trabalho", como a "supervisão geral" composta por dirigentes dos órgãos envolvidos (CFA, PMA, FF, IF, IBt), o "grupo gestor operacional" com representantes designados e sua "gerência executiva", a "coordenação regional" composta por comandantes das companhias do policiamento ambiental, diretores regionais de fiscalização (CFA) e os gerentes regionais das UCPI da FF; gerência operacional, composta por diretores regionais ou técnicos designados da CFA, por gestores das UCPI e por comandantes do policiamento local mais próximos das áreas protegidas.

A previsão desses "espaços" de planejamento articulado entre militares e civis responsáveis pela fiscalização de UC já permite, por si, a possibilidade de conflitos entre diferentes formas de se compreender o papel da fiscalização e da proteção de atributos dessas unidades de conservação. Haveria uma postura militarizada, instrumental e automaticamente repressiva, por um lado, em contato com outra, civil e em contato obrigatório — mesmo que mediado — com diferentes interesses, expectativas e posicionamentos sobre os territórios fiscalizados.

Esse conflito propicia situações potencialmente exploráveis em termos de abordar contradições do modelo de desenvolvimento hegemônico, uma vez que é de suas "sínteses" que saem as orientações para onde vão os esforços de fiscalização. Se na direção de infrações pontuais e esparsas, usualmente associadas a grupos sociais mais vulneráveis, ou em busca de infrações e crimes de maior escala e grau de depredação, geralmente proporcionados por grupos com maior poder econômico e político. E mesmo qual o "objeto" dessa proteção; se exclusivamente aqueles atributos tidos como naturais, ou não humanos, ou também modos de vida que podem ser compreendidos como sustentáveis e produtores de natureza conservada sob diferentes aspectos.

Em resumo, uma política que visa a orientar sua implementação a partir de planos de ação locais como expressão concreta. Assim, há toda uma sequência de procedimentos para a construção, em nível local, de planos de ação baseadas em repertórios dos implementadores da referida política: gestores de UC, policiais locais e respectivas equipes, já prevendo significativo grau de discricionariedade dos operadores quanto ao rumo da fiscalização e buscando condicioná-los quanto ao método.

Essa discricionariedade também pode ser compreendida como "espaço" de disputa, uma vez que seu principal substrato é a compreensão que o agente público tem acerca da problemática socioambiental com que se relaciona concretamente. Havendo discricionariedade existe, também, possibilidades de intervenção em como a política se materializa no cotidiano. Disso decorre a importância da formação pelo diálogo permanente com tais agentes de conservação ou, no mínimo, seu envolvimento em processos que podem ser tomados como educadores em perspectiva crítica. E para criar tais oportunidades formativas, a construção de consensos com instâncias diretivas das instituições envolvidas demonstrou-se taticamente imprescindível.

O Plano de Fiscalização em UCPI prevê em sua estrutura, para além da significativa parcela dedicada a orientações de planejamento das investidas policiais com caráter repressivo, um "programa de suporte de interação socioambiental", direcionado a aproximar órgãos ambientais para somar recursos e otimizá-los para conter, prevenir ou corrigir atividades danosas ao meio ambiente (SÃO PAULO, 2012).

Esse programa de suporte constituiu, em um plano de fiscalização, a abertura objetiva para se desenvolver uma proposta de EA orientada à prevenção, oferecendo condições mais claras de se repensar, em outras bases, a ideia de proteção ambiental, assim como trabalhá-la concretamente.

A política de fiscalização recortada para fins da pesquisa é incremental. Acrescenta, assim, alguns elementos a uma forma de lidar com incompatibilidades entre as maneiras de conviver com os recursos naturais de indivíduos, grupos e segmentos sociais e econômicos e a normativa ambiental que vem sendo construída social, histórica e politicamente. Esses "incrementos" a políticas em curso proporcionam possibilidades de provocar deslocamentos tanto de compreensão abstrata como de realização concreta.

Um deslocamento aparentemente posto em movimento ocorre no sentido de equilibrar formas distintas de se perceber a problemática ambiental. Considerando a contribuição de Subrats (2006), as formas como se definem os problemas coletivos condicionam as maneiras de trabalhá-los em termos de políticas públicas. É possível perceber que tal movimento permite observar algo próximo a uma disputa de compreensões sobre as incompatibilidades entre grupos e segmentos sociais, as normativas ambientais e o modo de enfrentá-las. Para além da integração, otimização de recursos e padronização de procedimentos planejados para fiscalizar, o que potencialmente se colocou em jogo foram também concepções contrapostas que se tem a respeito do que seria proteger e fiscalizar o meio ambiente (perspectivas militar e civil, preservacionista e conservacionista, naturalística e socioambiental).

O plano, mesmo que não intencionalmente e nitidamente voltado a questões mais metodológicas e práticas, converteu-se em um instrumento de política pública promotor de contradições. Essas, por sua vez, expressam espaços de disputas entre compreensões diferentes sobre gestão ambiental e proteção da biodiversidade, ainda com assimetrias nas relações de poder sobre o que define a orientação das ações de fiscalização. O espaço formal, criado por instrumento normativo (resolução SMA), denominado "grupo operacional", ao reunir o comandante do policiamento local (militar) e o gestor da UC (civil) para traçar formas de enfrentar os vetores de pressão à biodiversidade, abre a possibilidade de "oxigenar" e "desnaturalizar" a maneira de tratar as incompatibilidades mencionadas. Isso no âmbito das instituições que respondem pela gestão das UC e respectivos programas de proteção (FF, IF, IBt, CFA e PMA) e operacionalização da política de fiscalização de UC.

EDUCAÇÃO AMBIENTAL, CONSERVAÇÃO E DISPUTAS DE HEGEMONIA

Torna-se mais claro que nessa mesma política abre-se outra circunstância ou contingência explorada em um viés formativo. Pelos documentos consultados, a experiência aqui recortada nessa política de fiscalização se pretende promotora de maior e mais qualificado envolvimento de diferentes agentes sociais atuantes nos territórios de influências das UC com o desenvolvimento de abordagens preventivas àqueles vetores de pressão, ameaças e "problemas de fiscalização" que afetam negativamente as UC, para além da orientação restrita ao comando e controle.

Segundo os agentes públicos envolvidos, a EA foi tomada como organicamente articulada à gestão da UC como estratégia de aproximação e engajamento de diferentes agentes sociais que orbitam a gestão das UC. Assim, a ação observada na pesquisa exercitou a EA em sua transversalidade, seja por partir de um problema de fiscalização, seja porque toma colegiados de participação social na gestão pública como espaços de ensino-aprendizagem ou formativos. Em alguma medida teria materializado — já como proposta inicial de trabalho — sentidos atribuídos à EA e de difícil colocação em prática.

O contexto também foi marcado pela criação de uma Coordenadoria de Fiscalização Ambiental, que em sua estrutura administrativa original já abrigava um departamento de planejamento da fiscalização, responsável por desenvolver meios para subsidiar e orientar a atuação dos agentes fiscalizadores. Foi nele que se identificou a emersão da iniciativa que atraiu a atenção, observação e exame da pesquisa que deu origem a este livro. Conforme apontado anteriormente, o plano de fiscalização dedicado às UC previu em seu escopo tratar da promoção de medidas preventivas e projetou expectativas à EA na tarefa de responder ao desafio de lidar com a relação entre processos formativos com o campo árido da fiscalização, historicamente associado a problemas cujo tratamento usualmente é policial e repressivo.

Tratou-se de um percurso realizado para se desenvolver, no cenário descrito, uma proposta que concebesse a EA vinculada a uma noção sobre prevenção mais elástica que aquela comumente aplicada pelo viés repressivo da fiscalização ambiental, qual seja, o de monitoramento e vigilância. Observa-se, para além de vigiar e reprimir, a pretensão de construir compreensões a respeito das motivações dos problemas que afetam negativamente as UC e tal movimento sendo compreendido, *a priori*, como potencialmente formativo.

Um dos documentos examinados foi a proposta original da Coordenadoria de Fiscalização Ambiental. É denominado "Formação Socioambiental no Contexto da Fiscalização" que fundamenta uma proposta de educação ambiental usando as atribuições do Departamento de Planejamento e Monitoramento da Fiscalização Ambiental (DPM) estabelecidas por um decreto de reorganização da SMA (57.933/2012).

Logo em seu início, insere a Formação Socioambiental como parte de um campo da EA "ainda em formação" e abrigando diferentes entendimentos sobre educação e sobre meio ambiente. Daí o texto parte para definir estes dois pressupostos. Entende a formação como uma prática social, que visa a familiarizar as pessoas com a realidade objetiva, ao passo que também busca subsidiar leituras críticas dessa mesma realidade, além de interferir nela. Com esse entendimento, somado ao de que meio ambiente decorre do trabalho humano em suas relações com a natureza externa, a FS assume a intenção de proporcionar leituras críticas de problemáticas socioambientais, vinculada à ampliação da capacidade coletiva e organizada de intervir (SÃO PAULO, 2012).

São evocadas as atribuições da então Coordenadoria de Fiscalização Ambiental e os objetivos de seu Departamento de Planejamento e Monitoramento (DPM). Em um contexto em que o DPM se orienta pela estratégia de desenvolver planos de fiscalização, o documento localiza a Formação Socioambiental (FS) como passível de estar presente em todos eles (de UC, de pesca costeira, de fauna, incêndios florestais e outros então previstos). Tomando a fiscalização como potencialmente criadora de situações das quais emergiria uma dimensão educadora — a ser reconhecida e trabalhada pela FS —, o texto consultado aponta a possibilidade de se desenvolver iniciativas educadoras em espaços de participação social na gestão ambiental pública, como Conselhos de UC, Conselhos de Meio Ambiente Municipais, Comitês de Bacia Hidrográfica entre outros. A cada espaço de participação, as temáticas dos planos poderiam ser mobilizadas e articuladas entre si. Como expectativas desse tipo de ação, o documento ainda aponta como desdobramentos da FS: i) maior compreensão e visão sobre gestão ambiental em sentido amplo; ii) acompanhamento desconcentrado da proteção da biodiversidade; iii) uso de colegiados já instituídos e constituintes de sistemas de gestão da biodiversidade e da gestão ambiental pública; iv) aumento da capacidade de mediação de conflitos socioambientais (SÃO PAULO, SMA/CFA, 2012).

EDUCAÇÃO AMBIENTAL, CONSERVAÇÃO E DISPUTAS DE HEGEMONIA

Na sequência, a proposta correspondente à fase inicial indica três possibilidades de expressão da Formação Socioambiental no contexto da fiscalização, sendo uma de caráter "preventivo", outra "institucional" e a terceira de natureza "reeducadora". A primeira linha ocorreria nos espaços de participação social na gestão pública. A segunda seria dedicada à formação de agentes públicos e a terceira voltada a cidadãos autuados. Quanto à terceira, o documento acrescenta que objetiva que além de trabalhar o pressuposto já dado pela CFA, buscaria também outras motivações que poderiam ser trabalhadas em futuros processos de FS no contexto de fiscalização ambiental (SÃO PAULO, SMA/CFA, 2012). Uma evidência de agregação "molecular" como conquista de posições no âmbito da sociedade política gramsciana se encontra na institucionalização de parte significativa das elaborações contidas nesse documento. A já mencionada Resolução SMA 123 de 2018 (SÃO PAULO, 2018) — que institui o Plano Estadual de Ações Preventivas — materializa essas ideias desenvolvidas a partir de apreensões sobre a insuficiência da fiscalização tomada como repressão.

Percebe-se uma tentativa de articular o dado da própria coordenadoria (de que os autuados cometeriam infrações ambientais por desconhecimento das normativas), com a possibilidade de levantamento de outras razões pelas quais as infrações ocorrem (para além do desconhecimento). Para cada linha, uma estratégia é proposta com as respectivas metas.

Essa proposta teria dado origem a uma reunião realizada internamente ao DPM e documentada. Com ela, a intenção de chancelar no âmbito da CFA uma forma de corresponder à expectativa dos planos de fiscalização (como o de UCPI, inicialmente) contarem com um programa de suporte alinhado com a perspectiva preventiva, de "interação socioambiental", conforme previa a Resolução SMA 76/2012 que instituiu a política. Depreende-se que essa reunião, mesmo na esfera do departamento e da coordenadoria, teria marcado o reconhecimento institucional da ideia de se realizar um projeto que reconheceria dali em diante os Conselhos Gestores como espaços de ensino-aprendizagem. Aptos, assim, a abrigar situações formativas a partir do tema gerador da fiscalização ambiental. Em suma, seria um passo inicial de reconhecimento institucional, talvez ainda simbólico, da proposta de EA na fiscalização.

Outro documento (SÃO PAULO, 2013a), também disponível em página virtual sobre a Formação Socioambiental traduz um esforço de justificar a necessidade de haver ações de caráter preventivo, com intencionalidade pedagógica e atrelada à preocupação com a conservação de bens ambientais. Nele, são registradas questões que seriam justificativas para se desenvolver a FS naquela coordenadoria recém-criada, responsável por uma agenda pouco familiarizada com a EA. Foram aqui tomados como evidências da construção de subsídios para a proposta ser defendida internamente na CFA.

Dentre as razões apontadas nesse segundo documento consultado, destaca-se a de que ainda haveria dificuldades de se estabelecerem nexos entres problemas ambientais observados e percebidos e o atual estilo de desenvolvimento e respectivas lógicas produtivas. Portanto, a EA deveria se pautar por abordar e trabalhar tais nexos como essenciais à compreensão das pressões antrópicas às UC. Haveria também assimetria na capacidade de diferentes atores sociais em compreender, participar e intervir em espaços de gestão ambiental pública (como Conselhos de UC, comitês de bacia, por exemplo) e uma necessidade de maior capacidade de diálogo e compreensão sobre os valores, interesses, preocupações e papéis dos atores sociais, entre eles o próprio Estado (SÃO PAULO, 2013a).

Ambos os documentos consultados demonstram preocupação de seus formuladores em construir um entendimento sobre potenciais relações entre o campo da fiscalização ambiental, sua estrutura organizacional no Sistema Ambiental Paulista, as atribuições governamentais instituídas e o campo da educação ambiental.

O documento seguinte (SÃO PAULO, 2013b), desenvolvido em sequência cronológica, assim como os demais abordados nesta descrição, trata de projeto de pesquisa desenvolvido por grupo de trabalho constituído por membros de outros órgãos (para além da CFA) do então denominado Sistema Ambiental Paulista (instituições vinculadas ao Gabinete da SMA, mais a Polícia Ambiental). Nessa aqui denominada "fase de desenvolvimento da proposta", fazem parte atores de outras instituições, tais como uma pesquisadora científica na área da educação ambiental do Instituto Florestal, uma Assessora Técnica de Educação Ambiental da Diretoria Executiva da Fundação Florestal, um servidor do Núcleo de Pesquisa de Educação para Conservação do Instituto de Botânica e um oficial da Polícia Militar Ambiental.

Cronologicamente o período é início de 2013, posterior à criação, instituição e implementação da política ambiental de fiscalização por meio do plano de UCPI. Nesse contexto, a formação do grupo de trabalho interinstitucional sugere a busca pelo diálogo com outras instituições envolvidas com a gestão e proteção de UC. Observamos a intenção de definir as bases de algum consenso sobre o posicionamento e expectativas colocadas à EA na fiscalização de UC, assim como por respaldo e legitimidade no âmbito do Sistema Ambiental Paulista.

Desse gesto depreendemos uma "movimentação" da proposta e seu percurso de firmar-se institucionalmente no cenário criado pela política já referida. Um movimento que pode ser assimilado utilizando-se da chave analítica associada à categoria gramsciana que trata da busca por conquistar posições. Nesse caso, posições no interior de um sistema marcadamente orientado pela perspectiva preservacionista de conservação ambiental, mais bem materializada em políticas de comando e controle. Podemos inferir que se tratou de uma disputa estratégica e tática no interior das instituições, especialmente aquelas vinculadas à fiscalização como estratégia de conservação.

Desde sua criação, a Formação Socioambiental, já integrada ao plano de fiscalização de UCPI (daqui em diante tratado como SIM-UC, de Sistema Integrado de Monitoramento para Unidades de Conservação) e reconhecida institucionalmente no âmbito da CFA, apresenta um ganho de escala de reconhecimento, de consenso materializando-se em discursos sobre EA na fiscalização e sua legitimação: na direção de outros órgãos fundamentais àquele plano, quais sejam, órgãos gestores de UC e Polícia Ambiental. Observamos, assim, uma primeira característica da Formação Socioambiental: a busca de legitimação de um ponto de vista mais cultural — de base científica — no âmbito institucional.

Um projeto de pesquisa, proposto pela CFA e chancelado pelo então IF e sua Comissão Técnica Científica (COTEC-IF), sobre trabalhar os Conselhos como espaços de ensino-aprendizagem no âmbito da fiscalização ambiental foi desenvolvido no âmbito institucional da própria SMA. Já refletindo a colaboração de outros órgãos, notadamente da representante do Instituto Florestal, percebemos outro movimento importante para a busca de legitimação no cenário de uma secretaria e de uma política dedicada à fiscalização que, como já observado, é condicionada por uma visão predominante de proteção associada à repressão de atos considerados ilícitos, dissociados, por princípio, de suas motivações.

Como objetivos, o referido projeto de pesquisa, já elaborado pelo grupo de trabalho interinstitucional, continha: i) construir um processo de formação direcionado ao monitoramento ambiental, visando a contribuir com a melhoria ambiental do entorno das UC e demais territórios; ii) acompanhar e registrar dados e informações sobre os encontros formativos proporcionados pelo programa de Formação Socioambiental (FS) do SIM-UC originado na CFA em parceria com o IF, FF, PMA e IBt, a ocorrerem nas UC gerenciadas pelo Sistema Estadual de Florestas (Sieflor) e IBt; iii) avaliar o processo do ponto de vista da formação dos envolvidos, da pertinência da proposta para a fiscalização ambiental e da importância da qualificação da participação em espaços de gestão ambiental pública.

Observamos nesse projeto de pesquisa no âmbito institucional outra característica da Formação Socioambiental: a intenção de registrar subsídios relevantes à produção de conhecimento sobre a vinculação de processos de educação ambiental na fiscalização de UC, utilizando os espaços de participação social na gestão pública do meio ambiente. Trata-se de uma iniciativa inspirada pela pesquisa-ação participante (ao se colocar como objetivo tanto agir criando os espaços formativos, como também registrar e avaliar).

Tal característica pode ser compreendida como mais um movimento tático de legitimação importante para conquistar posições e expandir-se para movimentos subsequentes. Os movimentos se deram na direção de i) contribuir para um discurso sobre as limitações do viés repressivo para a conservação ambiental, ii) expor evidências de contribuição da Formação Socioambiental à noção de fiscalização ambiental, principalmente em uma coordenadoria recém-criada e em uma política na mesma condição.

Tendo por base o grupo focal com agentes públicos envolvidos, essa tática foi observada como importante para conquistar espaço institucional adquirindo densidade e consistência teórico-metodológica. Isso teria fornecido sustentação conceitual às perspectivas políticas contidas na ação de EA — estabelecimento consciente de uma práxis. Ao ser inicialmente proposta em um órgão de fiscalização, esse hegemonicamente associado ao comando e controle, a ação de EA observada teria provocado reflexões que problematizam esse senso comum sobre fiscalização e tornar-se-ia uma espécie de vetor de busca por caminhos que abrissem espaços para a EA. Inferimos que a ação educadora tenderia a tornar-se materialização de uma ideia-força, de uma mentalidade e de uma forma de conceber e atribuir sentidos (eventualmente preexistentes) sobre conservação, proteção e fiscalização, além da própria EA.

O uso da tática de atrelar-se a um (e como um) projeto de pesquisa promoveu um ganho de "densidade", tanto no que diz respeito a algum acúmulo de repertório prévio, antes de ir a campo, colecionando reflexões e práticas anteriormente analisadas em outros tempos, espaços e atores nos campos da EA e da gestão de UC, como também, principalmente, com base nos registros sobre a implementação da ação de EA e respectivas reflexões, descobertas, sistematizações. Tal tática foi relevante para uma projeção da própria EA como instrumento de gestão ambiental estruturante das políticas ambientais de forma tanto materializada quanto discursiva. Pode-se reconhecer, inclusive, que essa tática reforça o vínculo dialógico — e ideológico, em termos gramscianos — entre as duas esferas do Estado integral, uma vez que, de dentro de um aparelho da sociedade política, se buscou dialogar com elaborações conceituais, teóricas e mesmo metodológicas desenvolvidas no âmbito de aparelhos produtores de hegemonia na sociedade civil, como coletivos de EA, grupos de pesquisadores, estudiosos e educadores.

O documento consultado (projeto de pesquisa no âmbito do Sistema Ambiental Paulista) inaugura o que aqui se reconhece como "fase de implementação da proposta". Essa fase, além da característica apontada, demarca o momento percebido como de maior esforço, já que a equipe formuladora — e agora também executora — inicia duas ações simultâneas: i) a realização das reuniões com Conselhos Gestores das UC cujos gestores demonstraram intenção de receber a Formação Socioambiental nas unidades sob sua gestão; ii) colher e registrar evidências correspondentes aos objetivos da pesquisa para sistematizá-las em um relatório de pesquisa.

Dentre as justificativas do projeto de pesquisa que marca a implantação da proposta de EA na política de fiscalização de UC, observam-se menções à importância de avaliar uma iniciativa em viés preventivo tomada como complementar àquele repressivo que expressaria a noção hegemônica de proteção e, por extensão, de fiscalização ambiental. Outra questão que justificaria a realização de tal projeto seria o reconhecimento de que os problemas ambientais tidos como objeto de preocupação do plano de fiscalização de UC não teriam origem, predominantemente, no interior das UC, mas sim no seu entorno, sugerindo que para enfrentá-los, reprimi-los e mesmo neutralizá-los episodicamente não seria suficiente. Seriam problemas sobredeterminados por fatores complexos de diferentes ordens, como cultural, histórica, social, econômica, política e legal.

Um destaque ao texto de justificativa se remete a uma reflexão sintética sobre a relação entre educação ambiental e a gestão ambiental. Com a afirmação de que se objetivou "[...] uma formação integrada ao processo de fiscalização, servindo aos objetivos da gestão ambiental e, também, a explorar esse contexto para seus fins educacionais mais amplos [...]" (SÃO PAULO, 2013b, p. 3) emerge a intenção equilibrar ou colocar no mesmo nível as expectativas postas à educação ambiental pelos objetivos mais instrumentais de gestão, com aquelas fornecidas pela própria EA, por suas intenções orientadas por uma perspectiva emancipatória e não alienadora ("fins educacionais mais amplos"). Portanto, vemos aqui a EA se servindo da fiscalização e da gestão ambiental para alcançar seus objetivos, não exclusivamente o contrário.

Outros aspectos apresentados para justificar o projeto eram: i) formas internas (à equipe que desenvolveu e que executaria a Formação Socioambiental nas UC) de acompanhamento e registro; ii) análises e avaliações de diferentes perspectivas (no caso, do ponto de vista da Coordenadoria de Fiscalização Ambiental, da Fundação Florestal e do Instituto Florestal, da Polícia Militar Ambiental e do Instituto de Botânica que compõem a equipe de execução da FS); iii) revisão crítica da proposta de se trabalhar a dimensão formativa da fiscalização ambiental; iv) ganho de escala da proposta dentro de uma Coordenadoria de Fiscalização em formação.

O aspecto de acompanhamento e registro proporcionou o desenvolvimento de recursos que, mais tarde, foram utilizados em outras duas políticas, o programa de conciliação ambiental e o novo roteiro para elaboração de planos de manejo. Subsidiou e interferiu também na concepção e planejamento de capacitação em proteção e fiscalização de Unidades de Conservação que articulou esforços da Fundação Florestal e do ICMBio, entre dezembro de 2018 e meados de 2019. Tendo por base os depoimentos dialogados no grupo focal, diferentes aspectos conceituais e metodológicos da ação de EA têm sido incorporados no desenvolvimento de políticas de EA em vários dos demais instrumentos de gestão ambiental. Nisso se inclui, desde 2019/2020, sua incidência na estruturação de um plano estratégico da nova Coordenadoria de Fiscalização e Biodiversidade, visando a agregar a dimensão educadora da perspectiva preventiva da proteção ambiental em sua identidade institucional.

Esses aspectos indicam o que se pode avaliar como um esforço para fortalecer uma perspectiva educadora para a fiscalização de UC dentro dos órgãos competentes. Com base na revisão de literatura sobre as categorias gramscianas que referenciam nosso olhar para a experiência empírica, os aspectos destacados aproximam-se assim de uma disputa por espaço, por posições nas instituições com papel relevante na identificação de problemas socioambientais e na formulação de políticas correspondentes. Uma silenciosa guerra de posição na esfera da sociedade política, alinhada, como já afirmado, por condicionamentos elaborados na sociedade civil, em uma diferenciação meramente analítica entre ambas. Ainda que desenvolvida abaixo dos escalões dirigentes, sua evolução subsidiou tomadas de decisões e foi incorporada a discursos e práticas institucionais.

Não foi possível, nos recortes feitos, observar tais incidências como definitivas ou mesmo como significativas. Foi viável, em princípio, identificá-las como indícios de potencialidades a serem exploradas. Restaria saber como seus limites estariam além ou aquém da estrutura de pensamento que subsidia o que se entende por conservação, por proteção de UC e sobre o papel da EA, assim como efetivá-los. A inferência não reduz sua importância, dada a indicação de sua possibilidade e subsídio para consciência e organização de quem busca, ou pretende buscar, incidir politicamente dentro das instituições, dialogando com quem está em outros espaços na sociedade civil.

O documento "projeto de pesquisa" também apresenta expectativas, dentre as quais se destacam: i) obter maior clareza sobre o que condiciona os problemas de fiscalização nas UC; ii) o papel e atuação que poderiam assumir os Conselhos Gestores; iii) maior capacidade de integração da gestão das UC com a gestão dos territórios nos quais estão inseridas; iv) potencialização do diálogo entre os programas de gestão das UC que já contassem com seus respectivos planos de manejo.

O documento examinado apresenta uma primeira seção dedicada ao reconhecimento, à valorização e ao trabalho com a dimensão educadora contida em processos de gestão ambiental pública. Assim, evidencia esse diálogo de atores da sociedade política com elaborações amadurecidas na sociedade civil. Na seção relativa à revisão de literatura, uma afirmação merece destaque pela explicitação de uma das intenções educadoras da iniciativa. Nela não observamos menções a uma perspectiva *crítica* para entender determinada realidade, apenas "compreensão ampliada e complexa" sugerindo a necessidade de amadurecimento da própria FS no sentido de assumir-se como em disputa de hegemonia em relação a modelo de desenvolvimento aqui já anotado como dominante. O trabalho se direcionou a criar condições para que se desenvolvesse coletivamente, nos Conselhos, uma compreensão ampliada e mais complexa dos problemas que se manifestavam nas UC. Visava também o trabalho a subsidiar o planejamento de intervenções sobre o que os motivaria (SÃO PAULO, 2013b).

Outra seção da revisão de literatura que fundamenta conceitual e teoricamente o projeto de pesquisa analisado se refere ao necessário acompanhamento sistemático e avaliação da proposta em tela. Nele se discorre sobre a afirmação de avaliar metodicamente a iniciativa, assim como o que fundamenta as opções teórico-metodológicas sobre avaliação. Por se tratar de processos educativos, o documento aponta que estes seriam situações formativas para problematizar a realidade e planejar coletivamente meios de transformá-la de alguma forma, tomando os problemas ambientais como manifestação de conflitos de interesses entre diferentes grupos e classes sociais. Com isso, a intenção era trabalhar uma EA voltada também ao funcionamento dos sistemas sociais (SÃO PAULO, 2013b).

Um destaque aqui feito quanto ao conteúdo do projeto de pesquisa estudado se remete às opções quanto à avaliação da FS como processo educativo. Apoiando-se em diferentes referenciais, o texto expõe que se estabeleceram objetivos, finalidades e metodologia de uma proposta formativa de uma maneira que permitisse também a avaliação do processo educativo. Não seria, portanto, a formação que giraria em torno da avaliação, nem o contrário. Pretendeu-se que as análises feitas produzissem adequações ao longo do trabalho (SÃO PAULO, 2013b).

A análise dos destaques extraídos do referencial conceitual e teórico do projeto de pesquisa da SMA nos permite identificar a intenção de reforçar e ampliar o alcance da própria EA, para além de configurar-se como instrumento de objetivos alheios ao acúmulo em seu próprio campo. No que tange à proteção, teria buscado promover um entendimento segundo o qual as pressões à integridade das UC não teriam origem simplesmente nas aparências características das infrações e crimes buscados pela própria política de fiscalização. As motivações dessas pressões estariam essencialmente vinculadas a um modelo de desenvolvimento injusto, insustentável e tornado hegemônico. E, no campo da EA, ao tomar os Conselhos como espaço educador, os referenciais destacados apontam para um papel emancipador de processos educadores que tomam a problemática socioambiental como temário gerador.

Depreende-se que toda uma forma de compreender as origens e causas da problemática socioambiental que exerce pressões sobre a biodiversidade protegida — elaborada "fora" da sociedade política (em aparelhos produtores de hegemonia como setores da universidade, organizações civis, coletivos educadores) — foi trazida para "dentro", de maneira a incidir sobre a materialização de uma ação de EA no interior de uma política ambiental, tornando-se, anos depois, ela própria uma outra política instituída.

Qualquer trabalho de EA que tome a participação social na gestão da UC como estratégia pedagógica irá, invariavelmente, trabalhar predominantemente com adultos. Aqui cabe recorrer a uma consideração de Marília Pastuk (1993) afirmando que, ao considerar que a EA voltada para adultos é voluntariamente realizada pelos mesmos, a ação do cidadão e da cidadã em problemas específicos é indubitavelmente de grande valor educacional, na medida em que desperta sua consciência. A essa menção a problemas específicos é possível relacionar a intenção da FS em perceber os problemas de fiscalização ambiental em UC como temas geradores de itinerários formativos. Não seriam problemas restritos às UC, mas sim complexamente enlaçados com dinâmicas territoriais e com o cotidiano dos participantes.

Um terceiro documento consultado para subsidiar a descrição da Formação Socioambiental foi o relatório de pesquisa decorrente do projeto validado pela COTEC-IF. Denominado simplesmente "Relatório da FS", o documento está disponível na mesma página virtual (palavras de busca: "formação socioambiental", "sigam") em que se encontram os demais documentos, materiais e registros produzidos ao longo da experiência e que baseiam este levantamento descritivo.

O "Relatório da FS" é organizado, além dos elementos pré-textuais, em cinco capítulos, que tratam primeiramente do referencial teórico utilizado, representando as reflexões iniciais que subsidiaram a proposta e aparentam maior elaboração no relatório observado do que no projeto de pesquisa. O capítulo seguinte dá conta de "descrever a FS como resposta para realizar os pressupostos conceituais e teóricos". O terceiro capítulo expõe os procedimentos utilizados para registrar e avaliar a experiência, seguido do capítulo quarto, dedicado a expor de maneira mais detalhada os indicadores oriundos da matriz de avaliação já demonstrada a partir da consulta ao projeto de pesquisa. O último capítulo apresenta os resultados e a discussão, em perspectiva analítica, dos indicadores obtidos na pesquisa.

A estrutura do formato é marcada por três grandes momentos. Eles permitem caracterizar a FS, ao menos inicialmente: 1) o acesso proporcionado a alguns pressupostos de temas considerados pertinentes para iniciar um alinhamento entre os participantes (Conselhos, participação etc.); 2) a construção de um panorama da problemática socioambiental a partir dos olhares constituintes do plano de fiscalização (SIM-UC) e uma compreensão a respeito de suas causas; 3) o desenvolvimento de uma agenda de intervenção nas causas elencadas como prioritárias, considerando atribuições convencionais e sentidos atribuídos/reforçados aos colegiados.

Para o primeiro momento se previa inicialmente exposições sobre temas como participação social, conselhos, unidades de conservação e gestão ambiental. Os próprios técnicos/educadores faziam os aportes, tomando por base as reflexões trazidas anteriormente à elaboração da proposta de trabalho (sobretudo aquelas contidas no então projeto de pesquisa registrado junto à COTEC-IF). Já a partir daqui teria se materializado o diálogo entre agentes, perspectivas e interesses como esforço para construir leituras comuns, a participação dos agentes envolvidos nesta pesquisa. Foi apontada uma capacidade de sintetizar perspectivas e construir agendas comuns. O pressuposto de natureza e meio ambiente como termos polissêmicos teria permitido ampliar a capacidade de diálogo dos educadores envolvidos, na medida em que reconheciam a existência prévia de entendimentos diferentes, eventualmente antagônicos e, ainda, em dissonância com aquelas compreensões que orientam normativas ambientais.

Para o segundo momento, o documento consultado traz a previsão de compartilhar técnicas que facilitem o diálogo entre os presentes e seus respectivos olhares e interesses para conceber uma compreensão mais complexa sobre o problema também definido como prioritário. Como recursos pedagógicos desse momento, recorreu-se a ferramentas de reconhecimento territorial, análise situacional e mapeamento de agentes sociais associáveis às causas dos problemas manifestados nas UC.

No terceiro momento, são trabalhadas outras técnicas com os participantes, vinculadas à necessidade de planejar conjuntamente uma agenda para atuação política a partir do próprio Conselho, visando a incidir sobre causas consideradas críticas daquele problema já priorizado e dirigidas aos agentes sociais também mapeados. Como exemplo sugerido de componentes possíveis dessa agenda, o relatório aponta ações como acompanhamento de medidas tomadas por agentes responsáveis, contato com autoridades, articulação com outros atores. O documento não estabelece relações diretas entre políticas públicas e o que chama de "causas" dos problemas de fiscalização.

A relação surge objetivamente em um dos polos trabalhados mais tarde, em 2015-2016 (Estação Ecológica Bananal, no Vale do Paraíba), sugerindo aos participantes que as causas estariam associadas de alguma forma às políticas públicas que organizam o território que envolve a UC.

EDUCAÇÃO AMBIENTAL, CONSERVAÇÃO E DISPUTAS DE HEGEMONIA

Essa UC foi trabalhada posteriormente ao término do relatório da citada pesquisa no âmbito da SMA. Indica, assim, que o exercício de pôr em prática, analisar e avaliar o percurso propiciou reflexões que amadureceram a EA na gestão de UC a partir da fiscalização ambiental.

Segundo o "Relatório da FS", analisando criticamente cada um dos momentos e as previsões de abordagens, a opção por trabalhar inicialmente com conteúdo mais abstrato e somente depois propor o manuseio prático de algo em oficinas teria se mostrado algo bastante conservador em termos pedagógicos (SÃO PAULO, 2014).

Essa autocrítica registrada no relatório apresenta a descrição de um movimento práxico na implantação do trabalho de EA de forma que essa mesma lógica fosse compartilhada com os participantes do processo formativo. Ou seja, a FS teria passado a contar com uma articulação mais teórico-prática, buscando afastar-se de uma lógica mais formal e conservadora de primeiro abordar conceitos para somente depois praticar algo, sem necessariamente produzir sínteses sobre as contradições entre teoria e ação. O trabalho de EA caracterizou-se por partir das relações entre o abstrato e o concreto, de forma a se buscar propiciar compreensões mais organizadas, tornadas uma espécie de "concreto pensado".

Um documento posterior sobre a FS, denominado *Contribuição dos Conselhos Gestores à proteção das Unidades de Conservação* (SÃO PAULO, 2016a) expõe um momento acrescido àqueles três já apontados. Trata-se do momento de acompanhamento e avaliação da eficácia das ações. Ou seja, se elas estariam atingindo os objetivos estabelecidos.

Observamos que a FS se localiza na intersecção de diferentes campos, notadamente da "gestão de UC" com o da "Fiscalização Ambiental", ambos, por seu turno, inseridos no espaço de convergências entre os campos da educação ambiental com a Gestão Ambiental Pública.

Primeiros movimentos da prática: reunião com gestores

Segundo o "Relatório da FS" (SÃO PAULO, 2014), o movimento inicial para colocar em prática a proposta foi o de apresentar àqueles gestores das UC indicadas pela FF e IF o trabalho previsto, antes de se chegar aos conselheiros e convidados. O propósito disso pode ser observado a partir dos objetivos do encontro: 1) esclarecer a proposta; 2) avaliar sua viabilidade e pertinência; 3) compartilhar com os responsáveis pelas UC a ideia de se trabalhar a construção de agendas dos Conselhos com base em "problemas de fiscalização ambiental"; 4) alinhar procedimentos, o compromisso dos gestores e os encaminhamentos necessários (tais como se reunir com os Conselhos e dar notícia das intenções da FS, suas relações com a política de fiscalização de UC já em implementação e a perspectiva de uma reunião inicial para a equipe de São Paulo ir a cada UC submeter a proposta aos conselheiros: "Buscou-se ainda construir o encontro a partir da mesma dinâmica e percurso formativo a serem utilizados com os Conselhos [...]" (SÃO PAULO, 2014, p. 88).

Esses primeiros movimentos práticos da FS evidenciam uma busca por dialogar com aqueles responsáveis pela gestão das UC. Portanto, os servidores que seriam responsáveis, na ponta, pela implementação da política de fiscalização de UCPI, o que se pode aproximar da ideia de construção de um consenso sobre o trabalho de EA nas UC, especialmente uma EA não restrita à transmissão de conteúdo ou comportamentos tidos como adequados, nem limitada a explicações sobre o funcionamento de sistemas ecológicos. Esse diálogo apresenta potencialidade formativa, já que se desenvolveu da mesma forma prevista aos Conselhos. Em razão dessa interlocução, também identificamos situações de conflito de entendimentos sobre como se idealiza e como deve se materializar a proteção de atributos naturais, assim como deslocamentos importantes acerca do papel da EA nesse contexto de fiscalização. Assim, esse primeiro movimento prático pode ser caracterizado como formativo aos envolvidos, configurando uma contribuição da EA à gestão de UC e dos Conselhos.

Observando o tratamento dado ao termo "Polo" no trabalho da FS e no relatório consultado, depreendemos que corresponde a um agrupamento de UC estaduais ou geridas por outras esferas administrativas, compartilhando a gestão de um território em comum.

Os polos trabalhados foram: i) PE Itapetinga; MONA Pedra Grande; PE Itaberaba; ii) FE Edmundo Navarro de Andrade (não concluído); iii) EE Angatuba (não concluído); iv) PE Aguapeí; PE Rio do Peixe; PE Morro do Diabo; v) MONA Pedra do Baú (não concluído); PE Mananciais de Campos do Jordão; PE Campos do Jordão; vi) PE Serra do Mar/Núcleo Caraguatatuba; vii) PE Serra do Mar/Núcleo Itutinga-Pilões; viii) PE lagamar de Cananéia; ix) PE Carlos Botelho (concluído no âmbito do Mosaico Paranapiacaba); x) APA marinha Litoral Sul; xi) PE Serra do Mar/Núcleo Itariru; xii) EE Bananal; xiii) PE Cantareira e Conselho Regional de Meio

Ambiente, Desenvolvimento Sustentável e Cultura de Paz da Cidade de São Paulo; xiv) Mosaico Paranapiacaba; xv) PE Jaraguá (não concluído); xvi) PE Campina do Encantado (não concluído).

O primeiro momento da FS

O primeiro momento da FS teve como objetivos: i) alinhar o conhecimento dos participantes com relação a temas tomados como importantes aportes ao processo de envolvimento com a gestão e proteção de UC; ii) ampliar e consolidar noções sobre meio ambiente, gestão e participação; iii) reconhecer os conflitos socioambientais associados às pressões sobre a biodiversidade; iv) desenvolver uma compreensão sobre a problemática socioambiental do território (SÃO PAULO, 2014).

Observamos uma preocupação em desenvolver com os participantes alguns pontos de partida quanto aos olhares a partir dos quais todos iriam dali em diante começar a construir um entendimento da problemática socioambiental que envolve as UC, tomando, inclusive, os conflitos como importantes nesse percurso. Destaque seja feito a uma opção metodológica do trabalho: a seleção de outras linguagens para expressar intenções e perspectivas para dar conta de tal construção. De acordo com o documento examinado: "Poesia, literatura, gravuras e pinturas serviram de recursos que visavam ao enriquecimento da linguagem, como também a facilitar a apreensão do que estava sendo posto em evidência ou em debate" (SÃO PAULO, 2014, p. 91). Exemplo desse uso da poesia pode ser constatado na mensagem contida nos versos de Thiago de Mello no poema "para repartir com todos" (MELLO, 1983). Nele, a intenção expressa foi a de "convidar a todos para um trabalho conjunto", uma vez que a obra escolhida trata de um "diamante" (tomado como horizonte utópico) a ser procurado e buscado coletivamente e, ao ser encontrado, ser repartido mesmo com aqueles impedidos de ajudar porque "faltos de sonho".

Ainda nesse primeiro encontro nos Conselhos observa-se uma tentativa de alinhavar temas e abordagens. Inicialmente se apresenta que as diferentes possibilidades de entendimentos sobre o que vem a ser meio ambiente, natureza e UC ressaltam uma característica dos Conselhos destacada no trabalho. Trata-se do espaço onde o contraditório deve ser desvelado para então ser objeto de reflexão, debate e mediação de interesses e pontos de vista.

Apoiando-se na contribuição de Isabel Carvalho (2004a) ao debate sobre a EA na formação do sujeito ecológico, a abordagem coloca sob suspeita, em uma atitude filosófica, a noção de que a realidade é o que ela é, mesmo que se interprete a partir de sua aparência ou compreensão usual. Ou seja, "As compreensões e definições que construímos seriam a realidade ou refletem projeções que fazemos naquilo que entendemos por realidade?" (CARVALHO, 2004a, p. 92). Como esteio para desenvolver tal reflexão e debate, ainda se apoiando no uso que Carvalho faz de obra do pintor belga René Magritte (*A condição humana*, de 1933), a equipe da FS tratou de compartilhar com os participantes a dificuldade de definir de forma categórica o que vem a ser meio ambiente, natureza e mesmo UC, ainda que se reconheçam os esforços legais e normativos para tal tarefa. Na mesma linha e atividade, foi feito uso novamente de linguagem poética, dessa vez de Fernando Pessoa, quando esse traz em versos que "O universo não é uma ideia minha. A minha ideia de universo é que é uma ideia minha" (PESSOA, 2005, p. 113).

Nesse tema abordado notamos a importância de subsidiar a problematização das compreensões hegemônicas que sustentam a normatividade vigente, apontando para a possibilidade de incidir nas perspectivas dominantes e, em esforço político associado, nas normas que expressariam tais compreensões, materializando políticas públicas. Isso aproxima essas abordagens a uma EA com inspiração gramsciana, na medida em que, diante de grupos sociais alijados cultural e politicamente de espaços de gestão pública, são potencializadas suas compreensões, seus sistemas de valores e leituras do mundo, em diálogo com aportes que apontam para a necessidade da política para lidar com conflitos de diferentes ordens.

O tema "gestão ambiental" foi trabalhado de maneira expositiva, conforme o relatório consultado. Seguindo a mesma linha de diferentes perspectivas a definir o que entende por — e que se pratica em — gestão ambiental, as primeiras reuniões nos espaços dos Conselhos expunham os conceitos debatidos sucintamente no projeto de pesquisa da proposta. Depreendemos que isso evidencia que a EA contribui ao entendimento de que a própria gestão da UC, compartilhada em alguma medida com o Conselho, deve ser relacionada também ao território onde estariam ambos localizados. Quanto às vertentes sobre gestão ambiental, houve o uso daquelas trabalhadas por Martinez-Alier e já tratadas no capítulo dois deste livro.

A terceira maneira de compreender a noção de gestão ambiental (a partir da perspectiva do ecologismo popular) foi trabalhada de maneira a

EDUCAÇÃO AMBIENTAL, CONSERVAÇÃO E DISPUTAS DE HEGEMONIA

ser articulada a diferentes campos, visando a corresponder à complexidade das questões socioambientais. Como pontos de referência ilustrativos e que remetiam à disputa de hegemonia nos próprios campos mobilizados para compor a terceira ideia sobre gestão ambiental, era abordada a produção e o consumo de alimentos, sugerindo aproximações com a produção familiar, orgânica, agroecológica, economicamente solidária e possivelmente associada ao movimento *slow food* (movimento contrário à hegemônica maneira de produzir e consumir alimentos no mundo globalizado, defendendo a necessidade de se repensar como produzimos e como nos alimentamos). Os demais campos nos quais se indicavam disputa de hegemonia, além de vinculadas a uma necessária expansão da concepção de gestão ambiental, foram os da produção de energia (fontes alternativas), habitação e urbanismo, saneamento, mobilidade, economia (economia solidária) e, principalmente, a participação social como intrinsecamente correlacionada a uma noção expandida de gestão ambiental. Tal articulação da noção de gestão ambiental com diferentes campos sociais se coaduna com a necessidade de políticas setoriais receberem aportes do campo ambiental no sentido de reorientarem um projeto de sociedade.

Aqui, sob uma análise em perspectiva a partir das chaves analíticas gramscianas, a extensão do conceito de gestão ambiental para a regulação da vida coletiva de um território maior que a UC — mas inerentemente relacionado a ela — sinaliza um esforço de reconhecer a dimensão política da gestão da UC, tanto quanto da atuação do Conselho nesse território mais amplo. Além disso, aponta para a necessidade de se pensar em projetos societários a partir da importância da conservação ambiental representada pela existência da UC. Ainda que a FS não aborde — nem mencione — aspectos da crítica à economia política ou ao capitalismo de maneira objetiva, trata-se de um indício desse potencial, segundo o qual será inviável a conservação dissociada de uma práxis política na direção de vislumbrar e construir outras sociedades não organizadas pelo capital.

No mesmo primeiro encontro da FS nos Conselhos o tema participação foi previsto para ser exposto conforme as considerações que orientaram a construção da proposta, sugerindo que a FS deveria ser compreendida como espaço/tempo no qual educadoras e educadores buscam compartilhar um discurso sobre as funções das UC e papéis dos Conselhos. A iniciativa educadora é abrigada e inserida em uma política de fiscalização ambiental (SIM-UC), mas direcionada para pôr sob suspeita noções convencionais vinculadas ao senso comum sobre os temas abordados.

A FS aparenta possuir, a partir disso, outra característica marcante: criar situações presenciais e dialogadas que problematizem noções convencionais de UC e a atuação de colegiados como os Conselhos. No caso específico da "participação social", a FS expunha, claramente apontando para os Conselhos como vetores de incidência em políticas públicas relativas àqueles mesmos temas que no horizonte do processo formativo no espaço dos Conselhos gestores de UC havia a noção de controle social, visando à incidência e acompanhamento de questões públicas e respectivas políticas, reconhecendo que a participação é processo formativo permanente (SÃO PAULO, 2014).

Esse destaque na abordagem sobre participação realizada na FS aponta para a possibilidade de assimilar direcionamentos a partir daquilo que lhe é explícito: a incidência política, embora não sugira proximidade direta com alguma chave analítica tratada no capítulo inicial. Contudo, nenhuma incidência política é neutra, mas parte de um conjunto de interesses apoiados por um sistema de valores e uma ética correspondente, definindo uma concepção de mundo e uma postura diante dela. Diante disso, a EA assume um papel literalmente fundamental. Ao promover o acesso à participação política com horizonte imediato de incidência na regulação da vida coletiva, é preciso guardar distância de tendências de reprodução de um modelo de desenvolvimento predatório e que exclui a amplos contingentes de seres humanos.

Para os agentes públicos consultados, os Conselhos teriam sido tratados como espaços de ensino-aprendizagem não restritos à composição formal. A ação de EA teria promovido uma ampliação desses espaços colegiados quanto à possibilidade de participação, uma vez que se estendia àquelas pessoas que não teriam titularidade formal de uma cadeira no Conselho. Isso, por seu turno, também teria efeitos sobre outra ampliação: essa de sentidos sobre a participação nos diálogos realizados com estímulos da ação educadora. Ao levar perspectivas, interesses e demandas àqueles colegiados, os participantes estariam incidindo na construção de compreensões sobre o território e, também, sobre possíveis atuações em um nível mais político.

Por apontar participação como controle social tendo a incidência em políticas públicas como uma estratégia, emerge o pressuposto da qualificação dessa participação. Para qualificá-la, a EA reforça seu sentido emancipador subsidiado pela perspectiva crítica da educação, tratada na reflexão acumulada neste campo social e já exposta no capítulo anterior.

EDUCAÇÃO AMBIENTAL, CONSERVAÇÃO E DISPUTAS DE HEGEMONIA

Daí a potência de diálogo com categorias gramscianas como: i) intelectuais orgânicos, demandando esclarecimento, posicionamento e compromisso político dos educadores envolvidos; ii) catarse, na medida em que vem a ser uma espécie de propósito pedagógico da ação educadora; iii) senso comum e hegemonia, em função do reconhecimento de que o senso comum mobilizado usualmente para subsidiar percepções e entendimentos iniciais sobre questões socioambientais é similar a uma "colcha de retalhos" em que predomina uma concepção de mundo hegemônica sobre como se dão as relações sociais, como se organizam os grupos sociais para produzir e distribuir, comumente naturalizando o modelo dominante. Precisam, portanto, de abordagens educadoras que partam do interesse em deslocar compreensões sincréticas, colocando-as sob suspeita, àquelas que sintetizem uma apreensão coerente de determinada realidade.

A fala seguinte nos primeiros encontros foi sobre Conselhos. Identificou-se que o tema foi abordado de maneira a pôr em análise algumas características mais convencionais sobre os colegiados. Questões sobre natureza consultiva ou deliberativa e suas atribuições no caso de UC (tendo por base a legislação) foram trabalhadas, segundo o "Relatório da FS", como base para compartilhar com os participantes um entendimento, aparentemente tido como opção política da FS (que aqui tomamos como mais uma contribuição da EA).

Um exemplo dessa reflexão e debate é a natureza consultiva versus deliberativa dos Conselhos. Era debatido, com base em aportes sobre concepções e atribuições dos colegiados, que eram consultivos com relação à gestão estrita da UC, uma vez que não respondiam formalmente por ela. No entanto, sempre estavam a deliberar, seja sobre seu funcionamento e regras, seja em seus posicionamentos e, sobretudo, com relação àquilo que fariam como ação política no território onde se encontram as UC (SÃO PAULO, 2014).

Há um risco considerável nessa afirmação supracitada. O de naturalizar a condição consultiva dos Conselhos de UC como insuperável. Direciona-se o olhar dos Conselhos para fora das UC e, com isso, se atrofia seu potencial de gerir o território da própria unidade tomada como bem comum. Uma espécie de "desvio de foco". No entanto, a partir dessa mesma citação torna-se evidente um sentido atribuído ao papel dos Conselhos, mesmo diante de sua natureza consultiva. Observamos que a FS atribuiu aos colegiados um papel político *também* voltado ao território que envolve a UC.

Se no âmbito da gestão os Conselhos firmam posicionamentos e "deliberam", constroem decisões que servem de manifestação política quanto àquelas decisões de competência do órgão gestor, a FS compartilha com os participantes para que mirem o território mais amplo do qual a UC faz parte, observando as políticas públicas setoriais que dizem respeito a causas relacionadas às pressões sobre os bens ambientais, serviços ecossistêmicos e recursos naturais ali protegidos. Mesmo com o risco apontado, trata-se de um salto quanto ao sentido do papel dos Conselhos, ao menos no campo discursivo.

Finalizando os primeiros encontros que se dedicaram à exposição dialogada de perspectivas sobre temas considerados importantes para tratar dos problemas de fiscalização ambiental nas UC, o tema Unidades de Conservação foi trabalhado, tomando como "fio condutor" o Sistema Nacional de Unidades de Conservação da Natureza (Snuc). Nessa oportunidade houve aportes reflexivos relativos àquilo que concebemos por "natureza" — que recebe condicionamentos e também condiciona as estratégias de sua proteção — e como é difícil reconhecer alguma definição na normatividade sobre UC. Na esteira dessa abordagem, os aportes foram sobre o Snuc, na medida em que ele abriga dois grupos de UC que apontam a relações diferentes com os bens ambientais e recursos naturais (SÃO PAULO, 2014).

A intenção percebida na opção de abordar o Snuc em sua abrangência de noções distintas sobre como conservar a natureza seria a de demonstrar a dinamicidade na atribuição de sentidos às funções que pode cumprir a criação de UC nos territórios onde são instaladas, dialogando com o debate exposto na seção sobre Unidades de Conservação no capítulo dois. Na esteira dessa demonstração, identificamos o potencial de provocar tanto deslocamentos de compreensão sobre o sentido de se criar áreas protegidas, como também reflexões sobre quem seriam — e deveriam ser — os sujeitos que normatizam a vida coletiva, que concepções, preocupações e interesses orientam as tomadas de decisão etc.

O encerramento dos primeiros encontros contava com os encaminhamentos. Entre eles, algumas demandas na forma de perguntas sinalizam as intenções e expectativas de trabalho para o encontro seguinte, adentrando outra dinâmica: iniciar um trabalho de leitura coletiva e dialogada do território que envolve a UC, sua problemática socioambiental e uma espécie de cartografia social relacionada, que é uma ferramenta tanto para se construir coletivamente conhecimento de base popular epistemologicamente válido, como também para subsidiar compreensões sobre a realidade de determinado território e formas de transformá-la (COSTA *et al.*, 2016). Segundo o documento consultado, as perguntas foram: 1) Quais são os problemas ambientais que ocorrem no interior da UC? Há relações desses problemas com a parte externa da UC? Quais? Que agentes sociais têm relação com o problema? 2) Qual é o território dessa UC? Seria o entorno/Zona de Amortecimento? A Bacia Hidrográfica? Ou outra região? 3) Que agentes sociais (órgãos públicos, organizações sociais, entidades, associações, instituições diversas) se encontram neste território e se relacionam direta ou indiretamente com a UC?

O segundo momento da FS

O que se denominou como "segunda rodada de encontros" da FS apresentou como intenções reconhecer o quadro da problemática socioambiental do território que envolve as UC sob a perspectiva da fiscalização ambiental. Com base nesse quadro, os participantes definiam quais seriam as prioridades a serem trabalhadas a partir dos Conselhos, assim como desenvolviam uma compreensão em perspectiva crítica (porque voltada a suas causas) e complexa (porque multidimensional e sob múltiplas determinações). Nos encontros do segundo momento também eram mapeados diferentes agentes sociais relacionados pelos próprios participantes, a partir de seus repertórios, com aquelas causas consideradas críticas para os problemas priorizados.

O "Relatório da FS" indica que, em função da avaliação dinâmica realizada no acompanhamento da ação educadora pelos próprios formuladores e operadores do trabalho, alterações foram feitas para essa segunda rodada com os participantes nos espaços dos Conselhos de UC. Antes de partir para um conjunto de reflexões, debates e definições fazendo emergir uma análise situacional do território, optou-se por inserir uma exposição sobre a política de fiscalização. Isso possibilitou uma situação aqui considerada importante.

Essa apresentação do SIM-UC demonstrava que o direcionamento da fiscalização não era ali uma exclusividade da Polícia Ambiental, mas sim resultante de um diálogo com a gestão da UC, em espaço previsto na própria política de fiscalização em implementação. A partir disso a própria FS pode ser considerada um espaço em paralelo, mas vinculado, para se discutir o que pode ou deve orientar a fiscalização da UC, já que os Conselhos são espaços de gestão e os gestores de UC ocupam lugar privilegiado em ambas situações: nos Conselhos e no planejamento local da fiscalização.

Observamos aqui, portanto, uma possibilidade, a princípio, de incidência na operacionalização local de uma política de fiscalização de UC.

Ainda assim, o documento consultado expõe que a intenção da apresentação de informações sobre o plano de fiscalização foi demonstrar o esforço realizado no sentido de proteger as UC, localizando a FS como um trabalho complementar: "desenvolver abordagens preventivas às causas daqueles problemas que se planejava reprimir com a Polícia Ambiental".

Concluída essa parte correspondente à alteração feita no "bloco de conteúdos" desse segundo momento da FS e de uma recapitulação dos temas tratados no momento anterior, os trabalhos se dedicavam a introduzir as dinâmicas previstas para desenvolver a mencionada análise situacional. De início, dois recursos foram usados. Uma frase de Marcel Proust, de um dos volumes da monumental obra *Em busca do tempo perdido*; outra pintura do artista belga Magritte (*"Clairvoyant"* ou *Clarividente*). A frase de Proust sugere a necessidade de colocar sob suspeita aquilo que parece naturalizado. O quadro de Magritte traz a figura de um pintor (autorretrato) que ao olhar para um ovo, pinta na tela um pássaro, sendo o uso desse quadro uma indicação da necessidade de se projetar teleologicamente as possibilidades dos próprios Conselhos ao olharem para si, bem como para as UC, no contexto que seria dali em diante compreendido conjuntamente.

Ambos os recursos reforçavam a ideia já trazida no encontro anterior sobre a existência de diferentes conhecimentos e perspectivas sobre questões similares. Esses conhecimentos, avisam o quadro de Magritte e a frase de Proust, seriam mobilizados, mesmo que diversos, para buscar compor uma compreensão coletiva da problemática socioambiental do território. A finalidade, afirma o documento consultado, era de chamar a atenção para a necessidade de deslocar nossas compreensões, de modo fundamentado e dialogado, sobre elementos da realidade para os quais usamos o senso comum para buscar entender (SÃO PAULO, 2014).

Na sequência de expor os problemas de fiscalização, as pressões sofridas pelas UC sob o ponto de vista de operadores da política de fiscalização em seu viés repressivo (gestores das UC e comandantes do policiamento ambiental local), a condução desse segundo momento da FS dirigia a palavra aos participantes em dois sentidos. Um de solicitar que problematizassem a perspectiva exposta, acrescentando ou redefinindo aqueles problemas apresentados. Outro de, diante daquele conjunto de problemas apontados pelos participantes e expostos a eles, debater e definir qual seria priorizado.

Nos primeiros polos a definição do problema prioritário foi inicialmente desenvolvida no segundo momento da FS, na sequência das exposições dialogadas sobre os temas considerados relevantes. No entanto, essa definição de uma prioridade pelos participantes foi transferida para o primeiro momento de encontro da FS nos demais polos, como forma de corresponder às avaliações dos próprios participantes sobre o grau elevado de abstração concentrado em um só encontro inicial.

Essa dinâmica de definição de problema prioritário indica, como recurso pedagógico da EA analisada, a problematização do olhar da administração pública e aqueles órgãos com alguma competência para orientar a fiscalização ambiental em UC. Convida os participantes de diferentes segmentos e grupos sociais para elaborarem outras problemáticas que eventualmente não estão no rol de preocupações das "autoridades". Os Conselhos passam a ser, portanto, espaços de diálogo sobre as preocupações com o território, de intercâmbio de informações, de construção de conhecimentos válidos para compor o acervo que subsidia análises que orientam a proteção. Configuram, assim, uma evidência da possibilidade de incidir na operacionalização da política de fiscalização ambiental em UC.

Ainda que não dialogando com a perspectiva gramsciana aqui buscada, o trabalho de EA observado criou objetivamente situações que permitem o aporte de contribuições de categorias desenvolvidas por Antonio Gramsci. Aquela relativa à definição que o pensador sardo traz sobre o senso comum é uma delas, ao possibilitar o emergir de uma compreensão razoavelmente sincrética sobre dada realidade. Outra é hegemonia, ao proporcionar uma análise sobre esse entendimento assemelhado a uma "colcha de retalhos". Aqui se evidencia também contribuições da EA a uma exploração mais vertical, inclusive, a reflexões sobre o que se entende por "problemas", suas aparências e seus aspectos essenciais.

Poderíamos apontar aproximações com a ideia de "Consenso" como componente teórico da categoria hegemonia. No entanto, no documento consultado não se identificou uma perspectiva de análise da realidade prévia levada pela equipe de educadores. Teria havido mais o esforço de alinhavar as contribuições dos participantes, do que tomar como parâmetro uma compreensão prévia baseada em alguma crítica à economia política, por exemplo.

Após definir o problema prioritário, proporcionando assim a identificação de todo o grupo no Conselho com uma prioridade comum, os trabalhos passaram à dinâmica de construir uma compreensão em perspectiva crítica, complexa e a partir dos repertórios dos participantes da FS. A técnica usada inspirou-se no Método Altadir de Planificación Popular (MAPP), de autoria do economista chileno Carlos Matus. Segundo essa técnica, as formas como determinado problema se apresenta ou se manifesta são chamadas de "descritores" (MATUS, 2007) — ajudam a descrevê-lo. Os motivos e condicionantes do problema são tratados como "causas" e suas consequências de "efeitos". Partir de um problema, identificar seus descritores e, na sequência, suas causas e efeitos dá origem ao que se convencionou denominar "árvore de problemas".

O uso dessa técnica na FS cumpriu uma função dupla: i) descrever a aparência do problema priorizado pelo coletivo; ii) dimensionar sua extensão e complexidade, observando principalmente o que estaria por trás de sua aparência — suas causas (SÃO PAULO, 2014).

Resta evidente a intenção de deslocar a compreensão sobre o problema de fiscalização que deu origem à dinâmica. De problema de fiscalização que demanda ações repressivas devidamente previstas na política ambiental, emerge uma compreensão — desenvolvida pelo diálogo entre diferentes atores presentes ao encontro — que traz à tona a complexidade das sobre-determinações por trás daquele problema fetichizado pela fiscalização, desnaturalizando-o. De problema de fiscalização, a prioridade passa a ser também entendida como questão social, econômica, cultural, histórica, exigindo outros tratamentos que não exclusivamente repressivos.

Na sequência do apontamento das causas a partir dos descritores do problema priorizado os participantes eram convidados a observar quais seriam as causas críticas. Causas críticas seriam aquelas que estariam na base (motivando outras causas) ou aquelas que, uma vez "resolvidas", promoveriam a solução de outras causas. Contudo, a FS optou por orientar os participantes a utilizar como baliza para esse exercício de priorização de causas as seguintes questões: possibilidade de, no espaço do Conselho, haver maior aprendizado sobre elas; a intervenção nas causas depender em boa parte da atuação do Conselho (possibilidade de prospectar ações sob governabilidade do Conselho); viabilidade da intervenção ser planejada, executada e avaliada a partir do Conselho.

A FS, considerando os registros observados, não teria esgotado toda a potencialidade educadora e transformadora de apontamentos como aqueles feitos pelos participantes do referido processo formativo. Mesmo trazendo elementos significativos para se começar a construir um consenso na direção de negar o modelo de desenvolvimento hegemônico, isso não foi alcançado. Todavia, aqui reconhecemos como mais uma evidência de contribuição da EA. Ao inspirar-se no conjunto do pensamento gramsciano a EA pode se pautar também por aprofundar as reflexões e análises a respeito dos apontamentos feitos, de forma a qualificar politicamente a capacidade de compreensão em perspectiva crítica e a construção de consensos (tanto em termos de apreensão da realidade, quanto de projeto societário necessário) que teriam na estratégia da incidência política uma forma para sua materialização e, assim, conquista de posições.

De todo modo, é possível reconhecer que teria havido um deslocamento de compreensão aproximado à ideia de catarse apresentada por Gramsci. Se catarse se caracteriza por um movimento não só de elevação — em termos qualitativos — da organização do pensamento que sustenta a compreensão da realidade, mas também pelo reconhecimento das diferenças entre aparência e essência de algum fenômeno, isso ocorreu na experiência da ação de EA examinada.

Definidas as causas consideradas críticas pelos presentes à oficina da segunda rodada de encontros da FS, os trabalhos se pautaram por outro mapeamento, com base no resultado anterior. O mapeamento de agentes sociais relacionados às causas críticas do problema priorizado promoveu a identificação de atores presentes no território de influência da UC que, na visão dos participantes, contribuiriam tanto para a existência das causas críticas como para seu enfrentamento e eventual superação. Esse mapeamento teve como finalidade reforçar a compreensão sobre a complexidade daquele problema já priorizado e com causas críticas apontadas. Dessa vez, observando e analisando a complexidade dos agentes sociais envolvidos, visando à identificação de interlocuções possíveis e necessárias para o momento seguinte da FS.

Citando Faria (2006), o relatório afirma que o uso da referida técnica de mapeamento viabiliza a identificação e registro de diferentes agentes sociais e suas interrelações em determinado território de maneira exploratória, permitindo uma visão geral das conexões entre diversas organizações e grupos sociais.

Como encerramento dessa segunda rodada de encontros da FS, os condutores das situações formativas encomendavam questões para serem refletidas e trazidas como respostas a servirem de contribuições ao debate previsto para o terceiro momento do percurso. As questões basicamente versavam a respeito de quais seriam as situações que poderiam ser almejadas como contraposição àquelas representativas das causas críticas, bem como sobre que tipos de ações poderiam ser projetadas ou realizadas a partir do espaço do Conselho, articulando-se ou dirigindo-se a quais agentes sociais mapeados.

O terceiro momento da FS

O que marca a passagem do segundo para o terceiro momento da FS é uma possível virada no papel do Conselho como espaço de gestão de UC. Até aqui as reflexões, diálogos e tomadas de posição dos participantes se dirigiram a construir uma leitura da realidade em perspectiva crítica e complexa, um discurso sobre a problemática socioambiental que afeta as UC a partir da priorização de um problema que demanda esforços de fiscalização ambiental. Nesse terceiro momento, os encontros dedicados a concluir o percurso da FS passam a se dirigir ao desenvolvimento, também coletivo, de uma agenda a ser realizada tendo como ator político os Conselhos Gestores, já não mais restritos exclusivamente a seus conselheiros.

Os encontros relativos a esse terceiro momento da FS se abriram com algumas palavras do cineasta argentino Fernando Birri (1925-2017), talvez mais conhecidas por falas do escritor uruguaio Eduardo Galeano (1940-2015), sobre a utopia: a utopia está lá no horizonte. Me aproximo dois passos, ela se afasta dois passos. Caminho dez passos e o horizonte corre dez passos. Por mais que eu caminhe, jamais alcançarei. Para que serve a Utopia? Serve para isso: para que eu não deixe de caminhar (GALEANO, 2018). A intenção desse momento da FS era de compartilhar com os participantes algumas formas de auto-organização e planejamento estratégico e tático de ações políticas, a compor uma agenda de diferentes grupos a partir daquele colegiado, conforme o relato consultado.

Tendo como acúmulo a definição de causas críticas de um problema priorizado pelo conjunto de participantes das oficinas anteriores, os trabalhos se dedicaram à construção de agendas de enfrentamento das causas dos problemas de fiscalização. Essa compreensão estende o entendimento sobre prevenção. De simplesmente monitoramento e vigilância para que ninguém cometa infrações porque está sendo observado, para a demonstração, construída pelo diálogo e por tomadas de posição legitimadas pelos Conselhos de UC, de que prevenir também significa compreender e atuar sobre as motivações das pressões sobre as UC.

EDUCAÇÃO AMBIENTAL, CONSERVAÇÃO E DISPUTAS DE HEGEMONIA

Segundo a publicação *Contribuição dos Conselhos Gestores à proteção das Unidades de Conservação: um guia prático para atuação a partir da fiscalização ambiental preventiva*, sobre o método consolidado da FS, para a construção dessa agenda, os passos dados pelos participantes na FS foram: 1) definição de uma situação ideal para cada causa crítica; 2) definição de ações a serem realizadas para se caminhar na direção da situação idealizada; 3) apontamento de uma meta para cada ação, que demonstre que, uma vez alcançada, sugira que se caminhou concretamente no sentido pretendido; 4) indicação de agentes sociais a serem articulados, mobilizados ou configurarem como interlocutores a quem as ações seriam remetidas; 5) detalhamento de cada ação, com justificativa, procedimentos, responsáveis e prazos (SÃO PAULO, 2016a).

Com base nas evidências colhidas sobre esse terceiro momento, é possível aproximá-las de categorias como catarse, "Consenso" e partido. Catarse em função do movimento que parte de uma atuação intuitiva e desorganizada na direção de outra, consciente e articulada, politicamente organizada a partir de um espaço e mirando objetivos tangíveis. Consenso na medida em que, no mínimo, se lançam algumas bases de um projeto de sociedade que ainda deverá ser configurado, posteriormente e dependendo da condução dessa agenda. Finalmente, Partido, considerando a menção feita ainda no primeiro capítulo, como frente que articula diferentes grupos sociais identificados tanto como classe fundamental, como também em se tratando de elaboração em disputa de hegemonia e atuação política articulada.

Por fim, do ponto de vista do contexto institucional no qual essa proposta de ação de EA foi formulada, uma informação identificada é relevante. Trata-se das características registradas nos Relatórios de Qualidade Ambiental (RQA), publicados anualmente pela SMA. Em 2016 o RQA registrou (SÃO PAULO, 2016b) a FS como ação em desenvolvimento. Em 2017 deu conta de informar que havia apenas dois polos sendo trabalhados (o 12, Estação Ecológica Bananal e o 14, Mosaico Paranapiacaba). Em 2018 se restringiu ao acompanhamento, sem expandir-se a outros polos e unidades de conservação. Em 2019 o RQA demonstrou a FS em outra movimentação, mais interna à SMA do que externa, nos territórios das UC, com o esforço de institucionalizar, via resolução SMA, uma política de ações preventivas.

A Resolução SMA 123/2018, que institui o Plano Estadual de Ações Preventivas em Fiscalização Ambiental. Esse plano cria uma linha de atuação oriunda da FS chamada "redução de pressões: atuação em espaços de participação da gestão ambiental pública, buscando fomentar e qualificar a participação social para redução de pressões sobre bens socioambientais" (SÃO PAULO, 2018, s/p).

Além disso, documento lançado em 2020 pela SIMA (atual Secretaria de Infraestrutura e Meio Ambiente) traz outra evidência de capilaridade e conquista de posição no debate e ações de proteção e fiscalização de UC. Entre fins de 2018 e meados de 2019 foi realizada uma capacitação para agentes públicos vinculados à gestão de UC em São Paulo. Fundação Florestal, CFA, CEA e membros da Academia da Biodiversidade (AcadeBio) e do ICMBio, com mediação e facilitação de profissionais da Coordenadoria de Planejamento Ambiental (CPLA), desenvolveram em conjunto uma capacitação que envolveu também agentes da Cetesb, do IF e da PMA. Nela, a dimensão preventiva trabalhada pela FS deu origem a um módulo completo do curso, assim como resultou em diretrizes transversais de posturas preventivas associadas à compreensão e atuação sobre as causas dos problemas de fiscalização das UC (SÃO PAULO, 2019).

São nítidos dois movimentos: 1) a redução das atividades, em um período que coincide com a gestão como secretário estadual, daquele que viria a ser o ministro de Meio Ambiente da gestão de Jair Bolsonaro, Ricardo Salles. Portanto, explícita e reiteradamente avesso à participação social, a Conselhos Gestores e mesmo a qualquer preocupação ambiental; 2) o redirecionamento dos trabalhos dos educadores envolvidos: do campo para a burocracia, atuando em uma espécie de "retaguarda" visando a garantir, pela institucionalização, a possibilidade de retomada dos trabalhos em conjuntura menos desfavorável politicamente. Ainda assim, sem perder de vista a incidência direta em iniciativas identificadas com esforços de formação de agentes de proteção e fiscalização de UC.

4.2 Evidências empíricas: contribuições educadoras, socioambientais e potencialmente colaboradoras na disputa de hegemonia

A seguir trazemos elementos, aspectos e características da experiência analisada. Esta análise foi feita com base em registros documentais dos quais pude participar ao longo do desenvolvimento da ação de EA em tela (entre 2013 e 2014). São registros organizados em relatório, também de pesquisa, conduzida no âmbito da SMA nos dois primeiros anos da ação (SÃO PAULO, 2014). Assim, se a seção anterior contextualiza essa experiência e expõe evidências que dão conta de conformar um entendimento sobre as estratégias e

EDUCAÇÃO AMBIENTAL, CONSERVAÇÃO E DISPUTAS DE HEGEMONIA

táticas de agentes públicos, educadores, no interior de aparelhos na sociedade política, esta seção buscará apresentar evidências colhidas da execução da proposta em contato com diferentes UC, Conselhos e respectivas realidades. Trata, portanto, do alcance da ação de EA na interface com a conservação.

Duas experiências específicas foram escolhidas para completar o quadro entre 2013 e 2014. Os motivos de escolha por esses polos de FS foram: i) os dois trabalhos de FS mais maduros à época (meados de 2016 a meados de 2017); ii) representavam duas regiões importantes do ponto de vista da conservação (Vales do Paraíba e do Ribeira); iii) eram dois exemplos opostos em termos de organização: EEc Bananal constituía uma UCPI praticamente isolada no âmbito da FS (com algumas articulações com RPPN e uma APA municipal) e bom relacionamento com o entorno imediato e vizinhança bastante elitizada; Mosaico Paranapiacaba composto por diferentes UC e categorias, além de uma realidade bem mais conflituosa do ponto de vista da conservação e relacionamento das UC com as dinâmicas do entorno.

A seguir, as sintetizações são feitas a partir do agrupamento de indícios e evidências de contribuições da EA à gestão de UC com base no trabalho analisado. Esses agrupamentos receberam uma denominação, seguida de descrições e análises.

Manutenção do espaço colegiado ativo, institucionalização da participação e representatividade do território

Observamos contribuições da EA no sentido de manter o espaço do Conselho ativo, mesmo nos casos em que ainda não havia sido formalizado. Também proporcionou a participação de agentes sociais sem representação formal naqueles colegiados já constituídos. Uma contribuição indireta, decorrente das anteriores, foi ampliar o grau de conhecimento da gestão das UC sobre a necessidade de haver representação de atores também associados a conflitos com essas áreas protegidas.

Tais contribuições trazem consigo desafios associados. Primeiro de manter e ampliar a representatividade — se não na representação formal, ao menos na participação nos diálogos — de grupos sociais usualmente afastados dos debates e decisões públicos. Sobretudo, aqueles agentes sociais que teriam parte nos conflitos envolvendo as UC. Segundo o próprio relatório, é evidente a distância entre a opção política da ação educadora nos campos da EA e da gestão ambiental e o que foi possível alcançar (SÃO PAULO, 2014).

Além disso, a formalização dos Conselhos demonstrou ser importante condicionante ao envolvimento e comprometimento dos participantes não somente nos encontros, mas também nos desdobramentos da denominada "agenda do Conselho" (que configura um resultado tangível da ação de EA).

O tipo de trabalho de EA examinado proporcionou maior representatividade do território, mesmo que não tenha alcançado aqueles grupos sociais em condições mais vulneráveis. Mais ampliado que sua composição formal. Houve mobilização e envolvimento de setores da sociedade civil, ainda que predominando a presença do setor público. Embora o recorte da experiência analisada trate de oito polos concluídos (de um total alcançado de 16 em 2016), observamos esse padrão de representatividade maior do setor público que demanda atenção. Ao passo que é válido por possibilitar a formação de agentes públicos e eventuais deslocamentos de compreensão sobre o sentido político de sua atuação profissional, afasta-se do intento de compartilhar os mesmos sentidos — também atribuídos às UC e aos Conselhos — com agentes da sociedade civil.

Essa potencialidade paradoxalmente corresponde a um desafio objetivo. Ao constatar que ações de EA nos Conselhos não precisam nem devem restringir-se àqueles segmentos e grupos já representados, emerge o desafio de efetivamente buscar maior articulação entre a UC e o território no qual está inserida, buscando viabilizar o envolvimento de atores da sociedade civil. Sobretudo, como já mencionado, daqueles grupos sociais mais distantes do ponto de vista político, mas mais próximos quanto a conflitos com a unidade.

Nesse aspecto a ação de EA em perspectiva crítica e orientação socioambientalista pode inspirar-se pela concepção gramsciana de intelectuais orgânicos — aos quais estariam em condição similar aqueles educadores comprometidos com grupos sociais de uma classe fundamental. Nesse cenário da conservação ambiental e da gestão de UC, seriam aqueles grupos sociais situados socioeconômica e politicamente à margem do modelo de desenvolvimento hegemônico e afetados pelo tipo de "produção de natureza" associado à criação, planejamento e gestão de UC.

Trata-se, portanto, de evidência do desafio posto a esse tipo de trabalho: a condição do Conselho quanto à sua formalização e representatividade popular com grupos sociais vulneráveis econômica e politicamente e, ainda, a existência/manutenção de educadores com esse grau de compromisso. Com a FS servindo para manter o espaço ocupado e atuando de alguma forma, o mapeamento de agentes sociais subsidia composições do Conselho, já considerando aqueles agentes desconhecidos até ali, mas associados a conflitos que estariam na essência dos problemas de fiscalização.

Com relação a esses desafios postos à EA, de seu alcance ser condicionado à formalização e representatividade, pode-se entender que é uma dependência relativa. Não impede a realização da EA nem, necessariamente, sua continuidade. No entanto, os dados empíricos em determinado polo da FS (no Polo 8 – P.E. Lagamar de Cananeia) em que teria ocorrido redução no número de participantes ao longo da experiência sugere a formalização como importante aos próprios representantes de agentes sociais da região. Embora a resposta a esse desafio não dependa diretamente da ação de EA, ele aponta para a possibilidade de se considerar o percurso realizado como mapeamento de conflitos e agentes a eles relacionados, subsidiando um levantamento e mobilização para composição formal de Conselhos em situação semelhante.

Portanto, observamos que a EA: 1) criou uma situação que demandou a presença de agentes sociais mesmo sem a formalização do Conselho; 2) apontou a necessidade de promover a representação daqueles segmentos e grupos sociais mais distantes não só da gestão da UC, mas também da relação com a administração pública de modo geral (caso de UC coexistentes com comunidades tradicionais, indígenas, quilombolas, de agricultores familiares etc.). Essa potencialidade e desafios da composição e formalização do Conselho, no entanto, dependem de responder a outra situação: a estabilidade, formação e compromisso político de gestores e gestoras de UC. Algo a ser viabilizado pela resistência contra-hegemônica e em disputa de hegemonia nos campos ambiental e da conservação (especialmente quanto à gestão de UC), na integralidade do Estado (sociedade política + sociedade civil). São desafios postos, sobretudo, aos órgãos gestores, mas também devem ser apreendidos hegemonicamente por movimentos militantes no campo da conservação.

Essa geração de demanda pela composição e formalização dos Conselhos Gestores caracteriza a FS como indutora da formação de demanda ao longo de sua realização como ação de EA. O "Relatório da FS" (SÃO PAULO, 2014) também expõe evidenciada sensibilidade — à época — na direção política de médio escalão (diretores regionais) dos órgãos gestores de UC e das próprias unidades sobre esse tipo de trabalho de EA. No entanto, sem referir-se à questão da representatividade. Há também a necessidade dessa sensibilidade obter predominância nas instituições envolvidas com a gestão de UC especificamente, sem afastar a busca por hegemonia no Estado como um todo.

Ampliação de repertórios e sentidos atribuídos às funções das UC e aos papéis dos Conselhos

Há evidências de que a EA contribuiu para ampliar o repertório dos participantes com relação às UC, sua gestão e papel dos Conselhos. Além disso, a própria EA, materializada em metodologia de trabalho com seus respectivos pressupostos teóricos e conceituais sobre gestão de UC, teria incidido em políticas correlatas, como de fiscalização e de elaboração de planos de manejo.

Na fiscalização houve a criação de um Centro Técnico de Ações Preventivas a partir do reconhecimento da ação de EA nos planos de fiscalização de UC. Já o trabalho relativo à busca por qualificar a participação social na elaboração dos planos de manejo das UC paulistas, significativamente subsidiado pela FS, proporcionou internamente na SMA a integração do órgão de EA no Comitê de Integração dos Planos de Manejo. Criado em 2016, esse comitê até 2018 não contava com a presença da EA institucionalmente. Apesar da predominância do senso comum sobre EA, de todas as dificuldades e dos bloqueios que podem ser tomados como culturais à ideia de participação social na gestão pública, trata-se de uma posição importante que, por seu turno, possibilita buscar pautar o debate sobre EA e sobre participação nas políticas relativas à gestão de UC em uma instância decisória sobre elas.

O deslocamento de compreensões sobre os papéis dos Conselhos configura-se em uma evidência do caráter educativo da FS. A valorização e apreensão do papel político do Conselho de UC aproxima a ação de EA estudada da perspectiva crítica no respectivo campo social. Isso efetivou o potencial educador do Conselho como espaço de ensino-aprendizagem, mesmo no interior de uma política de fiscalização, explorando uma contradição entre iniciativa coercitiva e sua demanda por EA. Outro traço de criticidade dessa EA localiza-se na promoção do engajamento. Mobilizou a participação atribuindo uma direção (definida coletivamente e no âmbito de um colegiado de política pública).

Aqui podemos notar outro ponto de contato, a ser mais bem desenvolvido, com o repertório gramsciano. A construção de um consenso com base na problematização do senso comum sobre o que pressiona as UC pode vir a ser o principal substrato para se explorar mais a necessária negação de um modelo de desenvolvimento predatório e injusto. O mesmo com relação ao amadurecimento do papel político do Conselho, atuando como catalisador de perspectivas críticas e articulador no engajamento e na disputa de hegemonia, mirando inicial e estrategicamente na regulação da vida coletiva no território de influência da UC, com a incidência em políticas públicas.

Dois dos aspectos destacados (ampliação do Conselho e sua promoção como agente político) possibilitam a exposição de diferentes pontos de vista sobre as questões abordadas, inicialmente como problemas aparentes, seguindo na direção de compreender suas causas estruturais. Demonstram viabilidade de problematizar os sentidos comumente atribuídos às UC, afirmando-a como negação de um modelo de desenvolvimento, partindo do senso comum que emerge de ações como a de EA analisada. Também viabilizam compartilhar o papel do Conselho como elaborador de sínteses e ator político visando a incidir nas políticas que regulam as dinâmicas territoriais.

Desses deslocamentos emerge o potencial desse tipo de ação de EA aproveitar melhor e de forma consciente a desnaturalização de um conjunto de relações sociais de produção, organizado por uma lógica insustentável de acumulação privada em que trabalhadores não se realizam por transformarem a realidade visando ao bem comum, mas essencialmente como consumidores. Ainda que se reconheça os limites desse aproveitamento no âmbito de toda uma cultura e um Estado hegemonicamente permeados por essa lógica em sua integralidade (sociedade civil e sociedade política), há indícios que apontam para a necessidade e potencialidade de fazê-lo, explorando contradições nas instituições e nas políticas instituídas.

Permitir e potencializar a capacidade de expressão e de diálogo de diferentes grupos, inclusive catalisando experiências anteriores, configura-se em outra contribuição da EA à gestão de UC e de Conselhos Gestores. Qualificar e ajudar a organizar melhor, dialogicamente, o conhecimento que se tem sobre dada realidade é mais um aporte da EA.

Demonstra-se como relevante do ponto de vista político. O compromisso político buscado e a intencionalidade pedagógica do processo de engajamento potencializam a ampliação da capacidade de expressão e de diálogo. São condições para o amadurecimento necessário à elaboração de sínteses (e horizontes, direção) que fundamentam a atuação política dos Conselhos em busca de algo que transforme aspectos da realidade apreendida.

Trata-se de fortalecer a capacidade de elaboração intelectual dos participantes — portanto, capacidade dirigente — de forma que desenvolvam leituras críticas sobre a realidade socioambiental que lhes diz respeito a partir de suas relações com as UC e dessa com o território mais amplo. Com base nessas sínteses, dirigir ações políticas nos territórios de influência das UC. Tais ações políticas direcionam-se tanto à disseminação, sempre dialogada, da leitura de mundo elaborada na ação de EA, como também visando a interferir naquilo que regula a dinâmica de desenvolvimento desses mesmos territórios.

Trata-se também de mais uma evidência do caráter de EA e proximidade com o acúmulo da perspectiva crítica (definição coletiva e relativamente autônoma de rumo, engajamento e sentido político à participação naqueles espaços). Indicação também de contribuição da EA às noções: i) de UC como antítese da ideia de desenvolvimento apoiado no crescimento dependente do extrativismo e do consumismo e ii) dos Conselhos como produtores de sínteses. Em suma, contribuição da EA para elaboração de hegemonia a ser disputada a partir da gestão de UC contextualizada territorialmente.

Deslocamentos de compreensão sobre o problema aparente para sua essência estrutural, inerente a um modelo de desenvolvimento injusto e insustentável

Os deslocamentos de compreensão que pudemos observar sobre o que seria o problema: da aparência na direção de sua essência, configura-se como outra contribuição da EA, ao passo que também é desafio. Identificamos na experiência analisada a necessidade, ainda não correspondida, de aprofundamento das reflexões considerando os diferentes — e escassos — tempos (dos educadores, da gestão da UC, dos Conselhos e dos participantes).

Da mesma forma que a EA contribuiu à ampliação do entendimento sobre o papel do Conselho, politizando-o, deslocou compreensões sobre o que vem a ser um problema de natureza socioambiental. Ao fazer isso, a EA contribui para potencializar o desvelamento da essência, da estrutura desses problemas e suas sobredeterminações, passando a tomá-los como manifestações, aparências. Isso, no campo da gestão da UC, demanda delimitar as expectativas de resultados quanto à repressão. A proteção de atributos naturais e mesmo de modos de vida que "produzem natureza conservada" — disputando hegemonia no campo da conservação — demanda conhecer e enfrentar o que causa os vetores de pressão às UC. Aqui, é possível percebermos um percurso, educativo, que parte do senso comum sobre o concreto, na direção de um "concreto pensado", identificando-se com a categoria gramsciana catarse (condição seminal para se vislumbrar transformações sociais necessárias que se tornam horizonte da atuação política, ainda que no recorte de um campo social).

A EA subsidiou a articulação entre diferentes campos que se sintetizam na realidade concreta da gestão ambiental, em especial da sociobiodiversidade. O desafio decorrente dessa mesma contribuição é trabalhar melhor, de maneira mais didática, essa articulação entre diferentes campos que contribuem a uma apreensão mais complexa da realidade. De um prisma gramsciano a partir das categorias senso comum e bom senso, seria similar a explorar os "núcleos sadios do senso comum" para reelaborar uma compreensão crítica da problemática socioambiental. Esses núcleos sadios aproximam-se desses "pontos de chegada" alcançados pela FS (do ponto de vista de resultado educacional da ação de EA).

Registramos na pesquisa, evidência da boa entrada de ações educadoras nos Conselhos de UC. Isso demonstra que o caráter de EA da FS, expresso na abordagem expositiva e dialogada sobre temas que seriam "alinhavados" ao longo dos encontros, foi bem aceito. Tal evidência também se apresenta como relevante ponto de partida para a construção de consensos sobre o que se espera da EA no contexto da gestão de UC e mesmo da fiscalização ambiental: uma EA que tem seu sentido associado à promoção e qualificação da participação social na gestão pública da sociobiodiversidade, apontando para necessárias transformações estruturais que possui objetivos educacionais próprios e que se serve da realização de outro instrumento da política de meio ambiente para emergir problematizando a realidade socioambiental. Objetivos comprometidos com a transparência, o esclarecimento e engajamento político, conforme demonstrado no capítulo três.

Essa demonstração pedagógica — tanto para os participantes da ação, como também para dirigentes de instituições gestoras de UC — elaborada com base no diálogo, sobre a complexidade que envolve a problemática socioambiental em torno dessas áreas protegidas (bem como sua gestão compartilhada com os Conselhos) pode contribuir à consolidação de processos de EA. Itinerários formativos que trabalham questões como o papel do Estado diante das assimetrias características de uma sociedade insustentável e de uma compreensão sobre desenvolvimento como restrito ao progresso econômico/financeiro, seja esse progresso organizado por uma lógica de acumulação privada e concentradora de riqueza, seja pelo que se convencionou denominar como "esquerda progressista", que experimentou distribuição de riqueza menos concentradora e maior acesso a direitos sociais, mas operando em uma lógica congênere em termos de insustentabilidade (GUDYNAS, 2017, 2018, 2019; SVAMPA, 2019).

Passa, também, por noções de participação mais politizadas e a necessidade de negar um modelo de desenvolvimento injusto e insustentável. Fazer isso de forma aprofundada e compreendendo que se trata de uma disputa permanente de posições e concepções sobre a realidade e as formas de lidar com elas (transformando-as) configura um desafio cuja resposta não foi identificada nos registros da ação de EA examinada. Ainda assim, seu potencial de realização foi percebido.

Houve contribuição da EA ao demonstrar a funcionalidade tanto de sua relação com a gestão da UC, como também para qualificar a atuação dos conselhos. A FS como ação educadora também contribuiu à formação de gestores pelo envolvimento com trabalhos de EA na gestão de UC. Essa contribuição, no entanto, não demonstrou ter sido bem trabalhada, ao menos com intencionalidade. Apenas percebida a partir de indícios relativos à ampliação na compreensão sobre o papel político dos Conselhos, bem como ampliação da função da UC para além de proteger atributos naturais.

O aceite da ação de EA nos Conselhos ocorreu na medida em que os educadores e educadoras ouviram os participantes a respeito da proposta e dinâmica de trabalho. A abordagem pedagógica da EA precisou ser retrabalhada para não reproduzir o que a EA crítica questiona: uma educação despolitizada, bancária e desconectada de questões cotidianas. Essa boa aceitação da FS pode ser observada como oportunidade de absorção dessa perspectiva de EA na gestão das UC e de relação com os Conselhos. Estabeleceu-se um "ponto de contato".

A partir da já mencionada ampliação da compreensão sobre o "problema de fiscalização" para além de sua aparência, a EA reforçou um entendimento segundo o qual a prevenção — compreendida como reconhecimento e enfrentamentos de causas das pressões às UC — tende a ser mais efetiva na proteção, além de menos desgastante com comunidades do mesmo território. Além disso, criou condições para que se revelasse, pelos próprios participantes, elementos que estariam na estrutura dos problemas de fiscalização combatidos de forma repressiva, demonstrando sua insuficiência. Por fim, a ação de EA analisada criou demanda por mais EA, se justificando no âmbito da gestão das UC.

EDUCAÇÃO AMBIENTAL, CONSERVAÇÃO E DISPUTAS DE HEGEMONIA

Trata-se de uma evidência que pode ser associada ao potencial de avanço dessa perspectiva de EA no âmbito do próprio sistema ambiental, no sentido de coformação, pelo diálogo, de mentalidades pela *práxis* de interpretar/lidar com a realidade socioambiental apreendida. Reforça a hipótese de que a EA a ser desenvolvida na gestão de UC tem condições significativas de criar situações de elaboração na disputa de hegemonia. A constatação repousa na observação de que essa valorização da perspectiva preventiva pelos participantes, associada ao entendimento de que o enfrentamento das pressões à sociobiodiversidade deve se dirigir às suas causas estruturais (socioeconômicas e culturais). Tal valorização e entendimento são tomados aqui como substrato de uma EA que compartilha a UC como negação do modelo de desenvolvimento hegemônico.

Houve evidências do reconhecimento da necessidade da conservação que reivindica uma forma de proporcioná-la: incluindo as populações locais na reflexão, no diálogo e nas decisões que promovam algum modelo de desenvolvimento compatível com uma realidade de coexistência de atributos naturais com comunidades que vivem deles em modos de vidas que "produzem natureza" em outra racionalidade.

As proporções do conjunto de ações dos Conselhos registradas no relatório de pesquisa sobre a FS sinalizam tanto uma demanda para trabalhos de EA nesses colegiados, como também abertura significativa para ações similares à FS que assumam o caráter de política pública direcionada aos Conselhos. Isso amplia a potência de ação da EA para contribuir, em perspectiva crítica, para a atribuição de sentidos às UC e aos Conselhos como os desenvolvidos e aqui fundamentados.

Educação Ambiental e potencialização da ação política

Um dos dados destacados no relatório da FS aponta fortalecimento político relativo. Por um lado, houve para aprendizados que ampliam a potência de agir dos participantes em Conselhos, como maior compreensão sobre o papel desse colegiado e sobre as pressões recebidas pela UC, aumento da capacidade e oportunidade para se expressar, se posicionar e tomar parte nas discussões no Conselho e na gestão da UC. Por outro lado, a atribuição de significados à FS vinculados à articulação política e institucional, de auto-organização e capacidade de agir esteve pouco presente.

A ação de EA foi capaz de corresponder à dimensão cultural, corroborando a hipótese desta pesquisa na medida em que se tratou de EA em perspectiva crítica. Contudo, essa mesma perspectiva é fragilizada em função da experiência não ter efetivado o potencial de atuação política na apreensão dos participantes.

Aqui um desafio estrutural no nível institucional: a estabilidade, formação e compromisso político dos gestores e gestoras. A dinâmica de condução das UC (trocas de gestão extemporâneas), os desgastes decorrentes e mesmo inabilidade na condução dos Conselhos produziram reflexos na credibilidade de ações que visaram a instrumentalizar os próprios colegiados. Ressalta-se a importância estratégica (como apontado na seção anterior) de haver essa perspectiva fortalecida nos órgãos gestores.

A necessidade de associar valores e concepções de mundo e mentalidades com interesses, relações sociais e entre sociedade e meio ambiente

Compreender e trabalhar as razões pelas quais os Conselhos tenderiam a reconhecer razões estruturais de ordem socioeconômica, mas optar pelo compromisso com aquelas de ordem sociocultural constituem outro desafio, também não tratado pela ação de EA observada. Identificou-se a necessidade de promover situações de ensino-aprendizagem que articulem ambas as ordens. O relatório da FS trata esse distanciamento como algo estranho. Como se configurasse uma "atuação menor" ou menos importante agir nas causas classificadas como culturais.

Esse desafio se configura como um dos mais enriquecedores, devido à possibilidade que cria de relacionar causas estruturais de ordem socioeconômica (mais relacionadas à estrutura) com aquelas tomadas por culturais (que Gramsci vincula com a superestrutura, no Estado integral). Tanto Gramsci como os próprios Conselhos ensinam, nesse aspecto destacado como desafio à EA, que a busca por incidir politicamente naquilo que conforma uma mentalidade, uma concepção de mundo e mesmo em uma cosmovisão hegemônicas, são estratégicas à transição para sociedades sustentáveis e contribuições significativas da gestão compartilhada de UC a partir da negação de um modelo de desenvolvimento dominante e que dirige um estado de (semi)formação cultural.

Há, ainda, o desafio de assumir a intencionalidade pedagógica dessa ação formativa, de maneira a aprimorá-la conscientemente, assumindo-a como práxis educadora. É preciso tornar mais claros seus objetivos educacionais, já que, mesmo caracterizando-se como um processo de EA com

EDUCAÇÃO AMBIENTAL, CONSERVAÇÃO E DISPUTAS DE HEGEMONIA

intenções próprias desse campo, continuou sendo subordinada àqueles do campo da fiscalização. Inclusive no entendimento dos próprios participantes.

Intencionalidade política de incidir em ações forjadas institucionalmente de dentro da sociedade política, mas orientadas por perspectivas em disputa de hegemonia

Demonstrou-se um percurso da ação de EA que, tendo como uma de suas características o registro acompanhado de reflexão analítica que subsidia sua própria práxis, caminha na direção de compreender como necessária a busca por consolidar-se como política pública. De postura de revisão em perspectiva crítica de conceitos relacionados à conservação, proteção, fiscalização e EA, para a colocação da incidência nas políticas públicas (incrementando-as ou as formulando) em seu horizonte político.

Houve também, de acordo com depoimentos registrados na pesquisa, o uso do acúmulo de repertório da ação de EA observada para incidência em outras políticas ambientais. Esse expediente aparenta ancorar-se no acúmulo de uma práxis que, por sua natureza, também dialoga com outros sujeitos, associados a outras experiências em outros *loci* institucionais e no "momento Sociedade Civil". Reforça a compreensão de percurso marcado pela disputa por posições nas formas de se trabalhar a EA em suas relações com diferentes instrumentos de gestão ambiental (planejamento e gestão de UC e um conjunto significativo de ações preventivas voltadas à redução de pressões sobre a sociobiodiversidade), tendo como estratégia pedagógica a participação social.

Teria havido, contudo, frustração das expectativas de efetividade da ação de EA no território, diferentemente da efetividade observada quanto à sua incidência em outras políticas ambientais. Trata-se de uma leitura de agentes públicos participantes da pesquisa que demonstra um movimento caracterizado por um ciclo que se pronuncia, mas não se completa. Há o estabelecimento de pontos de contato, identificação e diálogo com acúmulos anteriores à ação de EA, desenvolvidos no órgão gestor de UC. Há também o desenvolvimento de agendas comuns (como a ação observada ocorrendo simultaneamente à elaboração de um plano de manejo), consolidando expectativas, mesmo em meio a uma conjuntura cada vez mais desfavorável na gestão ambiental em geral e, especificamente, das UC.

O movimento se completa com o sentimento final — ou atualizado — de frustração, diante da não efetividade da ação educadora, por exemplo no território do polo 14, que congregou as UC constituintes do Mosaico Paranapiacaba. A agenda construída pelos participantes, decorrente do desenvolvimento dialogado de uma compreensão sobre a problemática social, cultural, econômica e ecológica que envolve a extração de uma espécie em extinção como a *Euterpe edulis* (Palmito Juçara) não foi posta em prática, senão apenas em ações iniciais, como um seminário teórico e prático regional sobre beneficiamento dos frutos daquela planta como alternativa social, econômica e ecológica. Essa frustração fica evidenciada em contribuições dos participantes do grupo focal utilizado pela pesquisa que dá base a este livro.

Resgate institucional do órgão executor de EA do ponto de vista político, normativo, conceitual e metodológico

O órgão executor da política estadual de EA estaria emergindo de uma conjuntura de incapacidade do próprio cumprimento de suas atribuições decretadas, dentre elas a de fazer a EA permear pelos demais instrumentos da política de meio ambiente. Tal cenário teria favorecido a ação educativa analisada tanto como catalisadora de uma demanda reprimida da EA por trabalhar com políticas públicas (não se limitando a desenvolver publicações sem práxis associadas), como também de servir como um ponto de referência, uma que vez que se inspirava em perspectivas teóricas, conceituais e metodológicas já vislumbradas na Coordenadoria de Educação Ambiental.

Isso teria feito com que a própria EA despontasse como estratégia política de organização, coformação e engajamento para guerra de posição, do âmbito da sociedade política ao compartilhamento com segmentos da esfera sociedade civil do Estado integral na disputa de hegemonia.

Na pesquisa houve elementos na documentação consultada — e segundo análise das participações de agentes públicos no grupo focal da investigação —, para se afirmar que houve a viabilização da possibilidade de ampliar quantitativa e qualitativamente o alcance dessa contribuição da EA na disputa de hegemonia, em função seja do acúmulo de aprendizados da EA, seja do diálogo da ação de EA analisada com outras experiências que compartilham valores equivalentes quanto ao apreço pela educação e participação emancipatórias.

Ao menos em termos de formação, de articulação coformativa de massa crítica no sistema ambiental, houve um movimento estratégico na direção de conquistar espaços e posições e formar alianças internas, ainda que em sucessivas gestões governamentais adversas em termos políticos e ideológicos.

Para os agentes públicos consultados, outro resultado foi que a ação de EA conscientemente ampliou repertórios de seus próprios desenvolvedores, como decorrência de seus propósitos políticos. Houve apontamentos que evidenciam o caráter autoformativo da ação de EA, que pode ser projetado para o caráter emancipador não dessa iniciativa em específico, mas de ações de EA motivadas pelas mesmas buscas, de emancipação coletiva, de transformação socioambiental.

Teria havido também o aproveitamento de oportunidade condicionada pela inicial incompreensão da intencionalidade e alcance políticos da ação de EA, o que define a percepção de uma brecha proporcionada por contradições já apontadas anteriormente, vinculadas à condição de EA na fiscalização. Essa brecha, ao passo que possibilita que o trabalho se desenvolva e, eventualmente, vá conquistando alguns espaços e posições enquanto instâncias superiores hegemonicamente ideologizadas não se dão conta, também configura um desafio significativo. O reconhecimento do potencial e alcance desse tipo de ação de EA pode significar sua interrupção, caso não haja meios de incorporação, por restrições essencialmente ideológicas.

Ainda assim, aparentemente houve espaços para incorporação de discursos — ou aspectos deles — ao longo do desenvolvimento de políticas ambientais. Conforme apontado, naquelas de fiscalização, ao estender conceitualmente a fiscalização com a sua dimensão preventiva e institucionalizá-la e, com isso criou-se condições mais objetivas de realização de ações educadoras em perspectiva crítica.

Lacunas percebidas como desafios, não entraves ou limitações

Nos depoimentos foram apontadas lacunas não tratadas pela ação de EA que atendeu pela denominação de FS. O que pode ser tomado como limitações dessa ação de EA, pode ser também compreendido como espaços de atuação a serem desenvolvidos. Ou posições (trincheiras, fortalezas etc.) a serem conquistadas, diante de um mapeamento previamente observado e já reconhecido. O desconhecimento generalizado dos nexos entre condições materiais, subjetivas e políticas assimétricas e as pressões sobre a sociobiodiversidade transfigura-se em um campo de atuação já percebido a partir dos esforços — ainda que intuitivos — de relacionar dialeticamente a EA com o conjunto de instrumentos de gestão ambiental.

Os agentes públicos participantes da pesquisa, de três instituições envolvidas, apontaram a existência do que seria um entendimento sobre estratégia de conservação ambiental associada à necessidade de transformações socioambientais estruturais integradas, *a priori* em nível discursivo, à agenda da proteção da biodiversidade e fiscalização ambiental. Tais apontamentos evidenciam a possibilidade de incidência. Neste caso, não especificamente de uma ação de EA como a observada nesta pesquisa, mas sim do discurso decorrente que acabou por existir (e resistir) no âmbito da fiscalização, usualmente associada como uma das principais estratégias de proteger bens ambientais e, também, comumente reduzida à sua dimensão de comando e controle.

Portanto, essa evidência configuraria um vislumbre de alcance e de horizonte desse tipo de incidência política por dentro do Estado em sentido estrito. "Alcance" porque fornece subsídios para atribuir sentidos à EA, à fiscalização e à gestão de UC, por exemplo. "Horizonte" porque reconhece que tal incorporação discursiva, por si e desacompanhada de materializações institucionais e práticas, não é suficiente para efetivar transformações necessárias (maior capacidade de diálogo do Estado e de seus agentes, menor ênfase à coerção dissociada do reconhecimento das assimetrias características de um modelo de desenvolvimento injusto e insustentável).

Houve percepções opostas sobre resultados da ação de EA aparentemente condicionados pelo lugar institucional e expectativas depositadas. Naquele de fiscalização, incidência na orientação de políticas posteriores; naquele de gestão de UC, que lida diretamente com os territórios e já acumula experiências em EA e participação social, sentimento de frustração. Dois apontamentos que expressam percepções contrárias. Especialmente em relação a desdobramentos posteriores da ação de EA observada em outras políticas, como a de elaboração de planos de manejo.

Ainda de um terceiro ponto de vista, a compreensão da ação analisada e, principalmente, sua base conceitual e teórica sobre conservação e os sentidos atribuídos à EA e as funções e alcance da fiscalização. Esta, apoiada também na prevenção e exercendo papel fundante de uma reestruturação política relevante na maneira de pensar e fazer política pública do órgão governamental de EA, a CEA.

De outro, a percepção a partir de outro órgão, com maior experiência tangente à criação de UC, à participação social em sua gestão e à elaboração — também — participativa — de seus planos de manejo.

A distinção de compreensões, que adquiriu tons claros nas falas participantes do grupo focal, aparenta se remeter ao peso que uma ação de EA teve para uma instituição em comparação com um hipotético impacto que não teria ocorrido naquele órgão responsável pela gestão de UC.

Outra característica elementar das diferentes posições em relação a uma eventual influência da FS para redução de restrições à participação social se localizaria — para além de experiências anteriores no órgão gestor de UC — na maneira como a FS serviu de lastro para a participação da equipe de educadores envolvida naquilo que se tornou uma tentativa explícita de incidir na política — então em formulação — de elaboração de planos de manejo.

Infere-se que, portanto, as diferentes percepções sobre alcance e potencialidade da ação de EA dependem da inserção institucional das pessoas envolvidas: i) fiscalização, com identidade institucional em construção; ii) órgão executivo de EA, em permanente estado de fragilização conceitual e institucional; iii) órgão gestor de UC, já com acúmulos prévios com relação à participação social na gestão pública da biodiversidade). Identificaram-se pontos que evidenciam contribuições e resultados da ação educadora nas diferentes instituições representadas na coleta de informações. E observaram-se alterações quanto àquilo que compete, inclusive, a um órgão de fiscalização. A recente criação de um centro técnico (em 2019, mas projetado em 2016) para desenvolver políticas preventivas sinaliza, no mínimo, um acréscimo no rol de competências de um órgão comumente associado a políticas de comando e controle.

Além dessa forma de se criar condições institucionais que podem configurar algumas conquistas relevantes de posições no âmbito de aparelhos da sociedade política quanto à conservação, mais um elemento apontado se refere a outra expressão institucional. A criação de um instrumento normativo, uma resolução (que manifesta um comando do responsável pela pasta), institui uma política de ações preventivas. Nela, a previsão, formal, de a fiscalização ambiental também se pautar por iniciativas de uma agenda positiva, ou seja, alternativas ao comando e controle e mais próximas da afirmação de outro paradigma com relação ao acesso e uso da biodiversidade no enfrentamento de causas das pressões que são objeto das atenções inicialmente coercitivas. Essa política deu início, no cenário de 2020, ao desenvolvimento de um programa de ações preventivas a conectar as agendas "negativa" e "positiva", da fiscalização e do fomento à proteção da biodiversidade, respectivamente, com reconhecido e significativo aporte dos acúmulos da experiência da ação de EA aqui analisada e seus desdobramentos no sistema ambiental.

Ou seja, ao passo que se aponta à complementaridade da perspectiva preventiva àquela repressiva na proteção da biodiversidade, finca-se uma espécie de bandeira nesse território da fiscalização e da proteção em sentido mais amplo. Proteger e fiscalizar passam a ser reivindicados discursiva e praticamente como também prevenir; prevenir é disputado como desenvolver um "contradiscurso" quanto ao uso da biodiversidade, em associação com modelos em disputa de hegemonia. Tais elementos constituírem aspectos discursivos incorporados por personagens dirigentes, expressos em políticas instituídas e em institucionalização, é aqui compreendido como conquista de posições. E, antes de serem tomados como abstratos porque discursivos, as informações colhidas nas participações no grupo focal afirmam sua origem concreta, partida da experiência e de seus resultados organizados e publicizados, além de trabalhados internamente ao sistema ambiental.

No entanto, ao passo que em uma instituição — de fiscalização — teria havido evidências de provocação de alterações discursivas e institucionais (portanto, *a priori*, mais concretas), naquela instituição gestora das UC a percepção foi, como apontado, de frustração. Qualquer impacto, inclusive, estaria condicionado a uma continuidade interrompida por circunstâncias negativas do ponto de vista da direção da própria pasta, que teria paralisado iniciativas relativas à participação nos Conselhos de UC e até mesmo em atividades de EA.

No âmbito do órgão de fiscalização da SMA a contribuição da FS foi, talvez, mais efetiva, uma vez que não haveria precedentes quanto à prevenção, à participação e à EA. Já no órgão gestor de UC a importância da FS não se coaduna com uma perspectiva tida como "nova". Na história desse órgão haveria um razoável acúmulo de experiências de EA associadas à participação social no planejamento e na gestão de UC, sendo a FS uma espécie de dispositivo metodológico e oportunidade de resgatar e atualizar tais experiências prévias.

Depreende-se que adviria disso o sentimento de frustração, configurando também um elemento importante de análise: para caracterizar-se como conquista de posições em instituições com essa característica de experiência prévia, a incorporação discursiva e estrutural não é suficiente. É preciso, sobretudo, que tais políticas se materializem "na ponta" e transformem materialmente as vidas nesses "territórios de conservação" que são as UC e entornos. Caso contrário, corre-se o grave risco de constituírem-se em movimento essencialmente burocrático em sentido pejorativo, de distanciamento da realidade. Ainda assim, teria havido uma importante incidência na formação de profissionais na gestão de UC, gestores e respectivas equipes de gestão. Diante de alguma capacidade de comunicação das características da FS no trabalho de EA nos Conselhos Gestores como importante elemento preventivo da fiscalização ambiental, um movimento de capacitação em proteção e fiscalização — pensado e planejado por duas instâncias de gestão, ICMBio (MMA) e FF (SMA-SP) — incorporou a FS tanto como em um módulo do curso, como também sua lógica de prevenção como estratégia de proteção da biodiversidade.

Já o órgão responsável pela execução da política de EA no estado de São Paulo, a CEA, traz a partir do olhar das educadoras participantes da pesquisa outra dimensão de impacto da FS. Se na fiscalização a FS contribui a um deslocamento na compreensão sobre a extensão da proteção da biodiversidade em sentido amplo, provocando frustrações no órgão gestor de UC especificamente, na EA o impacto teria sido mais forte. Se deu como "um divisor de águas", na medida em que teria estabelecido uma referência práxica robusta que subsidiou a consolidação de sentidos até então conhecidos, mas sem perspectivas de adquirir materialidade em iniciativas concretas, ainda que experimentais, muito menos de políticas de EA. Depreende-se que a FS teria contribuído, a partir de uma experiência na fiscalização, com o fortalecimento de perspectivas sobre o que orienta a concepção de EA e sua relação com os demais instrumentos da política de meio ambiente.

A FS, de acordo com as análises daqueles e daquelas que, de alguma forma, a desenvolveram, teria projetado ou lançado uma compreensão sobre como a participação, além de um direito pode ser educadora e mesmo "funcional" a diferentes instrumentos de gestão ambiental (para além da fiscalização). Por óbvio, esse termo "funcional" demanda associação a uma visão de mundo, no mínimo, compatível com a expectativa de grupos sociais intervirem na formulação e condução de respostas a problemas percebidos coletiva e socialmente, na forma de políticas públicas.

É também significativo identificar que esse movimento de observar impactos e contribuições que uma ação de EA com as características da FS teve sobre diferentes instituições com as quais estabeleceu diferentes pontos de contato — induziu a criação de expectativas sobre instituições como a Polícia Ambiental.

Tida como de participação aquém do necessário ao longo da implementação da ação de EA em tela, foram criadas expectativas de que elementos da FS como abertura ao diálogo sobre o que vem a ser prevenir, fiscalizar e proteger a biodiversidade permeassem a orientação prática e concreta de um aparelho coercitivo por origem, natureza e excelência.

Essa ação de EA, circunstancialmente denominada FS e desenvolvida no âmbito da gestão de UC, carregaria algo relevante do ponto de vista metodológico, mas, principalmente, das concepções que articula. Sobre participação social, sobre a própria EA, sobre a gestão de UC e sobre conservação e a proteção da biodiversidade. E sobre o Estado em um esforço de amadurecer uma perspectiva socioambientalista sobre seu papel. Ou, ao menos, contribuir para isso nessa práxis tomada como objeto de pesquisa para a tese em que se baseia este livro.

Embora não haja indícios ou evidências de uma ação de EA comprometida explicitamente com outros projetos societários, a FS congregaria elementos que permitem caracterizá-la, no mínimo, como estratégica, seja para firmar a EA como processo emancipatório de tomada de consciência dialogada e organizada por agentes sociais usualmente oprimidos ou marginalizados, seja por apontar — e demandar — uma gestão pública do meio ambiente que, utopicamente, aponta para a necessidade de outros padrões de relacionamentos na sociedade e dessa com o meio ambiente.

Ação de EA configurando-se em vértice de reflexões estruturantes na construção de subsídios à disputa de hegemonia: problemática socioambiental, concepção de Estado e projetos societários

Os participantes do grupo focal que sintetizaram as demais leituras sobre potencialidades localizando a ação de EA observada como vértice da construção dialogada de uma compreensão sobre a problemática socioambiental, a concepção de Estado e de potenciais projetos de sociedade.

O desenvolvimento consciente e dialogado desse discurso passa pela revisão conceitos em uma disputa por posições institucionais e no próprio campo ambiental e da conservação. E talvez, justamente, por isso, estaria chamando a atenção de personagens distintos, ora contrários, ora favoráveis porque identificados com a mesma luta, as mesmas disputas na mesma — ainda que não tão conscientemente reconhecida — guerra de posição.

EDUCAÇÃO AMBIENTAL, CONSERVAÇÃO E DISPUTAS DE HEGEMONIA

Ação de EA projetando a possibilidade e forma de materializar e trabalhar a dimensão educadora de outros instrumentos da política de meio ambiente

As potencialidades da FS, segundo os(as) participantes da pesquisa, apoiam-se em uma compreensão da FS como ação de EA passível de transversalização. Ou seja, trata-se de uma concepção de diálogo e incidência da EA nas diferentes estratégias de gestão ambiental, não como instrumento dessas últimas, mas sim como *lóci* de ensino-aprendizagem em perspectiva crítica, intencionalidade emancipatória e que estabelece um horizonte político de transformação social, reivindicando o Estado como mediador de conflitos socioambientais (aqueles com corte significativo de classe, originados ou relacionados diretamente com a regulação do acesso aos bens ambientais).

Desafio de expandir o que se pode entender como sistema de valores e ideia força apoiada na perspectiva crítica

Há desafios apontados pelos(as) participantes da pesquisa que podem ser associados à necessidade de um ganho qualitativo e quantitativo, ainda no interior de um sistema, o ambiental, no âmbito da sociedade política.

Em uma mão, em termos de buscar alcançar o maior número possível de agentes públicos em processos formativos — não formais e informais. Informais compreendidos aqui como aqueles sem intencionalidade pedagógica explícita ou programada, e não formais usualmente em iniciativas de gestão pública não escolarizada, com dimensão formativa pronunciada.

Em outra mão também de forma fundamentada, consistente e conscientemente vinculada a um sistema de valores e uma perspectiva crítica condizentes com alternativas paradigmáticas na disputa de hegemonia. E isso sem perder de vista o risco de cooptação, por sua vez passível de aproximação com uma categoria gramsciana não tratada no capítulo um, o "transformismo". Segundo Cavalluzzi (2017) trata-se de um movimento de incorporação, pela elite dominante, de quadros expoentes e elementos ativos antes adversários.

Amadurecimento de discursos e seu compartilhamento e disseminação com intenção de incidir na realidade

A ação de EA provocou reflexões e ações que podem expressar um modo de operação aos Conselhos. Ao organizarem-se de forma já conhecida, como em grupos de trabalho, seus integrantes trabalharam para compreender em maior profundidade as questões levantadas ao longo das oficinas. Com isso amadureceram compreensões sobre o que pressiona as UC.

Desse amadurecimento surgiram dois movimentos: i) demandar do Estado o que há em suas agendas que agregue ao repertório do Conselhos e dos atores vinculados, seja como aporte de conhecimento, seja para inserirem-se em políticas em desenvolvimento; ii) compartilhar esses discursos mais maduros com outras instâncias de regulação da vida coletiva, buscando incidir em suas orientações e mesmo tomadas de decisão.

Desafio explícito de efetivar o envolvimento de grupos sociais em situações vulneráveis, tanto na construção de discursos sobre a problemática socioambiental, quanto, principalmente, como agentes ativos e beneficiários de intervenções políticas e socioeconômicas na realidade

Observou-se, diante de todo o exposto até aqui, que o Estado promoveu — ainda que sob condução de um determinando conjunto de agentes públicos "militantes da conservação" — um movimento com intencionalidade inclusiva, transformadora e emancipatória. Intencionalidade que se materializou conforme diferentes aspectos, também expostos anteriormente.

A ação de EA provou de uma aproximação até então incomum entre as agendas de fiscalização e de desenvolvimento sustentável do DDS (Departamento de Desenvolvimento Sustentável da CBRN). Além dessa articulação interinstitucional, a provocação à CBRN de orientar-se por respostas propositivas a questões negativas identificadas pela fiscalização ambiental, tendo as UC como pontos de referência no território.

Essas respostas positivas ligavam-se diretamente às possibilidades — normativas e tecnológicas — de uso e exploração da biodiversidade inscritas em paradigmas até certo ponto associáveis à disputa de hegemonia, também resultantes de diálogos construídos entre agências públicas da sociedade política e setores da sociedade civil, incluindo setores em disputa de hegemonia nas universidades.

Iniciativas como o Manejo de Sistemas Agroflorestais e Transição Agroecológica foram disponibilizadas a agentes sociais vinculados a essa questão no território de uma das UC acompanhadas na observação participante. A intenção teria sido oferecer alternativas que pressionassem menos a unidade e, principalmente, ampliar a compreensão dos participantes em

EDUCAÇÃO AMBIENTAL, CONSERVAÇÃO E DISPUTAS DE HEGEMONIA

relação à importância de agregar as dimensões social e política à ideia de agricultura orgânica previamente colocada no próprio Conselho por aqueles que o compreenderam — a partir da ação de EA — como espaço de gestão estratégico à incidência em políticas públicas naquele território.

Outra fonte de pressão compreendida, no espaço do Conselho, como causa crítica (a desorganização da atividade turística no município que envolve parcela da UC observada) do problema priorizado (vetores de pressões diversos à UC), também provocou a articulação com outro espaço de gestão territorial. Agentes públicos dedicados à gestão articulada da Reserva da Biosfera da Mata Atlântica (RBMA) foram mobilizados — pela gestão da UC, apoiada pelo Conselho — para levarem uma capacitação de agentes sociais atuantes na área do turismo. Observou-se um esforço desses agentes envolvidos em, ao participarem do debate, agregar o envolvimento de grupos sociais em situações vulneráveis, promovendo uma atividade econômica orientada pela inclusão socioeconômica — e com isso, criar alternativas à lógica hegemônica de reprodução desse fenômeno social que é o turismo.

Contudo, identificou-se a tendência de grupos já privilegiados (social, econômica e politicamente) se apropriarem do que foi posto à disposição, tanto nas reflexões, diálogos e encaminhamentos relativos à produção agrícola, quanto na busca por reorientar o turismo. Esses grupos já se encontravam organizados previamente e teriam consolidada a ideia de agricultura orgânica e de turismo como atividades econômicas orientadas essencialmente pela reprodução do capital em sentido estrito, pela acumulação privada. Eram proprietários que produziam orgânicos e "empreendedores" do turismo. Contavam, em alguns casos, com mão de obra contratada. Assim, aparentemente refratários em relação à maior complexidade da Agroecologia e do Turismo de Base Local ou Comunitária associados à Economia Solidária. Portavam-se de forma significativamente pragmática quanto à busca por certificações que agregassem valor àquilo que, eventualmente, já produziam.

Evidencia-se aqui (assim como nas ações atreladas ao ordenamento do turismo) a predominância da participação de agentes beneficiários do acesso à informação e relativo poder econômico que se expressa politicamente. Em ambas as ações a mesma tendência foi notada: apropriação e elitização, mesmo com advertências da gestão da UC e dos demais agentes públicos de que isso poderia reproduzir as sobredeterminações socioeconômicas das causas observadas.

Desafio associado aos limites impostos pelo próprio funcionamento da sociedade política, que interrompem abruptamente os trabalhos e fragilizam articulações entre setores de ambas as esferas do Estado integral

A interrupção abrupta dos trabalhos em decorrência de alterações na condução da gestão ambiental no estado, expressa em medidas antagônicas aos esforços representados pela ação de EA — tanto em nível político, como institucional e administrativo, expõem um contratempo de difícil superação "por dentro" da sociedade política. Representaria toda a força da arbitrariedade possível e legitimada pela própria normatividade vigente.

ALGUNS APRENDIZADOS, CONCLUSÕES E OUTRAS CONSIDERAÇÕES

Esperamos que este livro contribua, em linhas gerais, a estratégias e táticas na disputa de hegemonia considerando a totalidade do Estado integral. Ou seja, tanto àqueles agentes públicos que militam pela conservação e resistem às investidas e ataques de governos orientados pela lógica liberal, quanto também àqueles que atuam no momento sociedade civil resistindo, buscando e experimentando alternativas que precisam acumular forças e adquirir escala.

Ficou demonstrada a possibilidade de aproximação e diálogo — diretos e indiretos — entre agentes atuantes em ambas as esferas do Estado, a promover vínculos políticos, conceituais, teóricos e metodológicos, desdobrados em ações de EA que materializam tais perspectivas e as retroalimentam ao incidir em políticas públicas.

Partimos implicitamente de pressupostos segundo os quais a insustentabilidade percebida hodiernamente, em diversas manifestações, é intrínseca à reprodução do modo de vida capitalista. A título de menção às bases fundamentais disso observamos indícios em Marx e nos diferentes intérpretes recentes em seus esforços de decifrar a obra mais proeminente do pensador alemão. Já no Livro 1 (seção III, cap. 5 e, sobretudo, seção IV, cap. 13) de O Capital se expõe fraturas no metabolismo relacional entre sociedade e natureza, expressa nos antagonismos devastadores e insustentáveis entre capital e trabalho, cidade e campo, grande indústria e agricultura, sociedade capitalista e natureza.

A própria crítica ao fetichismo da mercadoria configura um fundamento dessa insustentabilidade, uma vez que denuncia o ocultamento dos processos predatórios de pessoas e natureza reificados. Aqui há uma passagem que, dentre outras, daria conta de subsidiar leituras contemporâneas de demonstrar o capitalismo como lógica por trás das causas estruturais da atual crise civilizatória. Trata da predominância da população urbana que só cresce, em grandes centros, pela produção capitalista. Ao passo que essa produção capitalista concentra a força motriz da história e da própria sociedade, desvirtua o metabolismo entre o homem e a terra, ou seja, a relação recíproca entre o solo e tudo que utilizamos com origem nele, para comer, vestir, morar etc. e que deve ser equilibrada, a fim de manter sua fertilidade: "Com isso, ela destrói tanto a saúde física dos trabalhadores urbanos como a vida espiritual dos trabalhadores rurais" (MARX, 2013, p. 702).

Os estudos que organizamos neste livro foram de aproximações iniciais entre categorias gramscianas e reflexões e práticas voltadas a atribuir mais sentidos às funções das UC e aos papéis dos seus Conselhos, tendo na EA uma estratégia para viabilizar tal diálogo. Funções que se somam a uma reorganização e proteção da natureza e devem ser associadas à luta anticapitalista.

Partimos do pressuposto de que as UC, ainda que criadas nos mesmos marcos de um modelo predatório, podem assumir dialeticamente o sentido de negação desse modelo de desenvolvimento hegemônico. Negação que aponte para a superação do modo de produção indissociável daquele modelo. Para tanto, devem contar com um sujeito político que possa sintetizar essa contradição. Esse sujeito foi aqui apontado como os Conselhos Gestores. A justificativa é sua relação inerente com a gestão das UC, ser um de seus principais instrumentos de gestão instituídos, configurando também uma relativa contradição: um espaço de participação social com potencial político transformador nos marcos de um modelo de democracia burguesa, com suas limitações, omissões, restrições e vícios.

Buscamos uma aproximação dialógica entre a teoria política de longo alcance de Gramsci com diferentes campos sociais afetos às questões socioambientais, como o da conservação ambiental e o da EA, em um contexto caracterizado pela gestão de uma estratégia de conservação: a gestão de UC. Ao tomá-los como campos sociais, compreendemos — como demonstrado — que há disputas de hegemonia em seu interior. Não necessariamente em um sentido estritamente gramsciano, já que o pensador italiano trata hegemonia como essencialmente vinculada à "Grande Política" e muito importante à manutenção e reprodução, ou transformação, do bloco histórico. No entanto, tratar como necessária a disputa de hegemonia em diferentes campos e apontar à estratégica correlação dialética entre eles — contextualizados por uma crise civilizacional e ecológica planetária, partindo do pressuposto supramencionado — aponta a necessidade de entender que tais disputas de hegemonia em campos sociais, ainda que relacionadas e substantivas, são parciais. Precisam compreender-se como tática de trabalho político de base e de acúmulo de forças em uma estratégia de projeto societário.

No capítulo inicial o referencial gramsciano serviu para dois movimentos contraditórios. Um no sentido de subsidiar de maneira significativa, consistente, uma leitura e análise da potencialidade de atuação no interior de aparelhos da sociedade política da concepção de Estado integral. Atuação dialogada tanto interna como externamente com setores também presentes na sociedade civil, orientados e comprometidos com "erodir por dentro" e com a utopia de superar o modelo capitalista de organização da socioeconomia, de relação com o meio ambiente e de concepção de mundo. Foi demonstrada essa potencialidade à medida que se sustentou conceitual e teoricamente e se descreveu uma experiência empírica levada a cabo entre 2013 e 2016 e que ainda "reverbera" atualmente na gestão ambiental pública estadual, ainda que de forma sobredeterminada pelas limitações associadas às posições em que atuam seus agentes públicos.

O outro movimento ocorre na medida em que o mesmo referencial dá conta de tornar claro que toda essa potencialidade não é suficiente para transformações efetivas e revolucionárias, em razão de operarem no âmbito do sistema hegemônico de regras, dinâmicas e correlações de forças preestabelecidas. Ao passo que diferentes agentes, em nome de transformações sociais efetivas, disputam o Estado de dentro dele, é preciso reconhecer que tais agentes também são disputados pelo funcionamento e lógica hegemonicamente burguesa do próprio Estado, como afirma Victor Neves (2020), ao comentar a "estratégia democrático-popular" dos governos petistas desde 2003 até o golpe de 2016, em diálogo com o professor Mauro Iasi. Há o permanente risco, portanto, desses agentes públicos tomarem a perspectiva reformista como o limite de transformações no Estado em sentido ampliado.

Gramsci ajuda a compreender como discursos ou narrativas dominantes nas sociedades civil e política emplacam orientações de governo, mantendo e reproduzindo o bloco histórico e carreando a ideia de conservação da natureza consigo. Tais como as "imprescindíveis" privatizações nos anos 1990 e 2000 e o "irresistível" extrativismo que faria os países da América Latina se desenvolverem (à direita neoliberal) e que financiaria adequações na distribuição de riqueza e acesso a direitos sociais (à esquerda "progressista"). Svampa (2019, p. 42) denomina essa narrativa mais recente (anos 2010) como o "Consenso das *Commodities*". Segundo a autora, aludiria "[...] à ideia de um acordo — tácito ou explícito — acerca do caráter irresistível da atual dinâmica extrativista, produto de uma crescente demanda por bens primários".

Em outras palavras, contribui para reforçar a necessidade de a EA partir de alguns pressupostos, aqui tomados como básicos para atender às expectativas geradas pelas vertentes críticas de seu campo social. Um deles é compreender a necessidade de politizar o "ambiental", relacionando-o com reflexões, análises e mesmo críticas à economia política.

Nesse mesmo exercício estratégico para uma compreensão transformadora da questão ambiental, a conservação precisa estar posicionada, tanto em termos de relação, como de opção política. Daí adviria a potencialização das UC como antítese de uma concepção e respectivo modelo de desenvolvimento atualmente hegemônicos, assim como os Conselhos como sujeitos políticos potencialmente capazes de produzir sínteses, desde que instrumentalizados por uma EA intencionalmente dirigida a isso.

Nessa linha, a EA torna-se uma espécie de trincheira ou campo de luta política. Ainda que aparente configurar uma linguagem bélica, não se restringe a ela, sendo o diálogo um recurso poderoso em termos de acúmulo de forças, principalmente. Diálogo no sentido de buscar construir consensos ou acordos visando a outra hegemonia: sobre projeto societário, a socioeconomia e nossa relação metabólica com os bens ambientais. Diálogo entre aqueles grupos que compõem a classe — que depende de seu próprio trabalho, que não detém os meios de produção — em si.

Outra contribuição de Gramsci à EA é a tonificação do sentido emancipatório da educação a partir de questões socioambientais, ao criar condições — objetivas e subjetivas — de se buscar compreender transformações sociais de formas não descoladas da necessidade de superação do capitalismo. E não de contemporização com um modo de produção predatório e injusto; portanto, insustentável.

Quanto ao que se refere às formas de atuação política observadas, a perspectiva gramsciana permite identificar — e afirmar — e existência de espaço para práxis no interior da sociedade política, devidamente em sua relação dialética com setores da sociedade civil do Estado integral, identificados e alinhados com essa compreensão da imprescindibilidade da superação do capitalismo. Esse espaço para a práxis permite observar, analisar e atuar nas brechas proporcionadas pelas contradições sempre existentes independentemente de governos, reestruturações de seus aparelhos e políticas públicas.

Evidências dessas contradições podem ser encontradas desde a estrutura da SMA e da CFA, que serviram de conjuntura na qual se operaram as estratégias e táticas expostas no capítulo quatro, assim como na atual configuração conjuntural das posteriores Secretarias de Infraestrutura e Meio Ambiente — SIMA e de Meio Ambiente, Infraestrutura e Logística SEMIL (que agregam essas políticas na mesma pasta) e CFB (que junta a fiscalização onde já havia disputa de sentidos e práticas conforme já exposto, com parte do "espólio" da CBRN, em parcela de sua agenda positiva dedicada ao fomento de outras possibilidade de acesso e uso da biodiversidade). Ainda que a conjuntura se apresente subordinando a agenda ambiental ainda mais a políticas setoriais com força para impor suas condições e tenha havido mudanças na estrutura organizacional, as contradições permanecem, mantendo, com elas, os mesmos espaços para a práxis.

No capítulo dois fez-se necessário reforçar, na contextualização da política ambiental e de criação de UC aqueles elementos tidos como associáveis ao bloco histórico que resulta do quadro de hegemonia do pensamento utilitário e economia liberal (quanto à livre exploração de bens ambientais e do trabalho humano), produzindo desequilíbrio ecológico e injustiça social. Se destacou elementos substantivos — já conhecidos — à compreensão de sentidos atribuídos às UC, boa parte ainda alinhado a uma retórica idealista de reserva natural e preservação de algo externo às sociedades e suas dinâmicas políticas e históricas, dialogando com o que Pisciotta (2019) reconheceu como "paradigma da ciência moderna" no campo da conservação. Mesmo reconhecendo esforços e conquistas históricos expressos na normatividade vigente (como a previsão no Snuc de categorias de uso sustentável e outros elementos na normatividade em São Paulo), se expôs que esse paradigma de ciência moderna ainda é hegemônico e que, no entanto, existem elaborações — disputando hegemonia nesse campo social — apoiadas na necessidade de problematizar o modo de produção e modelo de desenvolvimento dominantes.

A política ambiental precisaria ter (ou tornar) mais claros seu(s) projeto(s) societário(s) — para além de encerrar-se em uma agenda negativa, de tentativa de controlar um modo de produção e modelo de desenvolvimento dependentes da própria perspectiva de expansão ilimitada. Em um quadro de reprodução do capital pela normatividade vigente, isso configura tarefa com inúmeros percalços que variam entre a inviabilidade e os limites postos pelo pensamento hegemônico.

Dado o grau de desigualdade econômica e política em sociedades capitalistas — especialmente em países periféricos de capitalismo dependente — no que tange às questões ambientais é possível observar expressões dos elementos "consenso" e "coerção" da categoria hegemonia. No que se refere às normas, é usual que se afirmem como instrumento, muito mais forte, de coerção de políticas ambientais a grupos sociais politicamente mais fracos — ou subalternizados. Decorrem de um consenso em torno do modelo de desenvolvimento, uma vez que políticas ambientais tendem ao alinhamento e, consequentemente, à "não busca" por superar o modelo hegemônico, retraindo-se a aspectos considerados "técnicos" das questões ambientais, portanto, fazendo o possível para proteger atributos naturais quando — e se — for viável econômica e politicamente nos marcos do próprio capitalismo.

De maneira sintética, a coerção pela norma torna-se aguda em relação a grupos sociais em situações vulneráveis. Principalmente quando desacompanhada de alternativas socioeconômicas. Àqueles ocupantes de postos estratégicos em ambos os momentos do Estado integral, com maior concentração de poder econômico e político (maior capacidade de organização, influência econômica e incidência política, com representantes diretos na esfera da sociedade política), a coerção é ponderada. É como se agentes da administração pública, mesmo que preocupados tecnicamente com a conservação de atributos naturais, mas partindo de uma adesão — ou, no mínimo, do reconhecimento e resignação — a um consenso generalizado sobre o modelo de desenvolvimento predominante, ponderam no uso da coerção. Quando isso não ocorre, observa-se uma reorganização de forças no sentido de alterar a normatividade em favor de interesses sempre privados e de acumulação de capital.

Diferentes campos sociais e espaços instituídos foram problematizados com relação a uma eventual naturalização nas atuais configurações. Foram, portanto, abordados dialeticamente (simbólica e materialmente). Expôs-se as UC como estratégias de negação anticapitalista e superação do modelo de desenvolvimento hegemônico, na sequência da identificação da dinâmica de atribuição de sentidos a elas e observação da possibilidade de disputar e materializar outros sentidos, que contribuem à disputa de hegemonia. Os Conselhos como espaços a serem ocupados e a serem estendidos para além de suas cadeiras, como uma espécie de movimento de conteúdo transformador que, em sua forma, pode ser conduzido por quaisquer agentes sociais. Nessa estratégia, as UC e respectivos territórios não pairam, conceitual nem territorialmente, acima das dinâmicas desse mesmo modelo. Não estão "descoladas", em uma realidade à parte. Contudo,

EDUCAÇÃO AMBIENTAL, CONSERVAÇÃO E DISPUTAS DE HEGEMONIA

demonstrou-se que podem catalisar, potencializar e materializar processos de resistência anticapitalista, assim como de alternativas concretas que deveriam ganhar escala.

A sociedade civil e sociedade política foram aqui lidas como arenas nas quais simultaneamente se disputa hegemonia tanto na forma de compreender a realidade, configurar horizontes utópicos e alinhar estratégias de como caminhar em sua direção, dialogando com aquelas apontadas por Erik Olin Wright (2019) para "erodir" o capitalismo: domesticá-lo, desmontá-lo (por dentro do Estado), resistir a ele e realizar experimentos que simbolizam fuga, mas ao mesmo tempo apontem alternativas concretas no âmbito da sociedade civil.

A transformação socioambiental dificilmente virá de mudanças de postura que se limitem à tecnologia que a classe dirigente e dominante pode vir, eventualmente, a assumir. Essa limitação não permitiria alcançar a superação da injustiça nas relações sociais de produção entre homens e mulheres. Portanto, não eliminaria — nem reduziria dignamente — as causas da pobreza e da relação predatória com o trabalho e a biodiversidade.

Com base na sugestão de Martinez-Alier (1997) de que é nas classes subalternas que se encontra terreno fértil para o ambientalismo e formação de ambientalistas, infere-se que os processos formativos que visem a contribuir para transformações socioambientais não devem esperar, sem tensionamentos e incoerências, sua inserção tranquila em um modelo que exclui grupos subalternizados/silenciados e degrada condições de reprodução da vida em sentido amplo, em nome da reprodução ampliada do capital.

Esses processos educadores socioambientalistas devem, pois, apresentar-se como estratégia inspirada na noção gramsciana de construção de vontade coletiva. Fazer isso a partir de espaços sociais e políticos concretos (tais como tratamos os Conselhos de UC e colegiados de políticas públicas em sentido amplo). Uma vontade que é coletiva não somente por juntar indivíduos, mas sim porque também articula lutas, segmentos e frações da classe social composta por aqueles que dependem de sua força de trabalho. Uma vontade dirigida pelo consenso coletivamente partilhado na elaboração a partir da práxis, orientado por questões socioambientais contemporâneas problematizadas a partir de uma perspectiva crítica ao capitalismo como modo de produção e de organização da vida no planeta.

Diante do exposto, o capítulo três trouxe mais um campo social — o da educação ambiental — também repleto de disputas simbólicas e materiais, acompanhadas de substantiva potência política. Assim, a EA inspirada em Gramsci é portadora de alternativas associáveis à disputa de hegemonia, colocando-as em discussão à luz da compreensão/leitura crítica da realidade apreendida nos processos formativos. Nesse capítulo já se expõem resultados de pesquisa em sua dimensão teórica: contribuições do repertório gramsciano à EA.

Para tanto, entendeu-se necessário e relevante percorrer um itinerário eventualmente conhecido sobre o campo da EA, desde alguns marcos históricos até as vertentes que definem esse campo social abordado na pesquisa. O motivo foi, além do esforço didático àqueles que desconhecem o campo, demonstrar essa pluralidade e como há, por um lado, disputas de hegemonia a partir de reflexões e práticas. Por outro, o desafio de torná-las cada vez mais materiais, sobretudo em termos de escala.

Essa EA em disputa de hegemonia desde seu campo social parte do reconhecimento de que a participação política é educadora, mesmo que, *a priori*, sem intencionalidade pedagógica, de maneira informal. Contribui, portanto, para realçar a dimensão educadora reconhecida e trabalhada, qualificando essa mesma participação a partir do diálogo do senso comum preexistente e seus "núcleos de bom senso" com ferramentas e perspectivas críticas sobre a realidade. Ao fazer isso, assume o compromisso político da intencionalidade pedagógica, o que permite a escolha consciente pelo referencial crítico.

Para fundamentar a ideia de disputar hegemonia como sentido prático, histórico e político a ser atribuído à EA, buscamos a compreensão de diferentes categorias gramscianas, trazendo uma leitura assumida e honestamente aproximativa sobre elas. A razão se deve à complexidade e totalidade de seu pensamento. Seria insuficiente tratar de disputar hegemonia a partir da apreensão de apenas uma categoria diretamente associada, descolada das demais trazidas aqui. Seria também um salto inviável trazer aqui uma leitura altamente especializada sobre elas, já que a pesquisa para este livro se anunciou como exploratória nesse aspecto.

Ao olharmos para a ação de EA examinada a partir da leitura feita sobre as categorias gramscianas, identificamos contradições, incoerências, distanciamentos, insuficiências do horizonte mais imediato que propomos à EA — a incidência em políticas públicas — em relação ao aporte gramsciano. Esse, embora se caracterize como valorizando a dimensão cultural e abstrata da unidade dialética da práxis, mantém-se revolucionário. O horizonte da incidência em políticas públicas pode ser considerado curto diante do alcance da teoria política de Gramsci, já que a aposta desse horizonte ainda se limite à normatividade vigente. Por isso, tratamos a incidência em políticas públicas como "horizonte imediato da EA". As políticas públicas foram compreendidas, portanto, como um tipo de "espaço educador", no qual a promoção e a qualificação da participação se consolidam como estratégia pedagógica da EA. No horizonte mais amplo dessa EA, está outro Estado, ao qual ela contribui na medida em que forma pessoas e grupos, faz trabalho de base e subsidia movimentos, aliando-se a um acúmulo de forças que visa a outro padrão de relações sociais de produção e de organização da natureza.

A ação de EA analisada na pesquisa aponta para questionamentos às políticas que reforçam e reproduzem desigualdades, injustiças e galvanizam a insustentabilidade do modelo de desenvolvimento hegemônico. Pode ser potencializada pela tomada de consciência de seu alcance, desde que subsidiada por contribuições da EA em perspectiva crítica inspirada por categorias gramscianas, o que possibilitaria, no mínimo e *a priori*, questionar o capitalismo em sua forma contemporânea: neoliberal e financeirizada.

Ainda que de forma aproximada em termos de proporções e eventuais equivalências, tornou-se evidente que o repertório gramsciano contribui efetivamente para politizar e dar sentido a essa politização no campo da EA, tanto em se tratando de práticas, como também em relação àquilo que dialoga de maneira práxica com ela.

A EA pode contribuir para "ambientalizar" essa educação que se assume como política e comprometida com determinados valores que conduzem a uma outra moral e outras demandas éticas, tanto quanto subsidia a atualização necessária nos seguintes termos: além das contradições entre capital e trabalho, é preciso — e urgente — tratar daquelas entre capital e natureza.

A EA tem a contribuir com o campo ambiental — e, tomando-se o recorte desta pesquisa, em especial com o da conservação pela via da gestão pública da sociobiodiversidade — na medida em que subsidia o desenvolvimento e reforço de uma mentalidade associada a um posicionamento político, ambos em relações de reciprocidade com ações materiais de intervenção na realidade. Essa práxis, por seu turno, ocupa lugar destacado, crítico, ativo e consciente diante dos conflitos socioambientais produzidos em decorrência da agudização na relação de sociedades guiadas por expressões mais contemporâneas do capitalismo (manifestadas, na América Latina, pelo neoextrativismo) com os diversos biomas e ecossistemas.

Ao cumprir essa contribuição à gestão de UC a EA, portanto, fornece sentidos à atuação dos Conselhos Gestores, incrementando reflexões e ações relativas à sua composição, dinâmica e atuação nos respectivos territórios. Ao consolidar sentido político de disputa de hegemonia às UC e seus Conselhos, a EA assume papeis, também, no âmbito da disputa por hegemonia no momento sociedade política.

O que se pode compreender por campo ambiental em disputa de hegemonia passa pelo reconhecimento da urgência de negar de forma consciente, consistente e organizada um modelo de desenvolvimento que demanda uma formação social e uma expectativa de crescimento insustentáveis e injustas. E, para além de negar, construir alternativas também em disputa de hegemonia em nível estrutural. Aqui a noção de campo social assume função tática na estratégia de transformações radicais na totalidade do Estado integral.

Tomando o Direito e, especialmente, o Direito Ambiental como expressões superestruturais da formação social atualmente hegemônica (Como já advertia Friederich Engels em texto com Karl Kautsky sobre o "socialismo jurídico") (ENGELS; KAUTSKY, 2012), vale a indicação de configurarem como objetos de estudos e análises em perspectiva gramsciana. Sobre o quanto e como expressariam o pensamento hegemônico para além da naturalização de contradições tidas como "insuperáveis" (porque naturais) entre capital e trabalho, indo na direção também daquelas entre capital e natureza.

No capítulo quatro verificou-se que parte significativa dos problemas priorizados no âmbito da ação de EA examinada podem ser associados à esfera político-administrativa local (municípios). Isso aproxima significativamente a atuação dos Conselhos — e a partir deles — aos seus agentes na sociedade política e na sociedade civil.

Olhar para Gramsci — e mesmo para a EA — a partir do enfoque dado às UC tende a reduzir o alcance estrutural de seus subsídios e contribuições, respectivamente. Já quando a remissão é ao campo da conservação, alinhado a outras frentes de resistência ao capital, amplia-se esse alcance na direção da necessidade de haver uma oportunidade histórica de servir como um dos referenciais civilizatórios, desde que não aponte à reprodução da mentalidade e decorrente modelo de desenvolvimento que gerou a emergência do campo ambiental e da conservação.

Ou seja, desde que o próprio campo se configure em um polo de resistência ao capital. E as UC podem ter um significativo papel nisso, ao

EDUCAÇÃO AMBIENTAL, CONSERVAÇÃO E DISPUTAS DE HEGEMONIA

materializarem a negação desse modelo injusto e insustentável. Unidades de conservação como polos de reorganização da cultura, como unidade dialética entre simbólico e material, abstrato e concreto, superestrutura e infraestrutura, teoria e prática.

Alguns aspectos são destacados quanto ao desenvolvimento de condições práticas para a EA contribuir à gestão de UC e de Conselhos. Das evidências coletadas no levantamento sobre o contexto no qual se desenvolveu a EA na gestão de UC (a partir da fiscalização ambiental), emergiu a necessidade de identificar e estabelecer dois planos, um em nível estratégico e outro tático.

O primeiro é de prazo maior, visando a conquistar posições. Sejam espaços institucionais, instrumentos etc., sejam aspectos que fortalecem uma narrativa ou discurso sobre EA, sobre conservação e gestão de UC no âmbito da sociedade política. E mesmo posições que promovam e reforcem aproximações e diálogos profícuos com setores da sociedade civil comprometidos e engajados com transformações sociais em diferentes áreas. Preferencialmente, conquistar posições em ambas as esferas.

O segundo é mais dinâmico, opera no curto prazo e é circunstancial. É subordinado às condições concretamente postas pela realidade. Portanto, deverá ser relacionado a situações percebidas e compreendidas a cada momento. Tratará das movimentações de operacionalização das estratégias observadas como viáveis e necessárias para efetivar o potencial de EA a contribuir para apontar as UC como antagônicas ao modelo de desenvolvimento hegemônico.

Da experiência analisada sobressaem algumas opções táticas: i) disputar espaço institucional a partir de uma perspectiva em disputa de hegemonia nos campos da EA, da conservação e do papel dos Conselhos; ii) compartilhar essa forma de compreender os sentidos atribuídos às UC e aos Conselhos com o maior número de pessoas, grupos e segmentos possível. Pela via de itinerários educadores, visando tanto a deslocar compreensões, como também a pavimentar caminhos para a ação política potencialmente transformadora; iii) perpassando as outras duas, disputar termos, interpretações de normas e políticas já instituídas e as próprias formas de organização de instituições envolvidas.

Ter buscado atribuir outros sentidos à ideia de prevenção na fiscalização ambiental, às funções das UC (inicialmente em seus territórios e para além deles) e aos papéis dos Conselhos são exemplos dessas disputas, alinhadas a reinterpretações e ressignificações das próprias atribuições institucionais como, por exemplo, para estabelecer as relações entre EA e um setor do sistema ambiental sem atribuição de promovê-la.

Dessas táticas emerge outra, mais identificada com o campo da EA, que não se configurou como "algo a mais" ou "à parte" da operacionalização cotidiana de qualquer instrumento da política de meio ambiente (no caso em tela, a fiscalização ambiental na gestão de UC). A EA se expressou no fazer desses outros instrumentos. Atribuiu-se sentido educador à execução da política de fiscalização associada àquela de gestão de UC. A EA se manifestou como parte da execução da política de fiscalização de UC observada.

Revestiu-se como um recurso, preventivo, da própria fiscalização ambiental. Com isso se potencializa um inicial desequilíbrio naquilo de senso comum que existe no que tange à conservação ambiental, à proteção e à fiscalização em UC. Abre-se a possibilidade de se consolidar à medida em que o trabalho se desenvolve e presta contribuições à gestão das UC e dos Conselhos, além de subsidiar a própria fiscalização em sentido estrito, podendo direcioná-la.

Além disso, a participação de agentes públicos formuladores e operadores das políticas de EA na pesquisa evidenciou a relevância desse tipo de ação educadora para referenciar mudanças estruturais na instituição responsável por essa agenda na gestão ambiental. Uma disputa que, apesar da correlação de forças desfavorável, se mantém como uma espécie de resistência, segundo a contribuição dos agentes públicos participantes na intervenção e nesta pesquisa. Educadoras atuantes na CEA, órgão responsável pela política estadual de EA, têm demonstrado apropriar-se do que seria a essência de ação de EA observada nesta pesquisa, buscando materializá-la em distintas oportunidades de ações públicas, dialogando internamente quanto às formas como a EA incide na operacionalização dos demais instrumentos de gestão ambiental públicas, tanto quanto no diálogo com a sociedade civil e outras esferas administrativas, haja vista a conquista de instituição de um colegiado estadual para tratar das políticas públicas de EA em São Paulo (Comissão Interinstitucional de Educação Ambiental, instituída pelo decreto n.º 63.456 de 2018, após mais de dez anos da Lei que definiu a política estadual).

Importante anotar que essas educadoras disputam posições no interior desse órgão. O fazem para também disputar, institucionalmente, posições no sistema ambiental e projetar-se a outros campos, associados aos demais

EDUCAÇÃO AMBIENTAL, CONSERVAÇÃO E DISPUTAS DE HEGEMONIA

instrumentos de gestão ambiental e outras políticas setoriais. Portanto, infere-se que além do nítido aspecto de resistência militante, trata-se de um desafio que exige muito esforço, por vezes sem resultados tangíveis.

Da seção que tratou do contexto da experiência no mesmo capítulo, emergiram diferentes movimentações em nível tático. A consolidação de uma proposta com algum grau de consistência do ponto de vista teórico-metodológico, seguida de sua afirmação e reconhecimento no âmbito técnico-profissional-institucional imediato (departamento técnico, mais a própria coordenadoria), tornando a proposta mais institucional e menos personalizada.

A partir dessa primeira "camada" de institucionalidade, observamos mais um movimento no plano tático: a expansão da proposta àquelas instituições operadoras de outros instrumentos da política de meio ambiente, especialmente nos campos da conservação e da gestão de UC. Além desse movimento em busca de legitimação já no âmbito de um sistema ambiental, identificamos a criação e uso de um recurso transversal às demais movimentações. Aqui nos referimos à produção de conhecimento, reconhecendo que além de desenvolver e executar políticas públicas, é possível e necessário produzir conhecimento organizado e promotor de perspectivas em disputas de hegemonia para subsidiar a continuidade dessa guerra de posição no Estado em sua integralidade.

Outras características emergentes dessa descrição — já contando com subsídios dos formuladores e implementadores da ação de EA examinada — se referem a seus elementos "universais" e aplicáveis, portanto, a outras situações de gestão ambiental governamentais distintas daquela que a abrigou originalmente. Distanciando-se de configurar-se simplesmente como um caso, estudado em relativa profundidade, a ação de EA denominada FS aparece como resgate, organização e amadurecimento de acúmulos significativos em diferentes campos: da gestão ambiental, das estratégias de conservação e sua concretude nas UC, da EA e do desenvolvimento e gestão de políticas públicas.

A ação de EA aparece, ainda e principalmente, como materialização disso tudo. Dos pontos de vista conceitual e metodológico, apresentando-se com aspectos teóricos, de modelo explicativo correspondente à pergunta de pesquisa com suporte empírico.

A observação participante nos proporcionou um acompanhamento ainda pouco usual nas políticas públicas: seu impacto, ou o quanto daquilo que se alcançou como resultado da intervenção (efetividade), impactou a realidade à qual se dirigiu. Esse acompanhamento proporcionou a emergência de aspectos aqui considerados extremamente relevantes, uma vez que configurariam fragilidades — uma espécie de "calcanhar de Aquiles" — que podem ser tomadas como desafios a serem superados para ampliar os impactos desejados, por sua vez fundamentados nas reflexões trazidas, indícios confirmados e potencialidades afloradas na tese.

***

Ao longo do presente trabalho buscamos demonstrar a complexidade do objeto e tema de pesquisa que, desde a materialidade da ação de EA, configurou-se como contraditória ao contexto do qual emergiu (uma política de comando e controle). Dessa materialidade como ponto de partida, a pesquisa caracterizou-se pela reflexão verticalizada dialogando com estudos e elaborações de diferentes campos sociais que podem ser associados a ela. Seu ponto de chegada configura-se como um "concreto pensado". Como uma análise em perspectiva (gramsciana) realizada como fechamento do percurso da pesquisa para a tese e dela para este livro.

De maneira geral e diante do acúmulo da obra como um todo, afirmamos que a EA pode contribuir à ressignificação do sentido da conservação de porções de territórios delimitados como UC e, também, para a sua forma de gestão e relação com seus contextos. Se não uma ressignificação, ao menos um reforço significativo no sentido de promovê-la e compreendê-la como antítese do modo de produção e modelo de desenvolvimento hegemônicos. E para materializar essa contribuição, a EA deve expressar-se em formação política, em perspectiva crítica e orientação socioambientalista de pessoas e de coletivos, com a finalidade de subsidiar a elaboração de discursos em disputa de hegemonia e organização política características de um "sujeito político" que viabilize essa condição de antítese.

Ainda assim, do ponto de vista gramsciano e já antecipado anteriormente, observamos uma tendência — ou risco — iminente. A de tudo isso restringir-se inconscientemente no que Gramsci definiu como "pequena política". Risco de contribuir ao predomínio de um reformismo limitante e legitimador por conta de permanente assédio cooptativo. Risco, enfim, de escamotear a perspectiva revolucionária de Gramsci, de superação do capitalismo pelo enfrentamento objetivo daqueles grupos sociais beneficiários do modo de produção e modelo de desenvolvimento hegemônico.

Por outro lado, esse risco relaciona-se a um "uso" relativamente limitado — ou modesto — da perspectiva gramsciana na pesquisa que culmina neste livro, uma vez que, dado seu recorte (de gestão ambiental, de EA e de gestão de UC), tenha havido algo como "olhar com uma lupa" para um determinado e específico aspecto da realidade. Contudo, não se observou indicativos de baixa potencialidade, seja a partir do ângulo dessa estratégia de conservação, seja na capacidade — e necessidade — de a perspectiva socioambientalista incidir efetivamente em quaisquer buscas por superação do capitalismo em escalas mais amplas. Aí sim, tendo as UC como antíteses em potencial e seus Conselhos como espaços de consolidação de sujeitos políticos que materializam e vocalizam essa capacidade antitética.

Diante disso e a título prospectivo, aponta-se aqui para investigações similares e como continuação dessa, instrumentalizadas com o ferramental oferecido por obra de autores como Nicos Poulantzas. Podem demonstrar-se politicamente relevantes, além de produzirem conhecimento válido e valioso a partir de categorias poulantzianas como "bloco no poder" constituído por "frações de classe", dentre outras, como imperialismo (ao considerar-se o alinhamento e associação de blocos no poder a governarem o Estado — e, em decorrência, a gestão de recursos naturais — de maneira alinhada a interesses internacionais em uma geopolítica planetária). Serviriam também para se pensar na complexidade das classes sociais e respectivas "frações de classe" trabalhadas por este filósofo e teórico político, sobretudo da classe trabalhadora. Subsidiariam análises a partir do que se convencionou reconhecer como uma teoria de Estado, além de teoria política a partir do legado marxiano.

Pode-se inferir que o trabalho de EA analisado se definiu sobremaneira em disputas por posições no momento sociedade política, no âmbito da gestão ambiental a partir de um de seus instrumentos (UC) e seguindo uma lógica normativa intrínseca ao Estado burguês, assim como definiu-se como tendo em seu horizonte a incidência na normatividade vigente, como já reconhecido. Ainda assim, do ponto de vista da educação e da EA, um "proto-trabalho de base" associável à disputa de hegemonia e com orientação socioambientalista em perspectiva crítica.

É preciso ter no horizonte a utopia — outra hegemonia — da transformação do Estado em sua totalidade, do modo de produção e do que se entende por desenvolvimento como condições indispensáveis para se pensar em reduções de pressões à sociobiodiversidade, buscando universalizar (outros) padrões civilizatórios.

É imprescindível atuar mirando, dialogando e incidindo também na "Grande Política". No terreno dos projetos de sociedade, das decisões que estruturam a socioeconomia e as demais macro políticas públicas que organizam todo um país, sem deixar de relacioná-las — também dialógica e dialeticamente — com reflexões e ações em escalas maiores, como as regionais e planetárias.

Ao mesmo tempo — portanto, dialeticamente — não é possível permitir-se abdicar desse caminho que guarda o risco de aprisionar-se no terreno daquela "Pequena Política". O motivo é que não se transformaria as sociedades nessas grandes escalas sem refletir sobre o local, sobre o agora, sem fermentar perspectivas e acúmulos para disputa de hegemonia que sirvam de parâmetros éticos, padrões de relações sociais e modos de produção que não reproduzam — simbólica e materialmente — aquilo que se nega.

Reconhecer a imprescindibilidade da "Grande Política" como terreno preferencial da disputa de hegemonia em termos gramscianos não limitou, na pesquisa nem no presente texto, o uso da pretensão de disputar hegemonia em terrenos mais imediatos, ainda que com o risco reconhecido e enfrentado. Daí, portanto, o recurso à noção de campos sociais como suporte teórico tanto ao reconhecimento da importância de lutas táticas em campos sociais fundamentais para o panorama socioambiental contemporâneo de crises civilizatória e ecológica.

Disputar hegemonia em campos sociais aqui tomados como fundamentais, tais como o campo ambiental, da conservação (e gestão de UC) e da EA — torna-se estratégico para subsidiar a disputa — no terreno da "Grande Política" gramsciana, por hegemonia e de projeto societário. Elevou-se o patamar desses campos sociais à mesma "estatura estratégica" de outros, tidos até hoje como mais importantes ou fundamentais, como da socioeconomia, por exemplo. A disputa de hegemonia em tais campos — e a partir deles — tem seu início na elaboração dialogada e consciente de resistência.

É preciso que essa disputa por Hegemonia se dê de forma educadora (emancipatória) a partir da "socioambientalização" dos demais campos que conformam projetos societários alternativos. Caso contrário há o risco de, ao não serem "socioambientalizados de forma educadora", sua perspectiva crítica cair em armadilhas economicistas, deterministas, instrucionistas e outros mecanicismos que terminam por reproduzir padrões de sociabilidade e de relações sociais e ambientais insustentáveis cultural, econômica e ecologicamente.

Nesse percurso de disputa política, levantamos, inspirando-nos em Gramsci, a possibilidade de se pensar em intelectuais orgânicos atuando

EDUCAÇÃO AMBIENTAL, CONSERVAÇÃO E DISPUTAS DE HEGEMONIA

também no Estado em sua totalidade, incluindo aparelhos governamentais. Partiu-se de uma compreensão do Estado contemporâneo — em sentido estrito — mais poroso tanto às lutas sociais, absorvendo suas demandas de diferentes formas e por diversos meios, como também sendo integrado por atores identificados com tais lutas políticas. Ainda que restritos às inúmeras limitações impostas por estatutos, barreiras e mesmo ameaças, apoiam-se por vezes nos próprios instrumentos que materializam, do ponto de vista normativo, demandas politicamente colocadas por distintos movimentos sociais. São esses agentes que integram espaços no momento sociedade política que, além de terem suas origens no momento sociedade civil, articulam-se e dialogam com seus segmentos produtores de contribuições a disputas de hegemonia, compondo coalizões em torno de ideias, concepções, projetos e políticas.

Paulo Freire já afirmou que a educação não transforma o mundo; transforma as pessoas e essas transformam o mundo. É possível dizer que a perspectiva crítica — sobretudo marxiana — não revoluciona, por si, o mundo; mas sem ela não se revoluciona nada. Também é preciso reconhecer que se ações locais, no contexto na "pequena política" não alteram o estado de coisas da socioeconomia e da "macro política", sem seus acúmulos — culturais, de forças e de experiências — articulados como impulsos transformadores, não se altera a realidade de forma justa e sustentável.

REFERÊNCIAS

ABICHARED, Carlos Felipe de Andrea; TALBOT, Virgínia (org.). **Conselhos gestores e unidades de conservação federais**: um guia para gestores e conselheiros. Brasília, DF: ICMBio, 2014.

ABRAMOVAY, Ricardo. **Amazônia**: por uma economia do conhecimento da natureza. São Paulo: Editora Elefante, 2019.

ABREU, Stefano Pagin Paredes de. **Transformações de um instrumento de política pública**: habitação de interesse social nas operações urbanas consorciadas em São Paulo. Dissertação (Mestrado em Ciência Política) – Programa de Pós-Graduação em Ciência Política, Departamento de Ciência Política da Faculdade de Filosofia, Letras e Ciências Humanas da Universidade de São Paulo, São Paulo, 2017.

ACOSTA, Alberto. **O bem viver**. São Paulo: Editora Elefante, 2016.

ACSELRAD, Henri. Ambientalização das lutas sociais — o caso do movimento por justiça ambiental. **Estudos Avançados**, São Paulo, v. 24, n. 68, p. 103-119, jan. 2010.

ALEXANDRE, Agripa Faria. A perda da radicalidade do movimento ambientalista brasileiro: uma nova contribuição à criticado movimento. **Ambiente e Educação**, Rio Grande, v. 8, n. 1, p. 73-94, 2003

ALIMONDA, Héctor. Una herencia en Comala (apuntes sobre ecología política latinoamericana y la tradición marxista). **Ambiente & Sociedade**, São Paulo, v. 4, n. 9, p. 1-18, 2001.

ALTHUSSER, Louis. **Aparelhos ideológicos de Estado**. 3. ed. Rio de Janeiro: Edições Graal, 1987.

AMARAL, Sérgio Silva. Meio ambiente na agenda internacional: comércio e financiamento. **Estudos Avançados**, São Paulo, v. 9, n. 23, p. 237-246, jan./abr. 1995.

AMORIM, Celeste D.; CESTARI, Luiz Artur dos S. Discursos ambientalistas no campo educacional. **Revista Eletrônica do Mestrado em Educação Ambiental**, [s. l.], v. 30, n. 1, p. 4-22, jan./jun. 2013.

ANDRADE, Daniel Fonseca de; SORRENTINO, Marcos. Da gestão ambiental à educação ambiental: as dimensões subjetiva e intersubjetiva nas práticas de educação ambiental. **Pesquisa em Educação Ambiental**, São Paulo, v. 8, n. 1, p. 88-98, 2013.

ARNSTEIN, Sherry R. Uma escada da participação cidadã. **Revista da Associação Brasileira para o Fortalecimento da Participação – PARTICIPE**, Porto Alegre/Santa Cruz do Sul, v. 2, n. 2, p. 4-13, jan. 2002.

AVRITZER, Leonardo. Sociedade civil, instituições participativas e representação: da autorização à legitimidade da ação. **DADOS – Revista de Ciências Sociais**, Rio de Janeiro, v. 50, n. 3, p. 443-464, 2007.

BENNETT, Nathan J.; ROTH, Robin. Realizing the transformative potential of conservation through the social sciences, arts and humanities. **Biological Conservation**, Essex, v. 229, p. A6-A8, 2019.

BENSUSAN, Nurit. **Conservação da biodiversidade em áreas protegidas**. Rio de Janeiro: Editora FGV, 2006.

BERKES, Fikret. Evolution of co-management: role of knowledge generation, bridging organizations and social learning. **Journal of Environmental Management**, Londres, v. 90, n. 5, p. 1692-1702, abr. 2009. Disponível em: http://www.sciencedirect.com/science/article/pii/S0301479708003587. Acesso em: 1 maio 2023.

BERNINI, Carina Inserra. **A produção da "natureza conservada" na sociedade moderna**: uma análise do mosaico do Jacupiranga, Vale do Ribeira-SP. Tese (Doutorado em Geografia) – Faculdade de Filosofia, Letras e Ciências Humanas, Universidade de São Paulo, São Paulo, 2015.

BIANCHI, Alvaro. **O laboratório de Gramsci**: filosofia, história e política. São Paulo: Alameda, 2008.

BIASOLI, Semíramis A. **Institucionalização de políticas públicas de educação ambiental**: subsídios para a defesa da política do cotidiano. Tese (Doutorado em Ciências) – Escola Superior de Agricultura Luiz de Queiroz, Universidade de São Paulo, Piracicaba, 2015.

BIASOLI, Semíramis; SORRENTINO, Marcos. Dimensões das políticas públicas de educação ambiental: a necessária inclusão da política do cotidiano. **Ambiente & Sociedade**, São Paulo, v. 21, e00144, 2018.

BIM, Ocimar José Batista. **Mosaico do Jacupiranga – Vale do Ribeira, São Paulo**: conservação, conflitos e soluções socioambientais. Dissertação (Mestrado em Ciência) – Faculdade de Filosofia, Letras e Ciências Humanas, Universidade de São Paulo, São Paulo, 2012.

BLOCH, Ernst. **O princípio esperança**. Tradução: Nelio Schneider. São Paulo: Contraponto, 2005. v. 1.

BOBBIO, Norberto. **O conceito de sociedade civil**. Tradução: Carlos Nelson Coutinho. Rio de Janeiro: Edições Graal, 1982.

BOBBIO, Norberto; MATTEUCCI, Nicola; PASQUINO, Gianfranco (org.). **Dicionário de política**. Brasília: UnB, 1992.

BONNEFOY L., Mónica. Deserción escolar em Chile: uma experiencia de incidencia desde la sociedade civil. **La Piragua**, Cidade do Panamá, v. 26, p. 54-60, 2007.

BORDENAVE, Juán E. Diaz. **O que é participação?** 5. ed. São Paulo: Brasiliense, 1987. (Coleção Primeiros Passos).

BORRINI-FEYERABEND, Grazia. Governance of protected areas: innovations in the air. **Policy Matters**, Gland, Switzerland, v. 12, p. 92-101, 2003.

BORRINI-FEYERABEND, Grazia; JOHNSTON, Jim; PANSKY, Diane. Governance of protected areas. *In*: LOCKWOOD, Michael; WORBOYS, Graeme; KOTHARI, Ashish (ed.). **Managing protected areas**: a global guide. Londres: Routledge, 2006. p. 116-145.

BOURDIEU, Pierre. **Questões de sociologia**. Rio de Janeiro: Marco Zero, 1983.

BRASIL. [Constituição (1988)]. **Constituição da República Federativa do Brasil de 1988**. Brasília, DF: Presidência da República, [2023]. Disponível em: https://www.planalto.gov.br/ccivil_03/constituicao/constituicao.htm. Acesso em: 1 maio 2023.

BRASIL. **Decreto n.º 5.758, de 13 de abril de 2006**. Institui o Plano Estratégico Nacional de Áreas Protegidas – PNAP, seus princípios, diretrizes, objetivos e estratégias e dá outras providências. Brasília, DF: Presidência da República, 2006. Disponível em: https://www.planalto.gov.br/ccivil_03/_Ato2004-2006/2006/Decreto/D5758.htm. Acesso em: 1 maio 2023.

BRASIL. **Portaria Interministerial MDA e MDS e MMA nº 239, de 21 de julho de 2009**. Estabelece orientações para a implementação do Plano Nacional de Promoção das Cadeias de Produtos da Sociobiodiversidade, e dá outras providências. Brasília, DF: Ministério do Desenvolvimento Agrário, 2009. Disponível em: https://www.mds.gov.br/webarquivos/legislacao/seguranca_alimentar/_doc/portarias/2009/PCT%20Portaria%20Interministerial%20MDA-%20MDS%20e%20MMA%20no%20239-%20de%2021%20de%20julho%20de%202009.pdf. Acesso em: 1 maio 2023.

BREDARIOL, Celso. **Conflito ambiental e negociação para uma política local de meio ambiente.** Tese (Doutorado em Ciências) – Universidade Federal do Rio de Janeiro, Rio de Janeiro, 2001.

BRELÀZ, Gabriela de. Advocacy das organizações da sociedade civil: principais descobertas de um estudo comparativo entre Brasil e Estados Unidos. Dissertação (Mestrado em Administração Pública e Governo) – Escola de Administração de Empresas de São Paulo, São Paulo, 2007.

BRITO, Maria Cecília Wey de. **Unidades de conservação:** intenções e resultados. São Paulo: Annablume/FAPESP, 2000.

BROCKINGTON, Dan. Injustice and conservation: is local support necessary for sustainable protected areas? **Policy Matters,** Gland, Switzerland, v. 12, p. 22-30, 2003.

BRÜGGER, Paula. **Educação ou adestramento ambiental?** Florianópolis: Letras Contemporâneas, 1994.

BUCI-GLUCKSMANN, Christinne. **Gramsci e o Estado.** 2. ed. São Paulo: Paz e Terra, 1980.

BÜSCHER, Bram; WHANDE, Webster. Whims of the winds of time? Emerging trends in biodiversity conservation and protected areas management. **Conservation and Society,** Bangalore, v. 5, n. 1, p. 22-43, 2007.

CAMARGOS, Regina Maria de Fátima. **Homem, natureza e sensibilidades ambientais:** as concepções de áreas naturais protegidas. Tese (Doutorado em Ciências) – Universidade Federal Rural do Rio de Janeiro, Rio de Janeiro, 2006.

CARDOSO, Mário Mariano Ruiz. **Catarse e educação:** contribuições de Gramsci e o significado na pedagogia histórico crítica. Dissertação (Mestrado em Educação) – Universidade Federal de São Carlos, Sorocaba, 2014.

CARNEIRO, Carla Bronzo Ladeira. Conselhos de políticas públicas: desafios para sua institucionalização. *In*: SARAVIA, Enrique; FERRAREZI, Elisabete (org.). **Políticas públicas:** coletânea. Brasília: ENAP, 2006. v. 2. p. 149-169.

CARREIRA, Denise. Indicadores de incidência em políticas públicas: afinando olhares e perspectivas. **La Piragua,** Cidade do Panamá, v. 26, p. 79-84, 2007.

CARVALHO, Maria do Carmo A. A. **Participação Social no Brasil Hoje.** Instituto Pólis. 1998. Disponível em: https://polis.org.br/publicacoes/participacao-social-no-brasil-hoje/. Acesso em: 12 jul. 2023.

CARVALHO, Isabel Cristina de M. Educação ambiental crítica: nomes e endereçamentos da educação. *In*: LAYRARGUES, Phillipe Pomier (org.). **Identidades da educação ambiental brasileira**. Brasília: MMA, 2004a. p. 13-24.

CARVALHO, Isabel Cristina de M. **Educação ambiental**: a formação do sujeito ecológico. São Paulo: Cortez, 2004b.

CASTRO, Marina Pimenta Spínola. **Participação social, democracia e deliberação pública**: as experiências das Conferências Nacionais. Monografia (Especialização em Democracia Participativa, República e Movimentos Sociais), Universidade Federal de Minas Gerais, Belo Horizonte, 2010.

CAVALLUZZI, Rafaelle. Verbete: transformismo. *In*: LIGUORI, Guido; VOZA, Pasquale (org.). **Dicionário gramsciano**. Tradução: Ana Maria Chiarini, Diego S. C. Ferreira, Leandro O. Galastri, Silvia Bernardinis. 1. ed. São Paulo: Boitempo, 2017. p. 784-785.

CERNEA, Michael; SCHMIDT-SOLTAU, Kai. The end of forcible displacements? Making conservation and impoverishment incompatible. **Policy Matters**, Gland, Switzerland, v. 12, p. 42-51, 2003.

CHOY, Mily. **Cómo incidir em políticas públicas**: manual. Asunción: Fundación Centro de Información y Recursos para el Desarrollo, 2005. v. 1.

COIMBRA, Ana Renata Borges. Permacultura como ferramenta para educação ambiental. *In*: MANESCHY, Diogo *et al.* (org.). **Convergências socioambientais**: pesquisas em permacultura, agroecologia e educação ambiental. Macaé: Editora NUPEM, 2020. p. 56-66.

COMISSÃO MUNDIAL SOBRE MEIO AMBIENTE E DESENVOLVIMENTO. **Nosso futuro comum**. 2. ed. Rio de Janeiro: Editora da Fundação Getúlio Vargas, 1991.

COSTA, Nátane Oliveira da *et al.* Cartografia Social uma ferramenta para a construção do conhecimento territorial: reflexões teóricas acerca das possibilidades de desenvolvimento do mapeamento participativo em pesquisas qualitativas. **ACTA Geográfica**, Boa Vista, ed. esp. V CBEAGT, p. 73-86, 2016.

COUTINHO, Carlos Nelson; NOGUEIRA, Marco Aurélio (org.). **Gramsci e a América Latina**. 2. ed. São Paulo: Paz e Terra, 1993.

COUTINHO, Carlos Nelson. **Gramsci**: um estudo sobre o seu pensamento político. Rio de Janeiro: Civilização Brasileira, 1999.

COUTINHO, Carlos Nelson. O conceito de vontade coletiva em Gramsci. Tradução: Anna Palma. **Revista Katálysis**, Florianópolis, v. 12, n. 1, p. 32-40, jan./jun. 2009.

COUTINHO, Carlos Nelson. **De Rousseau a Gramsci**: ensaios de teoria política. São Paulo: Boitempo, 2011.

COUTINHO, Carlos Nelson. Verbete: catarse. *In*: LIGUORI, Guido; VOZA, Pasquale (org.). **Dicionário gramsciano**. Tradução: Ana Maria Chiarini, Diego S. C. Ferreira, Leandro O. Galastri, Silvia Bernardinis. São Paulo: Boitempo, 2017a. p. 93-95.

COUTINHO, Carlos Nelson. Verbete: grande/pequena política. *In*: LIGUORI, Guido; VOZA, Pasquale (org.). **Dicionário gramsciano**. Tradução: Ana Maria Chiarini, Diego S. C. Ferreira, Leandro O. Galastri, Silvia Bernardinis. São Paulo: Boitempo, 2017b. p. 348-350.

CRUZ, Gisele dos Reis; FREIRE, Jussara. Participação e arenas públicas: um quadro analítico para pensar os conselhos municipais setoriais e os fóruns de desenvolvimento local. **Cadernos Metrópole**, São Paulo, n. 10, p. 75-102, 2003.

DAGNINO, Evelina. Confluência perversa, deslocamentos de sentido, crise discursiva. *In*: GRIMSON, Alejandro (org.). **La cultura en las crisis latinoamericana**. Buenos Aires: Clacso, 2004a. p. 195-216.

DAGNINO, Evelina. ¿Sociedade civil, participação e cidadania: de que estamos falando? *In*: MATO, Daniel (coord.). **Políticas de ciudadanía y sociedad civil en tiempos de globalización**. Caracas: FACES, Universidad Central de Venezuela, 2004b. p. 95-110.

DAGNINO, Evelina. Construção democrática, neoliberalismo e participação: os dilemas da confluência perversa. **Política & Sociedade**, Florianópolis, n. 5, p. 139-164, out. 2004c.

DANTAS, Agnes Catarina Serra. **Conselhos gestores em unidades de conservação**: caracterização da efetividade na perspectiva dos stakeholders. Dissertação (Mestrado em Administração Pública) – Escola Brasileira de Administração de Empresas e Públicas, Centro de Formação Acadêmica e Pesquisa, Rio de Janeiro, 2015.

DIEGUES, Antônio Carlos Sant'Anna. Desenvolvimento sustentável ou sociedades sustentáveis: da crítica dos modelos anos novos paradigmas. **São Paulo em Perspectiva**, São Paulo, v. 6, n. 1-2, p. 22-29, jan./jun. 1992.

DIEGUES, Antônio Carlos Sant'Ana. **O mito moderno da natureza intocada.** São Paulo: Hucitec, 1996.

DIEGUES, Antônio Carlos Sant'Anna. **Sociedades e comunidades sustentáveis.** São Paulo: USP/NUPAUB, 2003. Disponível em: chrome-extension://efaidnbm-nnnibpcajpcglclefindmkaj/https://nupaub.fflch.usp.br/sites/nupaub.fflch.usp.br/files/color/comsust.pdf. Acesso em: 13 jul. 2023.

DORE, Rosemary. Apresentação: Gramsci, intelectuais e educação. **Cadernos CEDES**, Campinas, v. 26, n. 70, p. 285-289, 2006. Disponível em: http://www.scielo.br/scielo.php?script=sci_arttext&pid=S0101=32622006000300001-&lng=en&nrm-iso. Acesso em: 1 maio 2023.

DORE, Rosemary; SOUZA, Herbert Glauco de. Gramsci nunca mencionou o conceito de contra-hegemonia. **Cad. Pesq.**, São Luís, v. 25, n. 3, jul./set. 2018.

DOWBOR, Ladislau. **A era do capital improdutivo**: por que oito famílias têm mais riqueza do que a metade da população do mundo? 2. ed. São Paulo: Autonomia Literária, 2018.

DRUMMOND, Helena Ribeiro. Políticas de unidades de conservação no Brasil à luz do desenvolvimento territorial: considerações iniciais. **Revista Discente Expressões Geográficas**, Florianópolis, v. 8, n.08, p. 93-112, 2012.

DUARTE, Newton. Vigotski e a pedagogia histórico-crítica: a questão do desenvolvimento psíquico. **Nuances: estudos sobre Educação**, Presidente Prudente, v. 24, n. 1, p. 19-29, jan./abr. 2013.

DUMONT, Rene. **Ecologia socialista.** Barcelona: Martinez Roca, 1980.

DURIGUETTO, Maria Lúcia. A questão dos intelectuais em Gramsci. **Serv. Soc. Soc.**, São Paulo, n. 118, p. 265-293, abr./jun. 2014.

ELIAS, Norbert. **O processo civilizador**: formação do Estado e civilização. Tradução: Ruy Jungmann. Rio de Janeiro: Zahar, 1993. v. 2.

ENGELS, Friedrich; KAUTSKY, Karl. **O socialismo jurídico.** 2. ed. rev. Tradução: Lívia Cotrin e Mário Bilharinho Alves. São Paulo: Boitempo, 2012.

ESTANCIONE, Luizi Maria Brandão. **Governança ambiental e aprendizagem social**: estudo de caso da APA Itupararanga. Dissertação (Mestrado em Ciência Ambiental) – Programa de Pós-Graduação em Ciência Ambiental, Instituto de Energia e Ambiente da Universidade de São Paulo, São Paulo, 2015.

FERLA, Marcio Ricardo. **As territorialidades da educação ambiental no Sistema Federal de Unidades de Conservação da Natureza**. Dissertação (Mestrado em Geografia) – Universidade Estadual de Ponta Grossa, Ponta Grossa, 2018.

FERREIRA, Lúcia da Costa. Dimensões humanas da biodiversidade: mudanças sociais e conflitos em torno de áreas protegidas no Vale do Ribeira, SP, Brasil. **Ambiente & Sociedade**, Campinas, v. 7, n. 1, p. 47-68, jan./jun. 2004.

FILIPPINI, Michelle. Verbete: partido. *In*: LIGUORI, Guido; VOZA, Pasquale (org.). **Dicionário gramsciano**. Tradução: Ana Maria Chiarini, Diego S. C. Ferreira, Leandro O. Galastri, Silvia Bernardinis. São Paulo: Boitempo, 2017. p. 604-607.

FOLADORI, Guillermo. O capitalismo e a crise ambiental. **Raízes**, Campina Grande, ano 18, n. 19, p. 31-36, maio 1999a.

FOLADORI, Guillermo. Sustentabilidad ambiental e contradicciones sociales. **Ambiente & Sociedade**, Campinas, ano 2, n. 5, p. 18-34, 1999b.

FOSTER, John Bellamy. A ecologia da economia política marxista. **Lutas Sociais**, São Paulo, n. 28, p. 87-104, 2012.

FREIRE, Paulo. **Educação como prática da liberdade**. Rio de Janeiro: Paz e Terra, 1967.

FREIRE, Paulo. **Pedagogia do oprimido**. 17. ed. Rio de Janeiro: Paz e Terra, 1987.

FREIRE, Paulo. **Pedagogia da esperança**: um reencontro com a pedagogia do oprimido. Rio de Janeiro: Paz e Terra, 1992.

FREITAS, Rosana de Carvalho Martinelli *et al*. A crítica marxista ao desenvolvimento (in)sustentável. **Revista Katálysis**, Florianópolis, v. 15, n. 1, p. 41-51, jan./jun. 2012.

FREY, Klaus. Políticas públicas: um debate conceitual e reflexões referentes à prática da análise de políticas públicas no Brasil. **Planejamento e Políticas Públicas**, Brasília, n. 21, p. 211-259, jun. 2000.

FUNG, Archon; WRIGHT, Erik Olin. Em torno al gobierno participativo com poder de decisión. *In*: FUNG, Archon; WRIGHT, Erik Olin. **Democracia em profundidad**. Tradução: Alvin Góngora. Bogotá: Universidad Nacional de Colombia, Facultad de Derecho, Ciencias Políticas y Sociales, 2003.

FURLAN, Sueli Ângelo. Florestas culturais: manejo sociocultural, territorialidades e sustentabilidade. **Agrária**, São Paulo, n. 3, p. 3-15, 2006.

GALASTRI, Leandro. Gramsci, luta de classes e a questão estrutura versus superestrutura. *In*: SEMINÁRIO NACIONAL DE TEORIA MARXISTA, 2014, Uberlândia. **Trabalhos** [...]. Uberlândia: UFU, 2014. Disponível em: https://www.researchgate.net/publication/291446893_Gramsci_luta_de_classes_e_a_questao_estrutura_versus_superestrutura. Acesso em: 1 maio 2023.

EDUARDO Galeano: Eduardo Galeano – sangue latino [*s. l.: s. n.*], 2018. 1 vídeo (23:31min). Publicado pelo canal Canal Brasil. Disponível em: https://www.youtube.com/watch?v=47aFAIDierM. Acesso em 12 julho 2023.

FURRIELA, Rachel Biderman. **Democracia, cidadania e proteção do meio ambiente**. São Paulo: Annablume, 2002.

GAUDIANO, Edgar. Otra lectura a la historia de la educación ambiental em América Latina y el Caribe. **Desenvolvimento e Meio Ambiente**, Curitiba, n. 3, p. 141-158, jan./jun. 2001.

GOHN, Maria da Glóra. Conselhos gestores e gestão pública. **Ciências Sociais Unisinos**, São Leopoldo, v. 42, n. 1, p. 5-11, 2006.

GOMES, Eduardo Granha Magalhães. **Conselhos gestores de políticas públicas**: democracia, controle social e instituições. Dissertação (Mestrado em Administração Pública e Governo) – EAESP, FGV, São Paulo, 2003.

GOUVÊA DA SILVA, Antônio Fernando; PERNAMBUCO, Marta Maria Castanho Almeida. Paulo Freire: uma proposta pedagógica ético-crítica para a Educação Ambiental. *In*: LOUREIRO, Carlos Frederico Bernardo; TORRES, Juliana Rezende (org.). **Educação ambiental**: dialogando com Paulo Freire. São Paulo, Cortez, 2014. p. 116-154.

GRAMSCI, Antonio. **Concepção dialética da história**. Tradução: Carlos Nelson Coutinho. 3. ed. Rio de Janeiro: Civilização Brasileira, 1978.

GRAMSCI, Antonio. **Maquiavel, a política e o estado moderno**. Tradução: Luiz Mário Gazzaneo. 6. ed. Rio de Janeiro: Civilização Brasileira, 1988.

GRAMSCI, Antonio. **Cadernos do cárcere**. Tradução: Carlos Nelson Coutinho. 2. ed. Rio de Janeiro: Civilização Brasileira, 1999. v. 1.

GRAMSCI, Antonio. **Cadernos do cárcere**. Tradução: Carlos Nelson Coutinho. 2. ed. Rio de Janeiro: Civilização Brasileira, 2001a. v. 2.

GRAMSCI, Antonio. **Cadernos do cárcere**. Tradução: Carlos Nelson Coutinho. Rio de Janeiro: Civilização Brasileira, 2001b. v. 4.

GRAMSCI, Antonio. **Cadernos do cárcere**. Tradução: Carlos Nelson Coutinho, Marco Aurélio Nogueira e Luiz Sérgio Henriques. 3. ed. Rio de Janeiro: Civilização Brasileira, 2007. v. 3.

GRAMSCI, Antonio. **Cartas do cárcere**. Tradução: Carlos Diegues. Galícia, Espanha: Estaleiro Editora, 2011.

GRUPPI, Luciano. **Conceito de hegemonia em Gramsci**. Rio de Janeiro: Edições Graal, 1978.

GUDYNAS, Eduardo. Los ambientalismos frente a los extractivismos. **Nueva Sociedad**, Buenos Aires, n. 268, mar./abr. 2017. Disponível em: https://nuso.org/articulo/tu-revolucion-le-falta-fresa/. Acesso em: 30 jun. 2023.

GUDYNAS, Eduardo. Hasta la última gota: las narrativas que sostienen a los extractivismos. **Revista de Ciencias Sociales y Humanas del Instituto de Investigaciones Socio-Económicas**, San Juan, v. 13, n. 13, abr./set. 2019a.

GUDYNAS, Eduardo. **Direitos da natureza**: ética biocêntricas e políticas ambientais. Tradução: Igor Ojeda. São Paulo: Editora Elefante, 2019b.

GUIMARÃES, Mauro. **Educação ambiental**: no consenso um embate? Campinas: Papirus, 2000.

GUIMARÃES, Mauro. Educação ambiental crítica. *In*: LAYRARGUES, Philippe Pomier (org.). **Identidades da educação ambiental brasileira**. Brasília: MMA, 2004. p. 25-34.

GUIMARÃES, Mauro. Intervenção educacional. *In*: FERRARO JR., Luiz Antonio (org.). **Encontros e caminhos**: formação de educadoras(es) ambientais e coletivos educadores. Brasília: MMA, 2005. p. 189-199.

HARDIN, Garret. Tragedy of the commons. **Science**, Washington, v.162, n. 3859, p. 1243-1248, 1968. Disponível em: http://www.sciencemag.org/cgi/content/full/162/3859/1243. Acesso em: 1 maio 2023.

HATHAWAY, David. Biodiversidade e garimpagem genética. **Cadernos de Proposta**, Rio de Janeiro, ano 2, n. 3, p. 7-17, 1995.

HOLMES, George; SANDBROOKE, Chris; FISHER, Janet A. Understanding conservationists' perspectives on the new-conservation debate. **Conservation Biology**, Boston, v. 31, n. 2, p. 353-363, 2013.

IANNI, Octavio. **A ditadura do grande capital**. São Paulo: Expressão Popular, 2019.

IBAMA. **Educação ambiental**: as grandes diretrizes da Conferência de Tbilisi. Brasília, DF: Instituto Brasileiro do Meio Ambiente e dos Recursos Naturais Renováveis, 1997.

IBAMA. Sobre o Ibama: histórico. **Gov**, [s. l.], 2023. Disponível em: https://www.gov.br/ibama/pt-br/acesso-a-informacao/institucional/sobre-o-ibama#historico. Acesso em: 1 maio. 2023.

IRVING, Marta de Azevedo; MATOS, Karla. Gestão de parques nacionais no Brasil: projetando desafios para a implementação do Plano Nacional Estratégico de Áreas Protegidas. **Floresta e Ambiente**, Seropédica, v. 13, n. 2, p. 89-96, 2006a.

IRVING, Marta; GARAY, Irene. Singularidades do sistema de áreas protegidas para a conservação e uso da biodiversidade brasileira. *In*: IRVING, Marta; BECKER, Bertha K. (org.). **Dimensões humanas da biodiversidade**: os desafios de novas relações sociedade-natureza no século XXI. Petrópolis: Vozes, 2006. p. 159184.

IUCN – International Union for Conservation of Nature. **Estratégia mundial para a conservação**. São Paulo: CESP, 1984. Disponível em: https://buscaintegrada. ufrj.br/Record/aleph-UFR01-000828937. Acesso em: 1 maio 2023.

JACOBI, Pedro Roberto. Reflexões sobre as possibilidades de inovação na relação poder público-sociedade civil no Brasil. **Organizações & Sociedade**, Salvador, v. 8, n. 22, p. 1-31, 2001. Disponível em: http://www.scielo.br/scielo.php?script=sci_arttext&pid=S1984-92302001000300006&lng=en&nrm=iso. Acesso em: 18 abr. 2023.

JACOBI, Pedro Roberto. Participação. *In*: FERRARO JR. Luiz Antônio (org.). **Encontros e caminhos**: formação de educadoras(es) ambientais e coletivos educadores. Brasília: MMA, 2005. p. 229-236.

JACOBI, Pedro Roberto (org.) **Aprendizagem social**: diálogos e ferramentas participativas – aprender juntos para cuidar da água. São Paulo: IEE/PROCAM, 2011.

JACOBI, Pedro Roberto (coord.) **Aprendizagem social e unidades de conservação**: aprender juntos para cuidar dos recursos naturais. São Paulo: IEE/PROCAM, 2013.

KAREIVA, Peter; MARVIER, Michelle. What is conservation science? **BioScience** Washington, v. 62, n. 11, p. 962-969, nov. 2012.

KINGDON, John W. **Agendas, alternatives and public policies**. New York: Harper Collins, 2003.

LACLAU, Ernesto. Os novos movimentos sociais e a pluralidade do social. **Revista Brasileira de Ciências Sociais**, São Paulo, v. 1, n. 2, p. 41-47, out. 1986. Disponível em: http://anpocs.com/images/stories/RBCS/02/rbcs02_04.pdf. Acesso em: 1 abr. 2023.

LASCOUMES, Pierre; LE GALÈS, Patrick. Introduction: understanding public policy through its instruments – from the nature of instruments to the sociology of public policy instrumentation. **Governance**, Oxford, v. 20, n. 1, p. 1-22, 2007.

LAVALLE, Adrián Gurza; HOUTZAGER, Peter P.; CASTELLO, Graziela. Representação política e organizações civis novas instâncias de mediação e os desafios da legitimidade. **Revista Brasileira de Ciências Sociais**, São Paulo, v. 21, n. 60, p. 43-66, 2006.

LAYRARGUES, Philippe Pomier. A resolução de problemas locais deve ser um tema-gerador ou uma atividade fim da educação ambiental. *In*: REIGOTA, Marcos (org.). **Verde cotidiano**: o meio ambiente em discussão. Rio de Janeiro: DP&A Editora, 1999. p. 131-148.

LAYRARGUES, Philippe Pomier. Educação para a gestão ambiental: a cidadania no enfrentamento político dos conflitos socioambientais. *In*: LOUREIRO, Carlos Frederico Bernardo; LAYRARGUES, Philippe Pomier; CASTRO, Ronaldo Souza de (org.). **Sociedade e meio ambiente**: a educação ambiental em debate. São Paulo: Cortez, 2000. p. 87-155.

LAYRARGUES, Philippe Pomier. A crise ambiental e suas implicações para a educação. *In*: QUINTAS, José Silva (org.). **Pensando e praticando a educação ambiental na gestão do meio ambiente**. 2. ed. rev. ampl. Brasília: IBAMA, 2002. p. 159-196.

LAYRARGUES, Philippe Pomier. Muito além da natureza: educação ambiental e reprodução social. *In*: LOUREIRO, Carlos Frederico Bernardo; LAYRARGUES, Philippe Pomier; CASTRO, Ronaldo Souza de (org.) **Pensamento complexo, dialética e educação ambiental**. São Paulo: Cortez, 2006. p. 72-103.

LAYRARGUES, Philippe Pomier; LIMA, Gustavo Ferreira da Costa. Macrotendências político-pedagógicas da educação ambiental brasileira. **Ambiente & Sociedade**, São Paulo, v. 17, n. 1, p. 23-40, jan./mar. 2014.

LEFF, Enrique. **Ecologia, capital e cultura**: racionalidade ambiental, democracia participativa e desenvolvimento sustentável. Blumenau: Edifurb, 2000.

LEIS, Héctor Ricardo. **A modernidade insustentável**: as críticas do ambientalismo à sociedade contemporânea. Montevideo, Uruguai: Coscoroba Ediciones, 2004.

LIBARDONI, Marlene. Fundamentos teóricos e visão estratégica da *advocacy*. **Revista Estudos Feministas**, Florianópolis, v. 8, n. 2, p. 207, jan. 2000.

LIGUORI, Guido. **Roteiros para Gramsci**. Rio de Janeiro: Editora da UFRJ, 2007.

LIGUORI, Guido; VOZA, Pasquale. **Dicionário gramsciano**. Tradução: Ana Maria Chiarini, Diego Silveira Coelho Ferreira, Leandro de Oliveira Galastri e Silvia de Bernardinis. São Paulo: Boitempo, 2017.

LIMA, Mário José. Reservas Extrativistas: elementos para uma crítica. **São Paulo em Perspectiva**, São Paulo, v. 6, n. 1-2, p. 168-174, jan./jun. 1992.

LIMA, Gustavo Costa Ferreira. **Formação e dinâmica do campo da Educação Ambiental no Brasil**: emergência, identidades, desafios. Tese (Doutorado em Ciências Sociais) – Instituto de Filosofia e Ciências Humanas, Universidade Estadual de Campinas, Campinas, 2005.

LIMA, Gustavo Costa Ferreira. Educação ambiental crítica: do socioambientalismo às sociedades sustentáveis. **Educação e Pesquisa**, São Paulo, v. 35, n. 1, p. 145-163, jan./abr. 2009.

LIPIETZ, Allain. A ecologia política e o futuro do marxismo. **Ambiente & Sociedade**, São Paulo, v. 6, n. 1, p. 9-22, jan./jul. 2003.

LOPEZ G., Félix. Escuela de incidencia política para líderes de la sociedad civil en Nicarágua. **La Piragua**, Cidade do Panamá, v. 26, p. 61-65, 2007.

LOUREIRO, Maria Rita; PACHECO, Regina Silvia. Formação e consolidação do campo ambiental no Brasil: consensos e disputas (1972-92). **Revista da Administração Pública**, Rio de Janeiro, v. 29, n. 4, p. 137-53, out./dez. 1995.

LOUREIRO, Carlos Frederico Bernardo. Premissas teóricas para uma educação ambiental transformadora. **Ambiente e Educação**, Rio Grande, v. 8, p. 37-54, 2003.

LOUREIRO, Carlos Frederico Bernardo. **Trajetórias e fundamentos da educação ambiental**. São Paulo: Cortez, 2004.

LOUREIRO, Carlos Frederico Bernardo. Teoria Crítica. *In*: FERRARO JR., Luiz Antônio (org.). **Encontros e caminhos**: formação de educadoras(es) ambientais e coletivos educadores. Brasília: MMA, 2005. p. 323-332.

LOUREIRO, Carlos Frederico Bernardo. **Movimento ambientalista e o pensamento crítico**: uma abordagem política. 2. ed. Rio de Janeiro: Quartet, 2006.

LOUREIRO, Carlos Frederico Bernardo. Pensamento crítico, tradição marxista e a questão ambiental: ampliando os debates. *In*: LOUREIRO, Carlos Frederico Bernardo. **A questão ambiental no pensamento crítico**: natureza, trabalho e educação. Rio de Janeiro: Quartet, 2007. p. 13-xx68.

LOUREIRO, Carlos Frederico Bernardo; AZAZIEL, Marcus; FRANCA, Nahyda. **Educação ambiental e conselho em unidade de conservação**: aspectos teóricos e metodológicos. Rio de Janeiro: IBASE; Instituto Terra Azul, Parque Nacional da Tijuca, 2007.

LÖWY, Michael. De Karl Marx a Emiliano Zapata: la dialéctica marxiana del progreso y la apuesta actual de los movimientos eco-sociales. **Ecologia Política**, Barcelona, n. 10, p. 97-105, 1995.

LÖWY, Michel. **Ecologia e socialismo**. São Paulo: Cortez, 2005.

LÖWY, Michel. Ecossocialismo e planejamento democrático. **Crítica Marxista**, Campinas, n. 28, p. 35-50, 2009.

MACHADO, Rodrigo. **Educação ambiental e contra-hegemonia na gestão de Unidades de Conservação**: contribuições em diálogo com categorias de Antonio Gramsci. Tese (Doutorado em Ciência Ambiental) – Programa de Pós-Graduação em Ciência Ambiental, Universidade de São Paulo, São Paulo, 2020.

MANN, Michael. The autonomous power of the state: its origins, mechanisms and results. *In*: HALL, John A. (ed.) **States in history**. Oxford: Blackwell, 1986.

MARETTI, Cláudio. Áreas protegidas, conservação colaborativa e relações sociedade-natureza. *In*: CONGRESSO DE ÁREAS VERDES: FLORESTAS URBANAS, 2., 2019, São Paulo. **Apresentação** [...]. São Paulo: Uninove, 2019. Disponível em: https://www.researchgate.net/publication/337733235_Areas_Protegidas_Conservacao_Colaborativa_e_Relacoes_Sociedade-Natureza. Acesso em: 1 maio 2023.

MARIÁTEGUI, Jose Carlos. **Sete ensaios de interpretação da realidade peruana**. 2º ed. São Paulo: Expressão Popular, 2010.

MARINHO, Maurício de Alcântara. **Territorialidade e governança em áreas protegidas**: o caso da comunidade do Marujá, no parque Estadual da Ilha do

Cardoso (Cananeia, SP). Tese (Doutorado em Geografia Física) – Faculdade de Filosofia, Letras e Ciências Humanas, Universidade de São Paulo, São Paulo, 2013.

MARQUES, Janote Pires. A 'observação participante' na pesquisa de campo em Educação. **Educação em Foco**, Belo Horizonte, ano 19, n. 28, p. 263-284, maio/ago. 2016.

MARSHALL, Thomas H. **Cidadania, classe social e status**. Rio de Janeiro: Zahar Editores, 1967.

MARTINEZ ALIER, Joan. **O ecologismo dos pobres**: conflitos ambientais e linguagens de valoração. Tradução: Márcio Waldman. 2. ed. São Paulo: Contexto, 2012.

MARTINEZ ALIER, Joan. **De la economía ecológica al ecologismo popular**. Montevideo: Nordan-Comunidad/Icaria, 1995.

MARTINS, Marcos Francisco. Gramsci, os intelectuais e suas funções científico-filosófica, educativo-cultural e política. **Pro-Posições**, Campinas, v. 22, n. 3, p. 131-148, set./dez. 2011a.

MARTINS, Marcos Francisco. Práxis e 'catarsis' como referências avaliativas das ações educacionais das ONG's, dos sindicatos e dos partidos políticos. **Avaliação**, Campinas, v. 16, n. 3, p. 533-558, nov. 2011b.

MARTINS, Marcos Francisco. Gramsci, filosofia e educação. **Práxis Educativa**, Ponta Grossa, v. 8, n. 1, p. 13-40, jan./jun.2013.

MARVIER, Michelle. New conservation is true conservation. **Conservation Biology**, Boston, v. 28, n. 1, p. 1-3, 2013.

MARX, Karl. Contribuição à crítica da economia política. Tradução e introdução de Florestan Fernandes. 2.ed. São Paulo: Expressão Popular, 2008.

MARX, Karl. **O capital**: livro 1 – crítica da economia política: o processo de produção do capital. Tradução: Rubens Enderle. São Paulo: Boitempo, 2013.

MATAREZI, José. Estruturas e espaços educadores: quando estruturas e espaços se tornam educadores. *In*: FERRARO JR., Luiz Antonio (org.). **Encontros e caminhos**: formação de educadoras(es) ambientais e coletivos educadores. Brasília, DF: MMA, 2005. p. 161-173.

MCCORMICK, John. **Rumo ao paraíso**: a história do movimento ambientalista. Tradução: Marco Antônio Esteves da Rocha e Renato Aguiar. Rio de Janeiro: Relume Dumará, 1992.

MEADOWS, Donella H. *et al* (ed.). **Limits to growth**: a report for the Club of Rome's Project on predicament of mankind. New York: Universe Books, 1972.

MEDEIROS, Rodrigo; IRVING, Marta de Azevedo; GARAY, Irene. A proteção da natureza no Brasil: evolução e conflitos de um modelo em construção. **Revista de Desenvolvimento Econômico**, Salvador, ano 4, n. 9, p. 83-114, 2004.

MEDEIROS, Rodrigo. Evolução das categorias e tipologias de áreas protegidas no Brasil. **Ambiente & Sociedade**, São Paulo, v. 9, n. 1, p. 41-64, 2006.

MEDEIROS, Rodrigo; IRVING, Marta de Azevedo; GARAY, Irene. Áreas protegidas no Brasil: interpretando o contexto histórico para pensar a inclusão social. *In*: IRVING, Marta de Azevedo (org.). **Áreas protegidas e inclusão social**: construindo novos significados. Rio de Janeiro: Fundação Bio-Rio, Aquarius, 2006. p. 15-40.

MÉZÁROS, István. **O desafio do desenvolvimento sustentável e a cultura da igualdade substantiva**. Texto lido na conferência da Cúpula dos Parlamentares Latino-Americanos. Caracas, 2001. Tradução: Paulo Maurício. Disponível em: https://resistir.info/mreview/desenvolvimento_sustentavel.html. Acesso em: 1 maio 2023.

MILIBAND, Ralph. **O Estado na sociedade capitalista**. Tradução: Fanny Tabak. Rio de Janeiro: Zahar Editores, 1970.

MILLENNIUM ECOSYSTEM ASSESSMENT. **Ecosystems and human well-being**: a framework for assessment. Washington: Island Press, 2003.

MILLER, Brian; SOULÉ, Michael; TERBORGH, John. 'New conservation' or surrender to development? **Animal Conservation**, Cambridge, v. 17, n. 6, p. 509-515, 2014.

MONTIBELLER-FILHO, Gilberto. Ecomarxismo e capitalismo. **Revista de Ciências Humanas**, Florianópolis, n. 28, p. 107-132, out. 2000a.

MONTIBELLER-FILHO, Gilberto. **O mito do desenvolvimento sustentável**. Blumenau: Edifurb, 2000b.

MOORE, Jason W. **Antropoceno ou capitaloceno?** Natureza, história e a crise do capitalismo. Tradução: Antônio Xerxenesky e Fernando Silva e Silva. São Paulo: Elefante, 2022.

MOREIRA, Tereza; FERREIRA, Luiz Fernando. **A unidade de conservação e o território**: reconhecendo o contexto socioambiental e geopolítico. Brasília,

DF: ICMBio, 2015. (Série Educação Ambiental e Comunicação em Unidades de Conservação).

MORSELLO, Carla. **Áreas protegidas públicas e privadas**: seleção e manejo. São Paulo: Annablume/FAPESP, 2001.

MOURA, Adriana Maria M. (org.). **Governança ambiental no Brasil**: instituições, atores e políticas públicas. Brasília, DF: IPEA, 2016.

NOSELLA, Paolo; AZEVEDO, Mário Luiz Neves de. A educação em Gramsci. **Rev. Teoria e Prática da Educação**, Maringá, v. 15, n. 2, p. 25-33, maio/ago. 2012.

ONU – Organização das Nações Unidas. **Declaração de Tbilisi**. Geórgia: UNESCO, 1977. Disponível em: https://smastr16.blob.core.windows.net/portaleducacaoambiental/sites/201/2022/02/declaracao-tblisi-1977.pdf. Acesso em: 16 jul. 2023.

ONU – Organização das Nações Unidas. **Convenção sobre diversidade biológica**. Rio de Janeiro: ONU, 1992. Disponível em: chrome-extension://efaidnbmnnnibpca-jpcglclefindmkaj/https://www.cbd.int/doc/legal/cbd-en.pdf. Acesso em: 12 jul. 2023.

ORTEGA, Miguel Ángel Arias. **La construcción del campo de la educación ambiental**: análisis, biografías y futuros posibles. Guadalajara: Editorial Universitaria, 2012.

PÁDUA, José Augusto. Pensamento ilustrado e crítica da destruição no Brasil colonial. **Nomadas**, Bogotá, n. 22, p. 152-163, abr. 2005.

PÁDUA, Maria Tereza Jorge. Do Sistema Nacional de Unidades de Conservação. *In*: MEDEIROS, Rodrigo; ARAÚJO, Fábio França Silva (org.). **Dez anos do Sistema Nacional de Unidades de Conservação da Natureza**: lições do passado, realizações presentes e perspectivas para o futuro. Brasília: MMA, 2011. p. 21-36.

PASTUK, Marília. **Estado e participação pública em questões ambientais urbanas**. Dissertação (Mestrado em Educação) – Fundação Getúlio Vargas, Rio de Janeiro, 1993.

PEDROSA, José Geraldo. O capital e a natureza no pensamento crítico. *In*: LOUREIRO, Carlos Frederico Bernardo. **A questão ambiental no pensamento crítico**: natureza, trabalho e educação. Rio de Janeiro: Quartet, 2007. p. 69-112.

PESSOA, Fernando. **Poesia completa de Alberto Caeiro**. São Paulo: Companhia das Letras, 2005.

PINTO, Eduardo Costa; BALANCO, Paulo. Estado, bloco no poder e acumulação capitalista: uma abordagem teórica. **Revista de Economia Política**, São Paulo, v. 34, n. 1, p. 39-60, jan./mar. 2014.

PISCIOTTA, Kátia Regina. **Conservação da natureza**: um espaço dialógico – reflexões do agente público sobre o sistema de áreas protegidas no estado de São Paulo. Tese (Doutorado em Geografia Humana) – Programa de Pós-Graduação em Geografia Humana, Departamento de Geografia da Faculdade de Filosofia, Letras e Ciências Humanas, Universidade de São Paulo, São Paulo, 2019.

PODCAST 70: a estratégia democrático-popular. Entrevistador: Diego Miranda. Entrevistados: Isabel Mansur, Mauro Iasi e Victor Neves. [*S. l.*]: Revolushow, 8 abr. 2020. **Podcast**. Disponível em: https://revolushow.com/70-a-estategica-democratico-popular/. Acesso em: 1 abr. 2023.

PODCAST 49: como fazer uma educação ambiental revolucionária? Entrevistador: Caio Salles. Entrevistados: Maria Castellano, Moema Viezzer, Isabella Kojin Peres, Marcos Sorrentino, Daniel Andrade. [*S. l.*]: Verde Mar, 10 mar. 2023. **Podcast**. Disponível em: https://poddtoppen.se/podcast/1511409905/verde-mar/49-como-fazer-uma-educacao-ambiental-revolucionaria. Acesso em: 1 abr. 2023.

POLANYI, Karl. **A grande transformação**: as origens da nossa época. Rio de Janeiro: Ed. Campus, 2000.

PORTELLI, Hugues. **Gramsci e o bloco histórico**. Rio de Janeiro: Paz e Terra, 1977.

PORTO-GONÇALVES, Carlos Walter. **O desafio ambiental**. Rio de Janeiro: Record, 2004.

PUGA, Edgardo Alvarez. Democracia, acciones colectivas e incidencia. **La Piragua**, Cidade do Panamá, v. 26, p. 66-70, 2007.

QUEIROZ, Joao S. de. Presentaciones – UICN. *In*: ELBERS, Jörg (ed.). **Las areas protegidas de America Latina**: situación actual y perspectivas para el futuro. Quito, Ecuador: UICN, 2011. p. 5-9.

QUINTAS, José Silva. Educação na gestão ambiental pública. *In*: FERRARO JR., Luiz Antonio (org.). **Encontros e caminhos**: formação de educadoras(es) ambientais e coletivos educadores. Brasília: MMA, 2005. p. 131-143.

QUINTAS, José Silva. **Introdução à gestão ambiental pública**. 2. ed. rev. Brasília, DF: IBAMA, 2006.

RAIMUNDO, Sidnei *et al.* A criação dos Conselhos Consultivos nas Unidades de Proteção Integral: estudo de caso no estado de São Paulo. *In*: Fundação O Boticário de Proteção à Natureza: Associação Caatinga. III Congresso Brasileiro de Unidades de Conservação. **Anais do Congresso Brasileiro de Unidades de Conservação.** p. 223-233. Fundação O Boticário de Proteção à Natureza, Fortaleza, 2002.

RAMOS, Adriana. Unidades de Conservação no contexto das políticas públicas. *In*: CASES, Maria Olatz. **Gestão de Unidades de Conservação**: compartilhando uma experiência de capacitação. Brasília: WWF-Brasil, 2012. p. 43-56.

RAYMUNDO, Maria Henriqueta Andrade; BRIANEZI, Thaís; SORRENTINO, Marcos (org.). **Como construir políticas públicas de educação ambiental para sociedades sustentáveis?** São Carlos: Diagrama Editorial, 2015. Disponível em: https://issuu.com/thaisbrianezi/docs/como-construir-pp-ebook-01. Acesso em: maio 2023.

RAYMUNDO, Maria Henriqueta Andrade; BRANCO, Evandro; BIASOLI, Semíramis. Indicadores de políticas públicas de educação ambiental: construção à luz do Tratado de Educação Ambiental para Sociedades Sustentáveis e Responsabilidade Global e da Política Nacional de Educação Ambiental. **Cadernos de Pesquisa**: Pensamento Educacional, Curitiba, n. esp., p. 337-358, 2018.

RODRIGUES, Elaine Aparecida; VICTOR, Rodrigo Antonio Braga Moraes; PIRES, Bely Clemente Camacho. A reserva da biosfera do Cinturão Verde da cidade de São Paulo como marco para a gestão integrada da cidade, seus serviços ambientais e o bem-estar humano. **São Paulo em Perspectiva**, São Paulo, v. 20, n. 2, p. 71-89, abr./jun. 2006.

RODRIGUES, Arlindo Manuel Esteves. **Ecossocialismo**: uma utopia concreta – estudo das correntes ecossocialistas na França e no Brasil. Tese (Doutorado em Ciências Sociais) – Pontifícia Universidade Católica de São Paulo, São Paulo, 2015.

RUA, Maria das Graças; ROMANINI, Roberta. Teorias e modelos de análise contemporâneos de políticas públicas (unidade VII). *In*: **Para aprender políticas públicas** – Volume 1 Conceito e Teorias. Brasília: IGEPP, 2014.p.3-43. Disponível em: https://docplayer.com.br/70521305-Para-aprender-politicas-publicas.html. Acesso em 13 jul. 2023.

SACHS, Ignacy. **Ecodesenvolvimento**: crescer sem destruir. São Paulo: Vértice, 1986.

SAITO, Kohei. **O ecossocialismo de Karl Marx**: capitalismo, natureza e a crítica inacabada à economia política. São Paulo: Boitempo, 2021.

SANDBROOK, Chris *et al.* The global conservation movement is diverse, but not divided. **Nature Sustainability**, Londres, v. 2, p. 316-323, abr. 2019.

SANTOS, Boaventura de Sousa (org.). **Democratizar a democracia**: os caminhos da democracia participativa. Rio de Janeiro: Civilização Brasileira, 2002.

SANTOS, Anthony Állison Brandão. **Conselhos Gestores de Unidades de Conservação**. Tese (Doutorado em Ciências Florestais) – Departamento de Ciências Florestais, Faculdade de Tecnologia, Universidade de Brasília, Brasília, 2008a.

SANTOS, Boaventura de Sousa. **Um discurso sobre as ciências**. 5. ed. São Paulo: Cortez, 2008b.

SANTOS, Boaventura de Sousa. **A difícil democracia**: reinventar as esquerdas. São Paulo: Boitempo, 2016.

SÃO PAULO (Estado). **Coordenadoria de Educação Ambiental e desenvolvimento**: documentos oficiais. Série Documentos. Secretaria do Meio Ambiente, Coordenadoria de Educação Ambiental. São Paulo: SMA, 1994. p.8-26. Disponível em: efaidnbmnnnibpcajpcglclefindmkaj/https://smastr16.blob.core.windows.net/cea/cea/EA_DocOficiais.pdf. Acesso em 17 jul. 2023.

SÃO PAULO. **Decreto nº 48.149, de 09 de outubro de 2003**. Dispõe sobre a criação e funcionamento dos Conselhos Gestores das Áreas de Proteção Ambiental - APAs no Estado de São Paulo. São Paulo: Governo do Estado, [2003]. Disponível em: https://www.al.sp.gov.br/repositorio/legislacao/decreto/2003/decreto-48149-09.10.2003.html. Acesso em: 1 maio 2023.

SÃO PAULO. **Decreto nº 49.672, de 06 de junho de 2005**. Dispõe sobre a criação dos Conselhos Consultivos das Unidades de Conservação de Proteção Integral do Estado de São Paulo, define sua composição e as diretrizes para seu funcionamento e dá providências correlatas. São Paulo: Governo do Estado, [2005]. Disponível em: https://www.al.sp.gov.br/repositorio/legislacao/decreto/2005/decreto-49672-06.06.2005.html. Acesso em: 1 maio 2023.

SÃO PAULO. **Decreto nº 51.246, de 06 de novembro de 2006**. Estabelece procedimentos para a instituição de Área de Relevante Interesse Ecológico - ÁRIE no Estado de São Paulo. São Paulo: Governo do Estado, [2006]. Disponível em: https://www.al.sp.gov.br/repositorio/legislacao/decreto/2006/decreto-51246-06.11.2006.html. Acesso em: 1 maio 2023.

EDUCAÇÃO AMBIENTAL, CONSERVAÇÃO E DISPUTAS DE HEGEMONIA

SÃO PAULO. **Razões para se trabalhar a formação socioambiental no contexto da fiscalização ambiental.** São Paulo: CFA/SMA, 2013a. Disponível em: https://sigam.ambiente.sp.gov.br/sigam3/Repositorio/472/Documentos/Mural_PlanosdeFiscalizacao/FormacaoSocioambiental/Referencias/Razoes_FS_Fisc.pdf. Acesso em: 1 maio 2023.

SÃO PAULO. **Acompanhamento e avaliação da formação socioambiental junto aos Conselhos de Unidades de Conservação do estado de São Paulo:** subsídios à construção de metodologia de fomento à participação na gestão ambiental pública. São Paulo: CFA/SMA, 2013b. Disponível em: https://sigam.ambiente.sp.gov.br/sigam3/Repositorio/472/Documentos/Mural_PlanosdeFiscalizacao/FormacaoSocioambiental/CFA-SMA.PROJETO%20COTEC%20IF_FS-SIM.pdf. Acesso em: 1 maio 2023.

SÃO PAULO. **Relatório da formação socioambiental nos planos de fiscalização de Unidades de Conservação.** São Paulo: SMA/CFA, 2014. Disponível em: https://sigam.ambiente.sp.gov.br/sigam3/Repositorio/472/Documentos/Mural_PlanosdeFiscalizacao/FormacaoSocioambiental/Relatorio_Pesquisa.pdf. Acesso em: 1 maio 2023.

SÃO PAULO. **Contribuição dos Conselhos Gestores à proteção das unidades de conservação:** um guia prático para atuação a partir da fiscalização ambiental preventiva. Organização: Beatriz Truffi Alves; Rodrigo Machado. São Paulo: SMA/CEA, 2016a.

SÃO PAULO. **Relatório de qualidade ambiental 2016.** Organização: Edgar César de Barros. São Paulo: SMA, 2016b.

SÃO PAULO. **Lei n.º 16.260, de 29 de junho de 2016.** Autoriza a Fazenda do Estado a conceder a exploração de serviços ou o uso, total ou parcial, de áreas em próprios estaduais que especifica e dá outras providências correlatas. São Paulo: Governo do Estado, [2016c]. Disponível em: https://www.al.sp.gov.br/repositorio/legislacao/lei/2016/lei-16260-29.06.2016.html. Acesso em: 1 maio 2023.

SÃO PAULO (Estado). **Resolução SMA nº 88, de 1 de setembro de 2017.** Dispõe sobre os procedimentos para a instituição dos Conselhos Consultivos das unidades de conservação administradas pelos órgãos e entidades vinculadas da Secretaria de Estado do Meio Ambiente, bem como acerca da designação de seus membros e dos respectivos representantes titulares e suplentes e dá providências correlatas. São Paulo: Governo do Estado, [2017]. Disponível em: https://smastr16.blob.core.windows.net/legislacao/2017/09/resolucao-sma-088-2017-processoff-147-2016-conselhos-consultivos-versao-31-08-2017-pos-cj.pdf. Acesso em: 1 maio 2023.

SÃO PAULO. **Resolução SMA 25, de 13 de março de 2018.** Dispõe sobre procedimentos para a instituição dos Conselhos Deliberativos das Reservas Extrativistas e das Reservas de Desenvolvimento Sustentável administradas pela Fundação para a Conservação e a Produção Florestal do Estado de São Paulo, e revoga disposições em contrário. São Paulo: Secretaria de Estado do Meio Ambiente, [2018a]. Disponível em: https://smastr16.blob.core.windows.net/legislacao/2018/03/resolucao-sma-025-2018-conselhos-rds-e-resex_versao-final-republicada.pdf. Acesso em: 1 maio 2023.

SÃO PAULO. **Resolução SMA 123, de 25 de setembro de 2018.** Dispõe sobre a instituição do Plano Estadual de Ações Preventivas em Fiscalização Ambiental e do Comitê Gestor para sua execução, gestão e coordenação, e dá outras providências. São Paulo: Secretaria de Estado do Meio Ambiente, [2018b]. Disponível em: https://smastr16.blob.core.windows.net/legislacao/2018/09/resolucao-sma-123-2018-processo-5491-2018-instituicao-do-plano-estadual-de-acoes-preventivas-em-fiscalizacao-ambiental.pdf. Acesso em: 1 maio 2023.

SÃO PAULO. **Resolução SMA 189, de 21 de dezembro de 2018.** Estabelece critérios e procedimentos para exploração sustentável de espécies nativas do Brasil no Estado de São Paulo. São Paulo: Secretaria de Estado do Meio Ambiente, [2018c]. Disponível em: https://smastr16.blob.core.windows.net/legislacao/2018/12/resolucao-sma-189-2018-processo-11895-2013-criterios-e-procedimentos-para-exploracao-sustentavel-de-especies-nativas.pdf. Acesso em: 1 maio 2023.

SÃO PAULO. **Decreto nº 63.456, de 5 de junho de 2018.** Regulamenta a Política Estadual de Educação Ambiental, instituída pela Lei nº 12.780, de 30 de novembro de 2007, institui a Comissão Interinstitucional de Educação Ambiental e dá providências correlatas. São Paulo: Governo do Estado, [2018d]. Disponível em: https://www.al.sp.gov.br/repositorio/legislacao/decreto/2018/decreto-63456-05.06.2018.html. Acesso em: 1 maio 2023.

SÃO PAULO. **Manual de proteção e fiscalização das Unidades de Conservação do estado de São Paulo.** São Paulo: Secretaria de Infraestrutura e Meio Ambiente/Fundação Florestal, 2019.

SAVIANI, Dermeval. Contribuições da filosofia para a educação. **Em Aberto,** Brasília, ano 9, n. 45, jan./mar. 1990.

SAVIANI, Dermeval. **Do senso comum à consciência filosófica**. 11. ed. Campinas: Autores Associados, 1996. (Coleção Educação Contemporânea).

SAVIANI, Dermeval. **Pedagogia histórico-crítica**: primeiras aproximações. 9. ed. Campinas: Autores Associados, 2005.

SCHAMIS, Hector F. **Re-forming the State**: the politics of privatization in Latin America and Europe. Ann Arbor: Universit of Michigan Press, 2002.

SCHERL, Lea M. *et al.* **As áreas protegidas podem contribuir para a redução da pobreza?** Oportunidades e limitações. Gland, Suíça: IUCN, 2006.

SCOTTO, Gabriela; VIANNA, Ângela Ramalho. **Conflitos ambientais no Brasil**. Rio de Janeiro: IBASE, 1997.

SELLTIZ, Claire *et al.* **Métodos de pesquisa nas relações sociais.** Tradução: Maria Martha Hubner de Oliveira. 2. ed. São Paulo: EPU, 1987.

SEMERARO, Giovanni. **Gramsci e os novos embates da filosofia da práxis**. Aparecida: Ideias e Letras, 2006.

SEMERARO, Giovanni. Da libertação à hegemonia: Freire e Gramsci no processo de democratização do Brasil. **Rev. Sociol. Polít.**, Curitiba, v. 29, p. 95-104, nov. 2007.

SESSIN-DILASCIO, Karla. **Cogestão adaptativa e capital social na gestão de unidades de conservação brasileiras com comunidades**: o estudo de caso do Parque Estadual da Ilha do Cardoso e da comunidade do Marujá. Dissertação (Mestrado em Ciência Ambiental) – Programa de Pós-Graduação em Ciência Ambiental, Instituto de Energia e Ambiente da Universidade de São Paulo, São Paulo, 2014.

SILVA, Pedro Claesen Dutra. **Gramsci e a crítica à democracia participativa**. Dissertação (Mestrado em Educação) – Programa Pós-Graduação em Educação Brasileira, Faculdade de Educação da Universidade Federal do Ceará, Fortaleza, 2011.

SIMÕES, Luciana Lopes (coord.). **Unidades de conservação**: conservando a vida, os bens e os serviços ambientais. São Paulo: WWF-Brasil, 2008.

SIMÕES, Eliane; FERREIRA, Lúcia da Costa; JOLY, Carlos Alfredo. O dilema de populações humanas em parque: gestão integrada entre técnicos e residentes no Núcleo Picinguaba. **Sustentabilidade em debate**, Brasília, v. 2, n. 1, p. 17-32, 2011.

SINGER, Paul. **Uma utopia militante**: repensando o socialismo. 2. ed. São Paulo: Vozes, 1998.

SORRENTINO, Marcos. **Associação para a proteção ambiental de São Carlos**: subsídios para a compreensão das relações entre movimento ecológico e educação. Dissertação (Mestrado em Educação) – Centro de Educação e Ciências Humanas, Universidade Federal de São Carlos, São Carlos, 1988.

SORRENTINO, Marcos. Avaliação de experiências recentes e suas perspectivas. *In*: PAGNOCCHESCHI, Bruno (org.) **EA**: experiências e perspectivas. Brasília: Inep, 1993. p. 102-117.

SORRENTINO, Marcos. De Tbilissi a Thessalonik: a educação ambiental no Brasil. *In:* QUINTAS, José Silva (org.) **Pensando e praticando a educação ambiental no Brasil**. Brasília: IBAMA, 2002a. p. 107-118.

SORRENTINO, Marcos. Crise ambiental e educação. *In*: QUINTAS, José Silva (org.) **Pensando e praticando a educação ambiental no Brasil**. Brasília: IBAMA, 2002b. p. 93-106.

SORRENTINO, Marcos *et al.* Educação ambiental como política pública. **Educação e Pesquisa**, São Paulo, v. 31, n. 2, p. 285-299, maio/ago. 2005.

SORRENTINO, Marcos. Patrimônio natural e cultural: transição educadora para sociedades sustentáveis. *In*: JORNADAS PEDAGÓGICAS DE EDUCAÇÃO AMBIENTAL, 24., 2018, Setúbal. **Actas** [...]. Setúbal: Associação Portuguesa de Educação Ambiental (ASPEA), 2019. p. 152-166.

SOULÉ, Michael E. What is conservation biology? A new synthetic discipline addresses the dynamics and problems of perturbed species, communities and ecosystems. **BioScience**, Washington, v. 35, n. 11, p. 727-734, 1985.

SOULÉ, Michael E. The "new conservation". Editorial. **Conservation Biology**, Boston, v. 27, n. 5, p. 895-897, 2013.

SOUZA, Felipe Augusto Zanusso. **Desafios e perspectivas da participação social nos conselhos gestores de duas unidades de conservação na Baixada Santista do Estado de São Paulo**. Dissertação (Mestrado em Ciência Ambiental) – Instituto de Energia e Ambiente, Universidade de São Paulo, São Paulo, 2012.

SOUZA, João Vitor Campos. **Congressos Mundiais de Parques da UICN (1962-2003)**: registros e reflexões sobre o surgimento de um novo paradigma de conservação da natureza. Dissertação (Mestrado em Desenvolvimento Sustentável) – Centro de Desenvolvimento Sustentável, Universidade de Brasília, Brasília, 2013.

SOUZA, Felipe Augusto Zanusso *et al.* Mudar ou não mudar, eis a gestão? A situação dos gestores de unidades de conservação no estado de São Paulo. **Anais do VIII CBUC**, 2015. Disponível em: efaidnbmnnnibpcajpcglclefindmkaj/https://eventos.fundacaogrupoboticario.org.br/Anais/Anais/TrabalhosTecnicos?ids=4803 Acesso em: 17 jul 2023.

SUELI Ângelo Furlan: florestas culturais, manejo sociocultural, territorialidades e água. [*s. l.: s. n.*], 2018. 1 vídeo (29min). Publicado pelo canal Aguapé Produções. Disponível em: https://www.youtube.com/watch?v=P3sUtXjWA5g. Acesso em: 1 maio 2023.

SUPPA, Silvio. Verbete: governo. *In:* LIGUORI, Guido; VOZA, Pasquale (org.). **Dicionário gramsciano**. Tradução: Ana Maria Chiarini, Diego S. C. Ferreira, Leandro O. Galastri, Silvia Bernardinis. São Paulo: Boitempo, 2017. p. 343-344.

SVAMPA, Maristela. **As fronteiras do neoextrativismo na América Latina**: conflitos socioambientais, giro ecoterritorial e novas dependências. Tradução: Lígia Azevedo. São Paulo: Elefante, 2019.

SWAAN, Abram. **In care of the State**: health care, education and welfare in Europe and the USA in the Modern Era. Cambridge: Polity Press, 1988.

TAMAIO, Irirneu. **A política pública de educação ambiental**: sentidos e contradições na experiência de gestores/educadores. Tese (Doutorado em Desenvolvimento Sustentável) – Centro de Desenvolvimento Sustentável, Universidade de Brasília, Brasília, 2007.

TOZONI-REIS, Marília Freitas de Campos. Contribuições para uma pedagogia crítica na educação ambiental: reflexões teóricas. *In*: LOUREIRO, Carlos Frederico Bernardo. **A questão ambiental no pensamento crítico**: natureza, trabalho e educação. Rio de Janeiro: Quartet, 2007. p. 177-221.

TREIN, Eunice. A contribuição do pensamento marxista à educação ambiental. *In:* LOUREIRO, Carlos Frederico Bernardo. **A questão ambiental no pensamento crítico**: natureza, trabalho e educação. Rio de Janeiro: Quartet, 2007. p. 113-134.

TURGATTO, Sérgio Miguel. Gramsci: educação e vontade coletiva. *In*: LOLE, Ana; SEMERARO, Giovanni; SILVA, Percival Tavares da (org.). **Estado e vontade coletiva em Antonio Gramsci**. Rio de Janeiro: Mórula Editorial, 2018. p. 97-118.

VACCARO, Ismael; BELTRAN, Oriol; PAQUET, Pierre Alexandre. Political ecology and conservation policies: some theoretical genealogies. **Journal of Political Ecology**, Tucson, v. 20, n. 1, p. 255-272, 2013.

VALLA, Victor Vincent. Sobre participação popular: uma questão de perspectiva. **Cadernos de Saúde Pública**, Rio de Janeiro, v. 14, p. 7-18, 1998. Suplemento 2.

VILLAVERDE, María Nova. Educación ambiental y educación no formal: dos realidades que se realimentan. **Revista de Educación**, Madri, n. 338, p. 145-165, 2005.

VIOLA, Eduardo. O movimento ecológico no Brasil (1974-1986): do ambientalismo à ecopolítica. *In*: PÁDUA, José Augusto (org.) **Ecologia e política no Brasil**. Rio de Janeiro: Iuperj, Espaço & Tempo, 1987. p. 63-110.

VIOLA, Eduardo J.; LEIS, Héctor Ricardo. A evolução das políticas ambientais no Brasil, 1971-1991: do bissetorialismo preservacionista para o multissetorialismo orientado para o desenvolvimento sustentado. *In*: HOGAN, Daniel Joseph; VIEIRA, Paulo Freire (ed.). **Dilemas socioambientais e desenvolvimento sustentável**. Campinas: Editora da Universidade Estadual de Campinas, 1995. p. 73-102.

WRIGHT, Erik Olin. **Envisioning real utopias**. New York: Verso, 2010.

WRIGHT, Erik Olin. Análise de classes. **Revista Brasileira de Ciência Política**, Brasília, n. 17, p. 121-163, maio/ago. 2015.

WRIGHT, Erik Olin. **Como ser anticapitalista no século XXI?** Tradução: Fernando Cauduro Pureza. São Paulo: Boitempo, 2019.